Détection de rayonnements et instrumentation nucléaire

Détection de rayonnements et instrumentation nucléaire

Abdallah LYOUSSI

Avec la contribution de : François FOULON, Serge HAAN,
Bernard LESCOP, Loredana MANDUCI et Annick NGUYEN

EDP
SCIENCES

17, avenue du Hoggar
Parc d'activités de Courtabœuf, BP 112
91944 Les Ulis Cedex A, France

Illustrations de couverture : Le réacteur expérimental EOLE, de très faible puissance, est destiné
aux études neutroniques de réseaux modérés, en particulier ceux
des Réacteurs à Eau Pressurisée industriels.
© Philippe Stroppa/CEA.

Imprimé en France

ISBN : 978-2-7598-0018-6

« Whenever a nuclear physicist observes a new effect caused by an atomic particle, he tries to make a counter out of it. »

McKAY,
1953

Introduction à la collection
« Génie Atomique »

Au sein du Commissariat à l'énergie atomique (CEA), l'Institut national des sciences et techniques nucléaires (INSTN) est un établissement d'enseignement supérieur sous la tutelle du ministère de l'Éducation nationale et du ministère de l'Industrie. La mission de l'INSTN est de contribuer à la diffusion des savoir-faire du CEA au travers d'enseignements spécialisés et de formations continues, tant à l'échelon national, qu'aux plans européen et international.

Cette mission reste centrée sur le nucléaire, avec notamment l'organisation d'une formation d'ingénieur en « Génie Atomique ». Fort de l'intérêt que porte le CEA au développement de ses collaborations avec les universités et les écoles d'ingénieurs, l'INSTN a développé des liens avec des établissements d'enseignement supérieur aboutissant à l'organisation, en co-habilitation, de plus d'une vingtaine de Masters. À ces formations s'ajoutent les enseignements des disciplines de santé : les spécialisations en médecine nucléaire et en radiopharmacie ainsi qu'une formation destinée aux physiciens d'hôpitaux.

La formation continue constitue un autre volet important des activités de l'INSTN, lequel s'appuie aussi sur les compétences développées au sein du CEA et chez ses partenaires industriels.

Dispensé dès 1954 au CEA Saclay où ont été bâties les premières piles expérimentales, la formation en « Génie Atomique » (GA) l'est également depuis 1976 à Cadarache où a été développée la filière des réacteurs à neutrons rapides. Depuis 1958 le GA est enseigné à l'École des applications militaires de l'énergie atomique (EAMEA) sous la responsabilité de l'INSTN.

Depuis sa création, l'INSTN a diplômé plus de 4 000 ingénieurs que l'on retrouve aujourd'hui dans les grands groupes ou organismes du secteur nucléaire français : CEA, EDF, AREVA, Marine nationale. De très nombreux étudiants étrangers provenant de différents pays ont également suivi cette formation.

Cette spécialisation s'adresse à deux catégories d'étudiants : civils et militaires. Les étudiants civils occuperont des postes d'ingénieurs d'études ou d'exploitation dans les réacteurs nucléaires, électrogènes ou de recherches, ainsi que dans les installations du cycle du combustible. Ils pourront évoluer vers des postes d'experts dans l'analyse du risque nucléaire et de l'évaluation de son impact environnemental. La formation de certains officiers des sous-marins et porte-avions nucléaires français est dispensée par l'EAMEA.

Le corps enseignant est formé par des chercheurs du CEA, des experts de l'Institut de radioprotection et de sûreté nucléaire (IRSN), des ingénieurs de l'industrie (EDF, AREVA...) Les principales matières sont : la physique nucléaire et la neutronique, la thermohydrau-

lique, les matériaux nucléaires, la mécanique, la protection radiologique, l'instrumentation nucléaire, le fonctionnement et la sûreté des réacteurs à eau sous pression (REP), les
filières et le cycle du combustible nucléaire. Ces enseignements dispensés sur une durée
de six mois sont suivis d'un projet de fin d'étude, véritable prolongement de la formation
réalisé à partir d'un cas industriel concret, se déroulent dans les centres de recherches du
CEA, des groupes industriels (EDF, AREVA) ou à l'étranger (États-Unis, Canada, Royaume-
Uni...) La spécificité de cette formation repose sur la large place consacrée aux enseignements pratiques réalisés sur les installations du CEA (réacteur ISIS, simulateurs de REP :
SIREP et SIPACT, laboratoires de radiochimie, etc.)

Aujourd'hui, en pleine maturité de l'industrie nucléaire, le diplôme d'ingénieur en
« Génie Atomique » reste sans équivalent dans le système éducatif français et affirme
sa vocation : former des ingénieurs qui auront une vision globale et approfondie des
sciences et techniques mises en œuvre dans chaque phase de la vie des installations nucléaires, depuis leur conception et leur construction jusqu'à leur exploitation puis leur
démantèlement.

L'INSTN s'est engagé à publier l'ensemble des supports de cours dans une collection
d'ouvrages destinés à devenir des outils de travail pour les étudiants en formation et à
faire connaître le contenu de cet enseignement dans les établissements d'enseignement
supérieur, français et européens. Édités par EDP Sciences, acteur particulièrement actif
et compétent dans la diffusion du savoir scientifique, ces ouvrages sont également destinés à dépasser le cadre de l'enseignement pour constituer des outils indispensables aux
ingénieurs et techniciens du secteur industriel.

Joseph Safieh
Responsable général
du cours de Génie Atomique

Table des matières

Préfaces xi

Chapitre 1 : Introduction

Chapitre 2 : Interactions des rayonnements avec la matière

2.1.   Les différents types de rayonnements nucléaires 3
      2.1.1.   Les particules chargées 4
      2.1.2.   Les particules non chargées ou neutres 4
      2.1.3.   Notions de probabilité d'interaction 6
      2.1.4.   Conclusion 7
2.2.   Interaction des particules chargées avec la matière 7
      2.2.1.   Interaction des particules chargées lourdes 11
      2.2.2.   Interaction des particules chargées légères 19
2.3.   Interaction des particules non chargées avec la matière 26
      2.3.1.   Interaction des rayonnements X et γ 26
      2.3.2.   Atténuation des photons X et γ 35
2.4.   Interaction des neutrons avec la matière 39
      2.4.1.   Diffusion élastique 40
      2.4.2.   Diffusion inélastique $(n, \gamma n')$ 41
      2.4.3.   Capture radiative (n, γ) 41
      2.4.4.   Réactions nucléaires d'absorption 42
      2.4.5.   Réaction de fission 43
2.5.   Exercices 46

Chapitre 3 : Détecteurs de rayonnements nucléaires

3.1.   Caractéristiques principales des détecteurs 56
      3.1.1.   Les paramètres propres aux dispositifs de détection et à leur mise
              en œuvre. 56
3.2.   Détecteurs à remplissage gazeux 64
      3.2.1.   Principe de fonctionnement 65
      3.2.2.   La chambre d'ionisation 69
      3.2.3.   Le compteur proportionnel 75
      3.2.4.   Le compteur Geiger-Müller 78
      3.2.5.   Conclusion 80

3.3.   Détecteurs à scintillation 80
       3.3.1.   Principe de fonctionnement 80
       3.3.2.   Les scintillateurs 82
       3.3.3.   Propriétés des scintillateurs 85
       3.3.4.   Le photomultiplicateur ou PM 86
       3.3.5.   Applications des détecteurs à scintillation 88
       3.3.6.   Exercices 89
3.4.   Détecteurs à semi-conducteurs 91
       3.4.1.   Généralités 91
       3.4.2.   Principe de fonctionnement 92
       3.4.3.   Applications 96
3.5.   Détecteurs de neutrons... 99
       3.5.1.   Détecteurs à remplissage gazeux 99
       3.5.2.   Scintillateurs 104
3.6.   Autres types de détecteurs.. 106
       3.6.1.   Détecteurs Cerenkov... 106
       3.6.2.   Émulsions photographiques 106
       3.6.3.   Détecteurs solides de traces 108
       3.6.4.   Détecteurs à changement de phase 109
       3.6.5.   Détecteurs chimiques 109
       3.6.6.   Détecteurs thermoluminescents 110
       3.6.7.   Détecteurs photoluminescents et détecteurs
                minéraux par coloration..................................... 111
       3.6.8.   Détecteurs à activation..................................... 111
       3.6.9.   Calorimètres, bolomètres................................... 113
       3.6.10. Détecteurs à transfert de charges – Collectrons ou *Self Powerd
                Neutron Detectors* 114
3.7.   Exercices 118
       3.7.1.   Chambre à fission 118
       3.7.2.   Compteur proportionnel à triflurure de bore (BF$_3$) 119
       3.7.3.   Scintillateur et production de photoélectrons dans le PM 120

Chapitre 4 : *Statistiques appliquées aux mesures de rayonnements*

4.1.   Généralités sur les incertitudes de mesure........................... 123
4.2.   Statistiques et mesure de rayonnements 124
       4.2.1.   Notions élémentaires de statistique 125
       4.2.2.   Lois de distribution de probabilité dans les mesures
                de rayonnements 129

Chapitre 5 : *Instrumentation neutronique pour le contrôle commande des réacteurs nucléaires*

5.1.   Introduction 139
5.2.   Détecteurs de neutrons appliqués à l'exploitation des réacteurs 140
       5.2.1.   Compteur proportionnel à dépôt de bore 141
       5.2.2.   Chambre d'ionisation à dépôt de bore 141
       5.2.3.   Chambre d'ionisation à dépôt de bore compensée gamma....... 142
       5.2.4.   Chambre à fission 143

5.3. Chaînes de mesure 145
    5.3.1. Mode impulsion 145
    5.3.2. Mode courant 147
    5.3.3. Mode fluctuation 148
    5.3.4. Modes et régime de fonctionnement des détecteurs 148
    5.3.5. Vérification périodique des chaînes de mesure 149
5.4. Chaînes neutroniques utilisées sur les REP 149
    5.4.1. Chaîne niveau source 150
    5.4.2. Chaîne niveau intermédiaire 150
    5.4.3. Chaîne niveau puissance 151

Chapitre 6 : *Exemples de méthodes de mesures photoniques et neutroniques dans l'industrie nucléaire*

6.1. Spectrométrie gamma et X 156
    6.1.1. Principe physique..................................... 156
    6.1.2. Les détecteurs 157
    6.1.3. Électronique associée 159
    6.1.4. Acquisition et traitement du signal........................ 161
    6.1.5. Domaines d'application 163
    6.1.6. Principales limitations 164
6.2. Mesure neutronique passive 165
    6.2.1. Comptage neutronique total............................. 165
    6.2.2. Comptage des coïncidences neutroniques 170
    6.2.3. Comptage des multiplicités neutroniques 174
    6.2.4. Conclusion... 175

Annexe A : *Électronique associée aux détecteurs de rayonnements*

Annexe B : *Annales des sujets d'examens de Génie Atomique De 2003-2004 à 2009-2010*

Annexe C : *Corrigé des sujets d'examens de Génie Atomique De 2003-2004 à 2009-2010*

Annexe D : *Unités, constantes et grandeurs fondamentales en physique*

Alors que nous allons prochainement célébrer le centenaire de l'attribution à Marie Curie de son second prix Nobel, il est important de rappeler au plus grand nombre que la détection des rayonnements, et plus généralement les techniques d'instrumentation nucléaire, objets de l'ouvrage de notre collègue Abdallah Lyoussi, restent au cœur des progrès de la connaissance dans les sciences nucléaires ; progrès de la connaissance, mais aussi garants de la sûreté d'exploitation des installations nucléaires et de la protection contre les rayonnements.

De longues années durant, la capacité de conduire des expériences dans le domaine des sciences nucléaires a reposé sur la capacité de concevoir et de réaliser l'instrumentation associée. Il en allait ainsi dans l'équipe de Frédéric Joliot, au Fort de Châtillon, mais aussi, de l'autre côté de l'Atlantique, dans l'équipe de Willard Libby qui « découvrit » le carbone 14, produit naturellement sous l'effet du rayonnement cosmique, par la simple mise en œuvre d'un dispositif permettant d'en mesurer l'activité. Après avoir révolutionné la physique et la médecine, les sciences nucléaires s'apprêtaient alors à révolutionner la connaissance de l'Homme et de son environnement.

Aujourd'hui, les techniques de détection nucléaire continuent de progresser et d'apporter, au sein des expériences de physique des hautes énergies, une contribution essentielle à la recherche fondamentale et à notre connaissance de l'univers et de ses lois fondamentales, la « physique des deux infinis ». Elles nous permettent également de piloter les réacteurs nucléaires, de contrôler la dosimétrie des personnes potentiellement exposées au rayonnement, de contribuer à la santé publique dans le domaine du diagnostic et de la thérapie, d'assurer certains contrôles relatifs à la sécurité des transports, de vérifier la conformité de composants et de procédés industriels, de lutter contre la prolifération nucléaire, ... Rien moins que tout cela, pourrait-on dire !

Il était donc essentiel qu'un manuel consacré à l'état de l'art sur ce sujet voie le jour. Il me vient en mémoire de laborieuses préparations de cours sur ce sujet, piochant ici et là des éléments épars... Qu'il soit l'œuvre d'un Professeur de l'Institut national des sciences et techniques nucléaires ne peut, à titre personnel, que me réjouir une seconde fois !

Je souhaite à cet ouvrage tout le succès qu'il mérite.

Dr. Laurent TURPIN
Directeur de l'Institut national des sciences et techniques nucléaires
CEA/INSTN

L'instrumentation industrielle, terme qui peut désigner l'ensemble du système de contrôle d'une activité de production, mais dont l'une des clés de la performance est la qualité de ses organes de détection ou de ses capteurs, constitue une discipline transversale qui se développe très souvent à partir des défis que constituent les grands projets scientifiques ou industriels, souvent confrontés à des environnements hostiles ou extrêmes. L'instrumentation en milieu nucléaire est de ce point de vue remarquable du fait du nombre considérable de contraintes et de facteurs d'hostilité qu'elle doit intégrer. C'est pourquoi elle mobilise une part non négligeable des activités opérationnelles et de développement de ce secteur.

Enseigner l'instrumentation ou écrire un ouvrage sur ce thème n'est jamais simple : il s'agit d'une activité qui puise sa matière dans un ensemble très divers de spécialités académiques. Ceci est particulièrement vrai dans le domaine de la détection nucléaire, qui met en jeu les nombreux phénomènes interaction rayonnement-matière dans un milieu complexe. Le risque est alors de privilégier la facilité de lecture au détriment de la rigueur ou inversement de ne pas sacrifier à cette rigueur au risque de rendre la lecture difficilement accessible à tout autre qu'un spécialiste. L'ouvrage d'Abdallah Lyoussi, chercheur au Centre d'études nucléaires de Cadarache et professeur à l'Institut national des sciences et techniques nucléaires évite, me semble-t-il, ces deux écueils. D'une part, il s'abstient de tout développement mathématique superflu mais chaque phénomène y est décrit et expliqué avec précision. Il en résulte un ouvrage de grande qualité pédagogique qui couvre le champ de la détection nucléaire et qui complète utilement un ensemble de livres traitant du sujet général de l'instrumentation et qui ne peuvent de ce fait que survoler ce thème particulier.

Depuis sa création, le Commissariat à l'énergie atomique est un acteur important de l'élaboration et de l'application des connaissances, ainsi que de leur diffusion académique. Dans le passé, tel ou tel ouvrage majeur de la production documentaire scientifique participe à une liste qui témoigne de cette ambition. Il faut remercier Abdallah Lyoussi d'y inscrire aujourd'hui sa contribution.

Pr. Jacques ANDRE
Vice-Président de l'Université de Provence
Fondateur de la Filière Instrumentation

La détection de rayonnements nucléaires passe obligatoirement par leur interaction avec le milieu détecteur. Ces interactions génèrent directement ou indirectement des charges électriques lesquelles, une fois collectées sont (pré)amplifiées et converties en signaux électriques. Cette opération est rendue possible grâce à la polarisation électrique du détecteur conduisant à l'établissement d'un champ électrique responsable du mouvement des charges produites et de leur collection.

D'une manière générale la détection et la mesure de rayonnements est un processus à plusieurs étapes comme le montre le synoptique de la figure 1.1.

Il s'agit dans un premier temps de faire interagir le rayonnement incident utile avec le milieu détecteur après qu'il ait franchi l'espace « source-détecteur ». Ces interactions sont ensuite converties en impulsions électriques qui sont traitées électroniquement et acheminées vers une unité d'acquisition et d'analyse. On obtient ainsi un premier résultat appelé grandeur brute ou *grandeur mesurée*. Celle-ci sera ensuite traitée et analysée pour être notamment utilisée pour accéder à ce qu'on appelle la *grandeur recherchée*. C'est typiquement l'exemple de la mesure d'un rayonnement de décroissance radioactive issu d'une source isotopique. Le résultat obtenu directement, à savoir un comptage ou un taux de comptage, ne permet l'accès à l'activité de la source qu'au moyen d'un traitement approprié prenant notamment en compte la sensibilité de détection, la distance source-détecteur, le bruit de fond... en somme l'utilisation d'une fonction de transfert qui permet de passer de la grandeur mesurée (ou à mesurer) à la grandeur recherchée (figure 1.1).

> *Grandeur Recherchée = Fonction de Transfert ⊗ Grandeur Mesurée*

La détection et la mesure de rayonnements nucléaires est donc une thématique pluridisciplinaire faisant appel à des connaissances en physique nucléaire et atomique, en interaction rayonnement-matière, en électronique, en acquisition, traitement et analyse du signal et, finalement, en statistiques et interprétation des résultats.

Dans cet ouvrage destiné aux étudiants en année de spécialisation de Génie Atomique, de l'Institut National de Sciences et Techniques Nucléaires, nous présentons les principes physiques de fonctionnement, les performances, les limitations et les domaines d'utilisation des principaux détecteurs de rayonnements nucléaires.

Le chapitre 2 rappelle les mécanismes d'interaction des différents types de rayonnements concernés avec la matière et de leurs principes physiques de base.

Interactions γ,n... matière

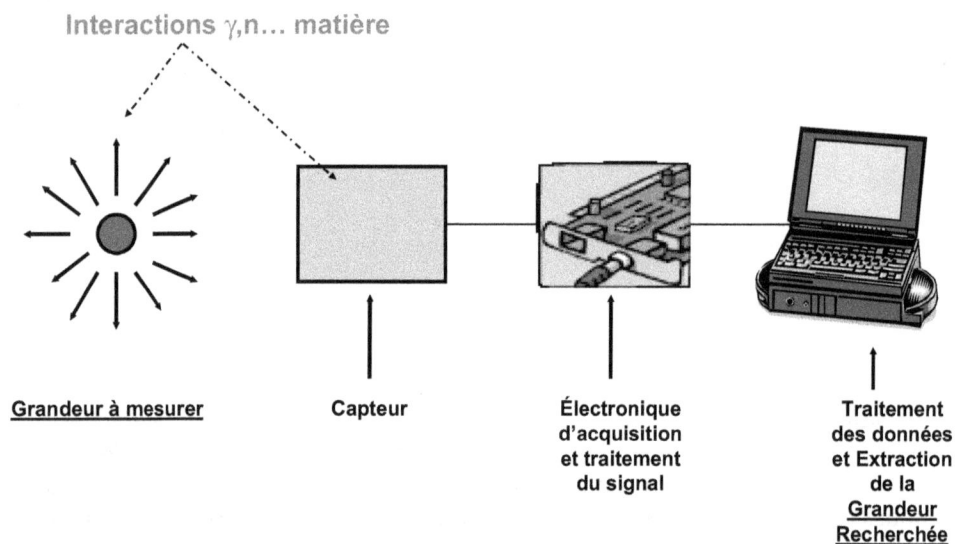

| Grandeur à mesurer | Capteur | Électronique d'acquisition et traitement du signal | Traitement des données et Extraction de la Grandeur Recherchée |

Figure 1.1. Synoptique du processus de détection et de mesure de rayonnement.

Le chapitre 3 expose le mode de fonctionnement des différentes familles de détecteurs et décrit les détecteurs de neutrons et de photons (X et γ) couramment employés dans les installations nucléaires et les laboratoires de recherche.

Des notions élémentaires et indispensables de statistiques appliquées à la mesure de rayonnements font l'objet du chapitre 4.

Le chapitre 5 traite de l'instrumentation neutronique dédiée au contrôle commande des réacteurs nucléaires et des chaînes d'acquisition associées.

Enfin, dans le chapitre 6 figurent des exemples d'application et d'utilisation des détecteurs de rayonnements pour les besoins de méthodes de mesures nucléaires telles que la spectrométrie gamma, le comptage neutronique passif ou encore la mesure neutronique dans les réacteurs nucléaires de puissance de type REP (réacteurs à eau pressurisée).

Dans un ouvrage traitant de la détection et de la mesure, qui restent des notions pratiques et concrètes, il nous a semblé utile et nécessaire de proposer un ensemble d'exercices et de problèmes permettant au lecteur de tester les connaissances acquises dans les différentes rubriques et chapitres traités : des sujets d'examen de Génie Atomique avec leurs corrigés sont proposés dans les annexes B et C.

2 Interactions des rayonnements avec la matière

La détection des rayonnements passe inévitablement par leurs interactions avec le milieu détecteur. Ces interactions génèrent directement ou indirectement des charges électriques dans le milieu détecteur. Ces charges se déplacent, sous l'effet du champ électrique produit par la tension de polarisation, vers les bornes du détecteur donnant ainsi naissance à un courant électrique. Celui-ci est ensuite (pré)amplifié et converti en impulsion électrique.

Les charges électriques ainsi produites dans le détecteur le sont via des processus d'ionisation et/ou d'excitation directs ou indirects induits par le rayonnement incident.

Ce sont par conséquent ces processus qui seront mis en relief dans ce qui suit.

2.1. Les différents types de rayonnements nucléaires

D'une manière générale, un rayonnement peut être défini comme *l'émission ou la propagation d'un ensemble de radiations avec transport d'énergie et émission de corpuscules* [Le Petit Larousse, édition 2009].

Il existe plusieurs types de rayonnements. À titre d'exemples les rayonnements couramment rencontrés en physique des particules ou en physique fondamentale sont les muons, les électrons, les pions, les protons, les photons, les neutrinos, les noyaux lourds... En physique nucléaire, il sera davantage question de neutrons, de photons, d'électrons, de noyaux intermédiaires ou lourds, ou plus rarement de neutrinos.

Les principales caractéristiques d'un rayonnement sont :

- Son origine : moléculaire, atomique, nucléaire, particulaire.
- Sa nature : photons, particule élémentaire, électron, nucléon, noyau lourd.
- Sa charge : négative, nulle, positive.
- Son énergie : basse, intermédiaire, haute, relativiste.
- Sa période : courte, moyenne, longue.
- Son intensité : faible, moyenne, forte.
- Le type de réactions potentiel : avec atome, noyau, nucléon...
- Sa probabilité d'interaction : faible, moyenne, élevée.

Dans le présent ouvrage il sera question de *détection de rayonnements nucléaires* c'est-à-dire de rayonnements provenant principalement de la désintégration spontanée ou provoquée de noyaux radioactifs et/ou de la désexcitation de noyaux ou d'atomes consécutive à des interactions ou réactions.

Par ailleurs, la détection d'une particule ou d'un rayonnement donné étant étroitement liée à ses modes d'interaction avec la matière notamment avec le milieu détecteur, nous distinguerons dans ce qui suit deux grandes familles : les particules chargées et les particules non chargées.

En effet, le mode d'interaction est fondamentalement différent selon que la particule est chargée ou non.

2.1.1. *Les particules chargées*

Elles se subdivisent en deux familles : les particules chargées lourdes et les particules chargées légères.

Les particules chargées lourdes sont principalement les ions lourds et les noyaux lourds tels les produits de fission et les produits de réactions nucléaires, les particules alpha, les deutons et les protons.

Les particules chargées légères désignent ici exclusivement les électrons et les positrons. Les électrons peuvent avoir une origine atomique ou nucléaire i.e. provenant du cortège électronique des atomes du milieu ou suite à la désintégration radioactive[1] de noyaux (radioactivité β^+, β^-) respectivement.

2.1.2. *Les particules non chargées ou neutres*

Comme leur nom l'indique, il s'agit de particules électriquement neutres représentées ici par les photons et les neutrons.

2.1.2.1. *Les photons*

Appelés aussi rayonnements (ou ondes) électromagnétiques, les photons ont une masse nulle, une énergie E proportionnelle à leur fréquence. Elle s'exprime donc par $E = h\nu$ où h est appelée constante de Planck et égale à $h = 6,626 \times 10^{-34}$ J.s^{-1}. ν est la fréquence d'apparition du photon exprimée en s^{-1}. Celle-ci est directement reliée à la longueur d'onde du photon notée λ par $\nu = c/\lambda$ où c est la vitesse des photons dans le vide appelée aussi célérité de la lumière dans le vide égale à 3×10^8 m.s^{-1}.

On définit aussi pour le photon une quantité de mouvement ou impulsion et ce malgré l'absence de masse[2]. Elle est notée P et s'exprime par : $P = E/c$.

Selon leur origine, leur mode de production ou encore leur énergie, on distingue plusieurs types de photons (figure 2.1).

---

[1] Il est à noter que des électrons et positrons peuvent être émis suite au phénomène de matérialisation ; phénomène qui peut avoir lieu au voisinage du champ électromagnétique du noyau ou plus rarement de l'électron (cf. § 2.3.1.3).

[2] En mécanique classique, la notion de quantité de mouvement est indissociable de la notion de masse. Elle est en effet définie pour un mobile de masse m comme le produit de sa masse par son vecteur vitesse $\vec{v}$: $\vec{p} = m\vec{v}$.

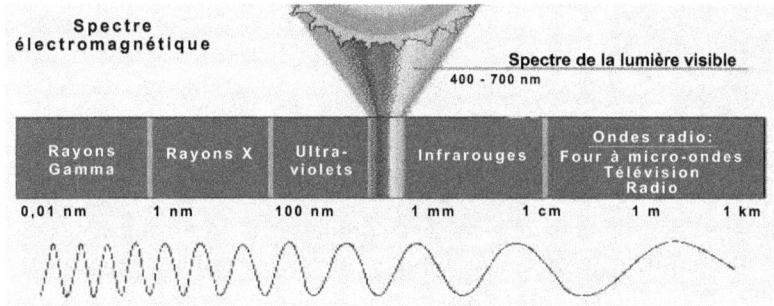

Figure 2.1. Un photon est caractérisé par son énergie ou sa longueur d'onde.

Ici, il sera essentiellement question de la détection de photons issus de réactions ou interactions atomiques ou nucléaires ; à savoir les photons X, les photons gamma (γ) et moins fréquemment les photons de freinage.

Les photons X sont émis suite à la désexcitation de l'atome et au réarrangement de son cortège électronique.

Les photons γ proviennent de la désexcitation spontanée ou provoquée du noyau de l'atome.

De par leurs processus de production et les forces et interactions mises en jeu, les énergies des photons γ sont en général deux à trois ordres de grandeurs supérieures à celles des photons X. Les énergies des photons γ sont de l'ordre de quelques millions d'électron-volts (MeV) et celles des photons X sont comprises entre quelques dizaines d'électron-volts (eV) à quelques dizaines de kiloélectron-volts (keV).

Quant aux photons de freinage appelés aussi photons de Bremsstrahlung, ils sont émis suite au ralentissement d'une particule chargée généralement légère (électron ou positron) et énergétique au voisinage du champ électromagnétique du noyau du milieu traversé. Le spectre des photons de freinage est un spectre continu allant de l'énergie zéro à l'énergie de la particule chargée incidente (cf. § 2.2.2.1).

2.1.2.2. *Les neutrons*

Avec le proton, le neutron est un des deux constituants du noyau. Le neutron se comporte donc comme un nucléon de charge électriquement nulle et de masse égale à 1 838 fois la masse de l'électron. Toutefois, malgré l'absence de sa charge, le neutron n'est pas totalement insensible à l'interaction électromagnétique de par sa distribution de densité de charge interne.

Le neutron n'est pas assujetti aux interactions coulombiennes lorsqu'il rencontre des particules chargées.

La physique du neutron appelée aussi neutronique présente ainsi des aspects originaux et variés permettant des applications qui vont de la maîtrise de l'énergie nucléaire à l'utilisation du neutron comme sonde à l'échelle microscopique (en physique de la matière condensée, dans le domaine des propriétés magnétiques, en biophysique) ou à l'échelle macroscopique (par exemple la caractérisation de colis de déchets radioactifs, le contrôle de matières nucléaires ou illicites tels les explosifs, la détection de nappes d'eau ou d'hydrocarbures dans le sol).

Enfin, son interaction avec la matière dépend étroitement de son énergie. Celle-ci varie de quelques fractions d'électron-volts notamment pour les neutrons dits thermiques[3] à quelques MeV voire quelques dizaines de MeV pour les neutrons rapides (cf. § 2.4).

2.1.3. *Notions de probabilité d'interaction*

Pour chaque type de rayonnement, le mode ou processus d'interaction avec la matière survient selon une probabilité d'occurrence qui est fonction de son énergie et des propriétés physico-chimiques du milieu traversé.

Cette probabilité d'occurrence d'une interaction d'un type donné entre un rayonnement incident (corpusculaire ou photonique) et une cible constituée par une particule (atome, noyau ou particule subatomique) ou un système de particules est déterminée (calculée) grâce à une grandeur ayant les dimensions d'une surface *appelée section efficace microscopique*.

Elle est définie comme étant la surface effective-apparente de l'entité cible (atome, noyau, nucléon...) au voisinage de laquelle une *particule* donnée à une *énergie* donnée doit se situer pour pouvoir provoquer une *réaction précise*.

Elle est notée σ et s'exprime en barns (1 barn = 10^{-24} cm^2).

La notion de section efficace est donc liée :

- au type de particules incidentes (photon, neutron, proton, électron...),

- à l'énergie des particules incidentes,

- au noyau de l'isotope concerné (^{235}U, ^{238}U, ^{239}Pu, ^{3}He, ^{10}B...),

- au type de réaction mis en jeu (absorption, diffusion, fission...).

On parle alors de section efficace *microscopique* d'un *noyau donné* pour une *réaction donnée* pour un *type de particules précis* à une *énergie donnée*.

Dans le cas d'un milieu (non composite) d'une densité nucléaire N (noyaux.cm^{-3}), on introduit la notion de section efficace *macroscopique* qu'on note Σ donnée par :

$$\Sigma = N\sigma \qquad (2.1)$$

Où σ désigne la section efficace microscopique en cm^2. Σ s'exprime en cm^{-1} et désigne en quelque sorte le nombre moyen d'interactions par cm parcouru de la particule dans le milieu et ce, pour une énergie donnée.

On introduit enfin la notion de taux de réaction τ défini comme étant le nombre d'interactions d'un type donné par unité de volume et par unité de temps pour une particule donnée d'une énergie donnée E.

$$\tau = N\sigma\phi \qquad (2.2)$$

Où σ est la section efficace microscopique (en cm^2) à l'énergie E, ϕ est le flux de particules incidentes (particules.cm^{-2}.s^{-1}) d'énergie E et N est le nombre de noyaux par cm^{-3}.

---

[3] Un neutron thermique est un neutron en équilibre thermique avec les atomes (noyaux) du milieu dans lequel il évolue ; milieu supposé à la température de 20 °C. Cela lui confère une énergie de 0,025 eV.

2.1.4. Conclusion

La plupart des méthodes de détection de ces rayonnements (en intensité, en énergie ou encore en distribution temporelle) reposent sur les phénomènes d'ionisation et/ou d'excitation produits à la suite de leur interaction avec le milieu détecteur (gaz, solide ou encore liquide). Les charges ainsi créées sont collectées et dénombrées.

Les *particules chargées* ionisent le milieu détecteur par échange direct de charges avec les atomes rencontrés à l'issue d'interactions coulombiennes. Elles sont de ce fait appelées particules *directement ionisantes*.

En revanche, pour pouvoir être détectées, les particules non chargées sont dans un premier temps converties en particules chargées lourdes et/ou légères lesquelles vont ensuite, par interactions directes (ionisations et excitations) générer des charges dans le milieu détecteur.

Les particules non chargées sont ainsi appelées particules *indirectement ionisantes*.

Enfin la gamme d'énergie des rayonnements concernés ici varie des énergies les plus basses, de l'ordre du milli-électronvolt pour un neutron thermique à plus d'une centaine de millions d'électronvolts pour un produit de fission par exemple (tableau 2.1).

Tableau 2.1. Principales caractéristiques des différents types de rayonnements concernés.

Rayonnement	Nature	Masse	Charge	Domaine d'énergie
α	Noyau ^4_2He	$7\,340.m_e$	$+2\,q_e$	3 à 10 MeV
β	β^+ : positron	m_e ou m_0	$+q_e$	0 à qq MeV
	β^- : électron	m_e ou m_0	$-q_e$	0 à qq MeV
Ions lourds	Protons	$m_p = 1\,836.m_e$	$+q_e$	0,1 à qq MeV
	Produits de réaction Produits de fission	$\approx 4.10^4 - 2.10^5\,m_e$	Jusqu'à $+110\,q_e$	qq MeV à 100 MeV
$\gamma - X$	Photon	Nulle	Neutre	qq keV à qq MeV
^1_0n	Neutron	$m_n = 1\,838\,m_e$	Neutre	De la fraction d'eV (0,025 eV) à qq MeV

Avec :
$q_e = 1{,}602\ 10^{-19}$ C, $m_e = 0{,}511$ MeV/c^2, $m_p = 938{,}3$ MeV/c^2, $m_n = 939{,}6$ Me/c^2.

2.2. Interaction des particules chargées avec la matière

Une particule chargée est caractérisée par plusieurs paramètres que sont :

- sa charge électrique Q en Coulomb qui est un multiple entier de la charge élémentaire : $Q = nq_e$, n entier relatif ;

- sa masse au repos m_0 généralement exprimée en u.m.a ;

- son énergie totale mc^2, où m désigne sa masse en mouvement donnée par la relation de Lorentz en fonction de sa vitesse v et de la célérité de la lumière dans le vide c :

$$m = \frac{m_0}{\sqrt{1 - \frac{v^2}{c^2}}},$$

ou encore son énergie cinétique $T = (m - m_0)\, c^2$.

Une particule chargée d'énergie maximale de quelques dizaines de MeV traversant un milieu interagit principalement avec les électrons atomiques[4]. Les interactions mises en jeu sont donc régies par les forces coulombiennes.

Selon l'énergie déposée dans le milieu, l'interaction de la particule chargée se soldera par l'excitation et/ou l'ionisation des atomes du milieu.

L'ionisation des atomes du milieu intervient lorsque l'énergie transmise à un électron est suffisamment élevée pour éjecter celui-ci du cortège électronique de l'atome. Autrement dit lorsque l'énergie transférée à l'électron est supérieure à son énergie de liaison au cortège électronique. L'électron est ainsi dissocié de l'atome et il y a création d'une paire (e–, ion+). En moyenne, l'énergie emportée par l'électron est égale à l'énergie cédée par la particule incidente moins l'énergie de liaison de l'électron au cortège électronique de l'atome.

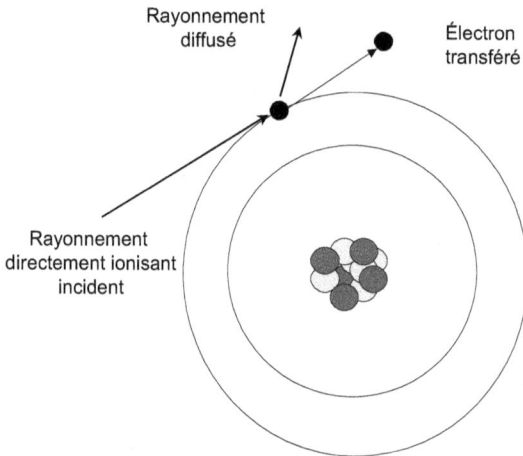

Figure 2.2. Ionisation : l'électron est éjecté du cortège électronique de l'atome.

Si l'énergie cédée par la particule incidente au milieu est inférieure à l'énergie de liaison de l'électron, celui-ci n'est pas éjecté de l'atome. Il peut cependant changer d'orbitale. On parle alors de phénomène d'excitation. Il y a ensuite désexcitation de l'atome par émission de photons (X, UV, visibles). Certains de ces photons de désexcitation peuvent à leur

---

[4] C'est typiquement le cas des particules chargées lourdes. Toutefois, pour une particule chargée légère, un électron ou un positron, de quelques MeV d'énergie, des interactions avec le champ électromagnétique du noyau atomique de la matière traversée peuvent survenir. C'est notamment le cas du rayonnement de freinage ou Bremsstrahlung (cf. § 2.2.2.1).

tour, par effet photoélectrique[5] éjecter un ou plusieurs électrons du cortège électronique. Ce phénomène est appelé l'effet Auger et les électrons éjectés les électrons Auger (voir § 2.3.1).

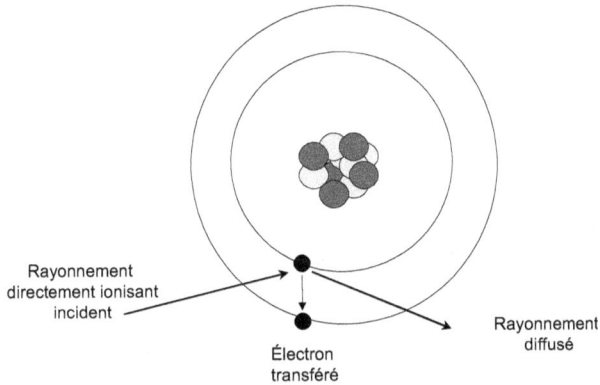

Figure 2.3a. Excitation : l'électron change de niveau d'énergie sans se dissocier de l'atome.

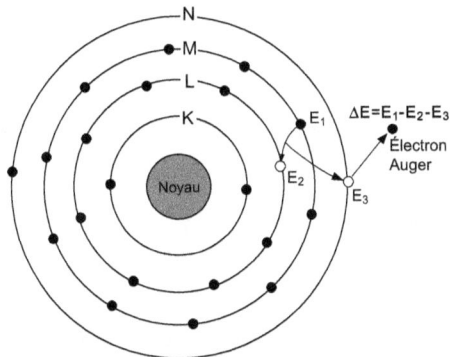

Figure 2.3b. Les photons X de désexcitation peuvent à leur tour, par effet photoélectrique, être absorbés par un électron du cortège de l'atome excité qui est éjecté à son tour ; c'est l'effet Auger[6].

Par ailleurs, vue la hauteur de la barrière coulombienne[7] comparée au domaine d'énergie des rayonnements chargés considérés (tableau 2.1) leur probabilité d'interaction avec les noyaux des atomes du milieu traversé est très faible. Seules les interactions coulombiennes avec les électrons des atomes sont à considérer.

Cependant à partir d'une énergie cinétique dite énergie critique qui dépend notamment du type de particule chargée (lourde ou légère) et du numéro atomique du milieu

---

[5] L'effet photoélectrique correspond à l'absorption totale du photon incident par un électron lié à l'atome suivie par l'éjection de celui-ci en dehors du cortège électronique (cf. § 2.3.1.1).

[6] L'émission des électrons Auger provient de la désexcitation d'atomes par éjection d'un de leurs électrons de cœur. Cette ionisation peut être effectuée de diverses façons : photo-ionisation, irradiation électronique ou par particules chargées lourdes.

[7] La hauteur de la barrière coulombienne est d'environ 25 MeV.

traversé, la perte d'énergie par rayonnement de freinage appelé aussi bremsstrahlung devient de plus en plus significative (cf. § 2.2.2.1) voire prépondérante. Cette énergie critique est d'autant plus élevée que le numéro atomique du milieu traversé est faible et que la particule chargée est lourde.

Pour les électrons, elle peut être approchée par les expressions suivantes où Z désigne le numéro atomique du milieu :

$E_c^e(\text{MeV}) \approx \frac{610}{Z+1,24}$ dans les milieux solides et liquides,

et $E_c^e(\text{MeV}) \approx \frac{710}{Z+0,92}$ dans les gaz.

Les énergies critiques pour l'air, le fer, le cuivre et le plomb sont ainsi de 102 MeV, 27 MeV, 25 MeV et 9,5 MeV respectivement.

Le bremsstrahlung est un processus d'émission de photons consécutif au ralentissement et à la déviation de la particule chargée au voisinage du champ électromagnétique du noyau cible (cf. figure 2.4).

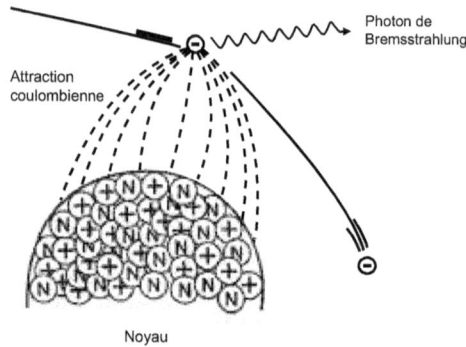

Figure 2.4. Phénomène de Bremsstrahlung au voisinage du champ électromagnétique du noyau cible.

Ce phénomène est explicité par les équations de Maxwell relatives à l'électromagnétisme qui stipulent notamment que toute charge électrique soumise à une accélération (positive ou négative) émet, sous forme de rayonnements électromagnétiques, une énergie proportionnelle au carré de son accélération, donc inversement proportionnelle au carré de sa masse. Cette énergie est proportionnelle au carré du numéro atomique Z du noyau cible au voisinage duquel la déviation et donc la décélération a lieu.

Par conséquent, la perte d'énergie par rayonnement de freinage devient prépondérante pour des particules chargées légères (généralement des électrons) interagissant avec des atomes (noyaux) ralentisseurs lourds. C'est typiquement le cas du ralentissement des électrons sur une cible en tungstène ; phénomène couramment rencontré dans la production de photons par freinage auprès d'un accélérateur linéaire d'électrons (LINAC).

Les interactions des particules chargées avec la matière aux énergies allant de quelques keV à quelques MeV sont ainsi régies principalement par les phénomènes d'excitation, d'ionisation et de rayonnement de freinage. La probabilité d'occurrence de ces interactions dépend de l'énergie de la particule chargée, de sa masse, de sa charge, du numéro atomique du milieu traversé et de sa masse volumique.

Il y a donc lieu de différencier dans ce qui suit les particules chargées lourdes (protons, α, ions, noyaux atomiques) et les particules chargées légères, électrons et positrons.

Enfin, la particule chargée peut aussi perdre une fraction de son énergie par émission de rayonnements électromagnétiques dans la bande des longueurs d'ondes visibles lorsqu'elle traverse un milieu diélectrique transparent d'indice de réfraction n avec une vitesse supérieure à la vitesse de la lumière (c/n) (avec c = célérité de la lumière dans le vide) dans ce milieu. *On parle d'effet Cerenkov.* Lors de son déplacement, la particule chargée crée au voisinage immédiat de sa trajectoire une polarisation électrique du milieu sous l'action du champ électrique qui se déplace avec la particule. Quand celle-ci s'éloigne, les atomes se dépolarisent en libérant sous forme de photons l'énergie qui leur a été fournie. Les photons ainsi émis ont une énergie de l'ordre de quelques eV. L'effet Cerenkov contribue donc peu au ralentissement de la particule chargée (cf. § 2.2.2.4).

2.2.1. *Interaction des particules chargées lourdes*

Par particules chargées lourdes nous désignons l'ensemble des particules chargées à l'exception des électrons et des positrons. On peut citer quelques exemples tels le proton, la particule alpha (noyau d'hélium), les produits de fission...

Lors de la désintégration d'un noyau radioactif, l'énergie des particules chargées lourdes émises est de l'ordre de quelques MeV par nucléon. Elle reste négligeable comparée à l'énergie de masse. Les particules chargées seront de ce fait considérées comme non relativistes.

Les processus pouvant contribuer à la perte d'énergie d'une particule chargée lourde de quelques MeV à quelques dizaines de MeV sont au nombre de quatre :

1. Collisions élastiques avec les électrons du milieu traversé.

2. Collisions inélastiques avec les électrons atomiques du milieu traversé.

3. Collisions élastiques avec les noyaux des atomes.

4. Collisions inélastiques avec les noyaux des atomes.

Toutefois, le processus 2) est le plus prépondérant. Il s'agit de la perte d'énergie à travers un très grand nombre de chocs successifs sur les électrons atomiques du milieu traversé et se traduit par des excitations et ionisations des atomes. Le phénomène d'ionisation reste prépondérant. La part d'énergie cédée au milieu à chaque choc reste assez faible (quelques keV pour des énergies incidentes de quelques MeV). En effet, l'énergie maximale que peut transférer une particule chargée de masse m et d'énergie E à un électron de masse au repos m_0 est de $4\frac{m_0}{m}E$ (en approche non relativiste) soit à peu près $(1/500)^e$ de l'énergie par nucléon de la particule. Par conséquent un grand nombre d'interactions est nécessaire pour la stopper. On considère son processus de ralentissement comme continu. Chaque interaction ne dévie que très peu la particule et donc sa trajectoire dans le milieu est quasi rectiligne[8].

Afin de caractériser plus finement la perte d'énergie et le ralentissement de particules chargées lourdes dans la matière, on définit des grandeurs spécifiques qui sont :

---

[8] À rapprocher par exemple d'une boule de bowling percutant un amas de petites billes. La boule va poursuivre sa trajectoire sans aucune déviation tout en éjectant des billes sur son passage.

- le pouvoir d'arrêt,

- le parcours moyen,

- l'énergie moyenne d'ionisation.

2.2.1.1. *Le pouvoir d'arrêt*

Pour une particule chargée lourde d'énergie *E*, en mouvement dans un milieu donné, le pouvoir d'arrêt est défini comme étant la perte d'énergie par unité de distance parcourue dans le milieu ou encore l'énergie transférée aux électrons du milieu par unité de distance parcourue dans le même milieu. Appelé aussi perte linéique d'énergie, le pouvoir d'arrêt est noté $\frac{dE}{dx}$ et s'exprime généralement en MeV.cm^{-1}. En divisant ce pouvoir d'arrêt par la masse volumique ρ du milieu traversé, on définit la perte massique d'énergie $\frac{1}{\rho}\frac{dE}{dx}$ qui s'exprime en MeV.(g.cm^{-2})$^{-1}$.

L'expression théorique du pouvoir d'arrêt d'une particule chargée lourde est donnée par la formule de Bethe :

$$-\frac{dE}{dx} = \frac{1}{(4\pi\varepsilon_0)^2}\frac{4\pi e^4 z^2}{m_0 v^2}NZ\left[\ln\frac{2m_0 v^2}{I} - \ln\left(1 - \frac{v^2}{c^2}\right) - \frac{v^2}{c^2}\right] \tag{2.3}$$

le signe moins (–) traduit ici la diminution de l'énergie de la particule chargée en fonction de la distance parcourue dans le milieu.

Avec :

m_0, e : respectivement masse au repos et charge (en valeur absolue) de l'électron.

c : vitesse de la lumière.

N, Z : respectivement nombre d'atomes par unité de volume et numéro atomique du matériau traversé.

v, z : vitesse et charge de la particule chargée lourde.

I : potentiel moyen d'ionisation des atomes du milieu. C'est un paramètre caractéristique de l'espèce atomique considérée.

Pour des particules non relativistes ($\frac{v}{c} \ll 1$) seul le premier des termes entre crochets dans (2.3) est significatif. C'est le cas de la majorité des particules chargées lourdes rencontrées i.e. émises directement ou indirectement lors de désintégrations radioactives.

À très basse énergie (< 0,1 MeV), quand la vitesse des particules est comparable à celle des électrons des atomes dans leurs orbitales, la formule de Bethe ne s'applique plus car les électrons sont capturés par la particule chargée et viennent ainsi la « neutraliser » ; c'est le phénomène de recombinaison.

Il n'y a cependant pas d'expression analytique satisfaisante du pouvoir d'arrêt $\frac{dE}{dx}$ dans cette plage d'énergie.

La figure 2.5a donne la variation du pouvoir d'arrêt électronique et nucléaire en fonction de l'énergie des particules alpha dans l'air.

La figure 2.5b donne l'allure du pouvoir d'arrêt de différentes particules chargées en fonction de l'énergie.

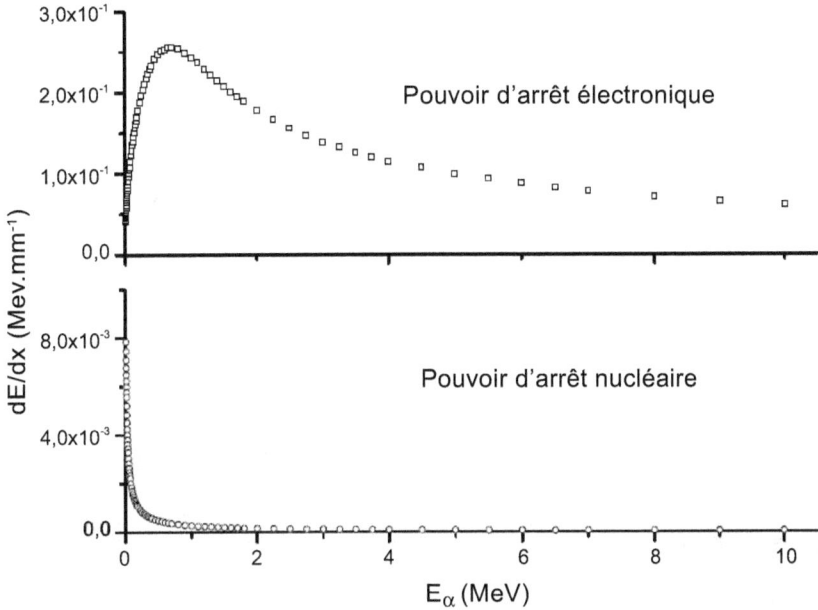

Figure 2.5a. Pouvoir d'arrêt des particules alpha dans l'air [15].

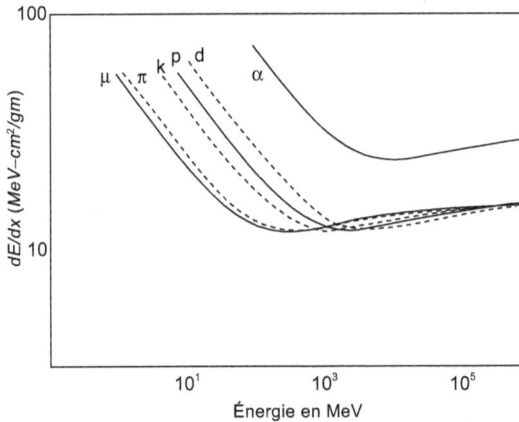

Figure 2.5b. Perte linéique d'énergie pour différents types de particules chargées dans l'air en fonction de l'énergie [18, 19].

La figure 2.6 présente la perte d'énergie des protons dans différents milieux en fonction de l'impulsion de la particule.

La courbe passe par un minimum appelé minimum d'ionisation pour ensuite croître légèrement avec l'énergie de la particule chargée incidente. Dans un milieu donné, la valeur du pouvoir d'arrêt est alors la même pour tout type de particules de même charge.

La perte spécifique (linéique ou massique) d'énergie est fonction de l'énergie cinétique de la particule chargée lourde. Par conséquent, celle-ci ne perdra pas la même quantité

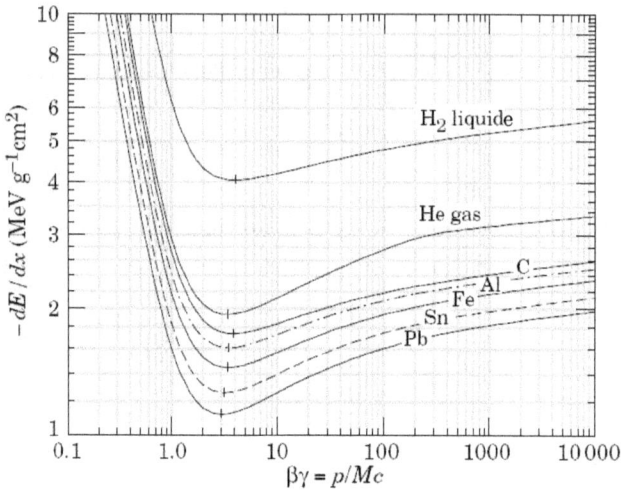

Figure 2.6. Perte d'énergie ou pouvoir d'arrêt du proton en fonction de l'énergie dans différents milieux [18, 19].

d'énergie sur tout son trajet. Elle est nettement plus ionisante à la fin de son parcours comme le montre la courbe dite de Bragg donnant la variation de la perte spécifique d'énergie le long de la trajectoire de la particule chargée (figure 2.7).

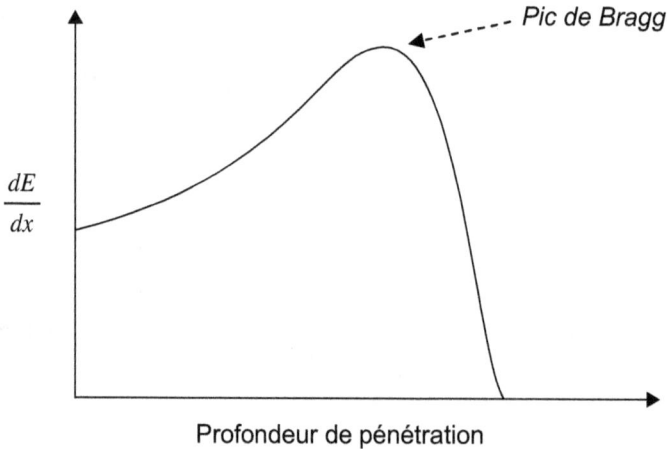

Figure 2.7. Courbe de Bragg donnant la variation de la perte d'énergie spécifique le long du parcours d'une particule α.

En effet, plus l'énergie – donc la vitesse – de la particule diminue, plus la « durée » de son interaction avec les électrons croît et plus le nombre d'ionisations augmente. À la fin de son parcours, la particule commence à se lier aux électrons du milieu et la perte spécifique d'énergie est ainsi fortement accentuée. Elle passe par un maximum très prononcé en fin de parcours appelé *pic de Bragg* puis chute brutalement.

Le dépôt d'énergie d'une particule chargée est donc très localisé.

2.2.1.2. Le parcours moyen

Dans la matière, les particules chargées lourdes ont une trajectoire quasi rectiligne. On appelle donc parcours R d'un type de particules chargées donné à une énergie donnée la longueur de cette trajectoire. Pour une particule d'énergie E_0, ce parcours est donné en fonction du pouvoir d'arrêt ou transfert linéique d'énergie (TLE) par :

$$R = \int_{E_0}^{0} dx = \int_{0}^{E_0} \frac{dE}{\left(-\frac{dE}{dx}\right)} = \int_{0}^{E_0} \frac{dE}{TLE} \qquad (2.4)$$

Les particules chargées lourdes perdent leur énergie par petites fractions dans un très grand nombre de collisions avec les électrons des atomes du milieu. Elles n'auront donc pas toutes rigoureusement le même parcours à cause des fluctuations dues au processus aléatoire du ralentissement appelé *straggling*.

En première approximation la dispersion du nombre de particules absorbées autour du parcours moyen suit une distribution gaussienne (figure 2.8a).

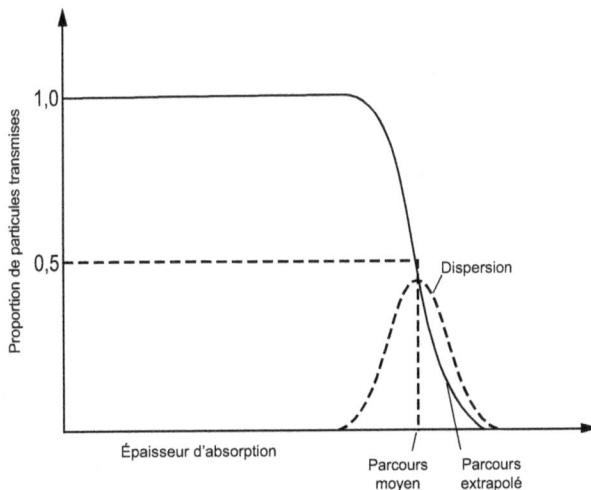

Figure 2.8a. Variation du nombre de particules transmises (non absorbées) en fonction de l'épaisseur traversée de l'écran. La distribution autour de R est quasi gaussienne [12].

On introduit ainsi la notion de parcours moyen défini comme étant l'épaisseur du milieu traversé qui réduit de moitié le nombre de particules incidentes d'un type et d'une énergie donnés (figure 2.8b).

Les figures 2.8c et 2.8d donnent la variation en fonction de l'énergie du parcours de la particule alpha dans l'air et dans le silicium respectivement.

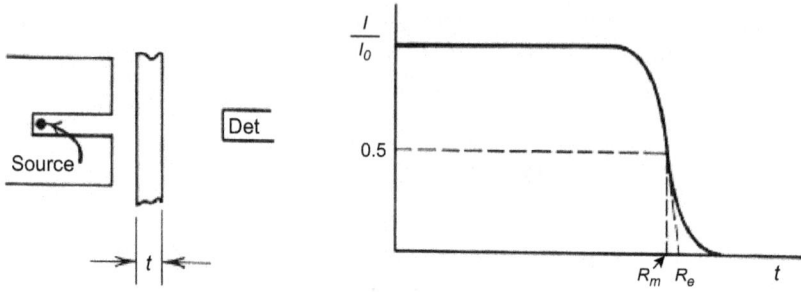

Figure 2.8b. Courbe de transmission d'un faisceau collimaté de particules chargées en fonction de l'épaisseur de l'absorbant et définition du parcours moyen [12].

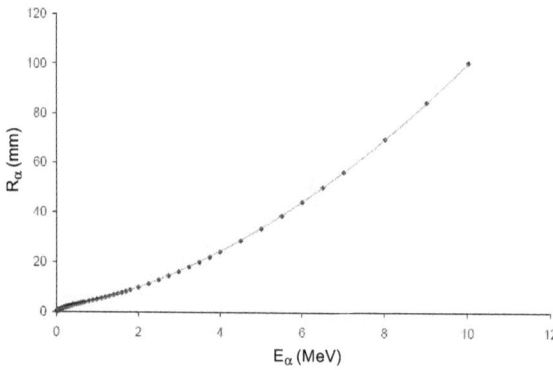

Figure 2.8c. Parcours des particules alpha dans l'air [15].

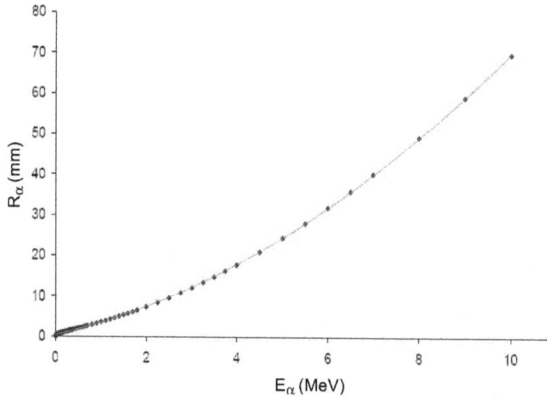

Figure 2.8d. Parcours des particules alpha dans le silicium [15].

Quelques exemples de parcours moyens types de particules chargées lourdes sont donnés dans le tableau 2.2.

En pratique, pour le calcul des parcours moyens de particules chargées lourdes dans la matière, on utilise des tables de correspondance « Énergie-Parcours » qui existent aussi

Tableau 2.2. Exemples de parcours de particules chargées lourdes.

Particule / Milieu	Air	Silicium	Or
Proton (5 MeV)	40 cm	200 µm	62 µm
Particule α (5 MeV)	3,5 cm	20 µm	8 µm

sous forme d'outils logiciels. Toutefois, des formules empiriques peuvent être utilisées. Elles permettent aussi une estimation simple et rapide du parcours comme le montrent les quelques exemples suivants :

Dans l'air, le parcours moyen R en cm, de particules α et de protons est donné en fonction de l'énergie :

$$\text{Pour des } \alpha \text{ de 4 à 10 MeV : } R(\text{cm}) \approx 0{,}32E^{1,5} \text{ (MeV)} \tag{2.5a}$$

$$\text{Pour des protons de 10 à 200 MeV : } R(\text{cm}) \approx 0{,}80E^{1,8} \text{ (MeV)} \tag{2.5b}$$

Dans un milieu X donné de masse volumique ρ_X et de nombre de masse A_X, le parcours moyen R_X d'une particule α ou d'un proton peut être estimé par :

$$\text{Pour des } \alpha \text{ de 4 à 10 MeV, } R_X(\mu m) \approx 1{,}10(A_X)^{0,5}(\rho_X)^{-1}E^{1,5} \text{ (MeV)} \tag{2.5c}$$

$$\text{Pour des protons de 20 à 200 MeV, } R_X(\mu m) \approx 6{,}12(A_X)^{0,5}(\rho_X)^{-1}E^{1,8} \text{ (MeV)} \tag{2.5d}$$

Dans un milieu composé de i éléments le parcours moyen R exprimé en unité massique d'épaisseur, c'est-à-dire en g.cm^{-2} s'obtient par :

$$\frac{1}{R} = \sum_{i=1}^{n} \frac{a_i}{R_i} \tag{2.6}$$

Avec a_i = fraction massique de i et R_i le parcours moyen dans i en g.cm^{-2}.

N.B. : l'épaisseur dite massique est définie comme le produit de l'épaisseur géométrique par la masse volumique du milieu traversé : R_{massique} (g.cm^{-2}) $= R_{\text{géométrique}}$ (cm) $\times \rho$(g.cm^{-3}).

2.2.1.2.1. La règle de Bragg

Lors de ses toutes premières mesures relatives à la transmission de faisceaux de particules alpha, Bragg a montré que, pour une énergie donnée, la quantité $\frac{R.\rho}{\sqrt{A}}$ est approximativement constante pour différents absorbants où R est le parcours moyen en cm dans le milieu considéré, ρ et A sa masse volumique en g.cm^{-3} et son nombre de masse respectivement.

On en déduit la relation entre les valeurs des parcours moyens d'une même particule chargée lourde (proton, alpha, noyaux...) dans deux milieux de masses volumiques différentes ρ_1 et ρ_2 et de numéros atomiques A_1 et A_2.

$$\frac{R_1}{R_2} = \frac{\rho_2}{\rho_1}\sqrt{\frac{A_1}{A_2}} \tag{2.7}$$

Cette relation permet, à partir du parcours dans l'air où $\rho_{air} = 1{,}293 \times 10^{-3}$ g/cm^3 et $A_{air} \cong 14{,}4$, de calculer le parcours d'une particule dans n'importe quel autre milieu X selon l'approche suivante appelée règle de *Bragg-Kleeman* :

$$R_X(cm) \cong 3{,}4 \times 10^{-4} \frac{\sqrt{A_X}}{\rho_X(g.cm^{-3})} R_{air}(cm) \tag{2.8}$$

Exercice d'application

a) *Calculer le parcours, l'ionisation spécifique puis le transfert linéique (TLE) d'énergie dans l'air d'une particule α de 4,78 MeV d'énergie issue du ^{226}Ra.*

b) *Calculer son TLE dans les tissus humains en y supposant un parcours de 35 μm.*

c) *Qu'en déduisez-vous ?*

Réponse

a) *L'expression (2.5a) permet de calculer le parcours de la particule α ; soit donc :*

$$R(cm) \approx 0{,}32E^{1{,}5} \text{ (MeV)}$$

Ce qui donne donc : R = 3,34 cm, l'ionisation spécifique I_s correspond au nombre d'ionisations par cm parcouru par la particule α. Soit, donc $I_s = \frac{4{,}78 \times 10^6 \text{ (eV)}}{35 \text{ (eV)} \times 3{,}34(cm)} = 4{,}083 \times 10^4$ ionisations par cm.

     Le transfert linéique d'énergie TLE n'est autre que la perte d'énergie par unité de parcours ; soit, dans l'air pour notre cas : $TLE_{air} = \frac{4{,}78}{3{,}34} = 1{,}43$ MeV.cm^{-1} = 0,143 keV.μm^{-1}

b) *Dans les tissus humains, en considérant un parcours de 35 μm :*

$$TLE_{Tissus} = \frac{4{,}78}{35} = 0{,}137 \text{ MeV.μm}^{-1} = 137 \text{ keV.μm}^{-1}$$

c) *La particule alpha a un TLE environ mille fois plus grand dans les tissus que dans l'air. Sur un μm de tissu, elle perd environ 3 % de son énergie initiale.*

2.2.1.2.2. L'énergie moyenne d'ionisation

On appelle énergie moyenne d'ionisation que l'on note W l'énergie nécessaire pour former une paire (électron, ion positif) dans le milieu traversé par la particule chargée. En pratique cette énergie moyenne d'ionisation dépend très peu de la nature et de l'énergie des particules chargées. Elle dépend du milieu traversé. Les tableaux 2.3 et 2.4 donnent quelques exemples de valeurs de W pour la production d'une paire (électron, ion positif) dans les gaz (W_{gaz}) et d'une paire (électron, trou) dans les matériaux semi-conducteurs (W_{s-c}) respectivement.

Tableau 2.3. Valeurs typiques de W_{gaz} (eV/paire d'ion).

Matériau	Alpha E = 5,3 MeV	Proton E = 1 MeV	Électron E ~ 1 MeV
Air	35,1	35,2	33,8
Ar	26,3	26,7	26,4
CH_4	29,1	30,0	29
CO_2	34,2	34,4	33,0

Tableau 2.4. Valeurs typiques de W_{s-c} (eV/paire e^--trou).

Matériau	Gap (eV)	W_{s-c}
Si (300 K)	1,16	3,61
Ge (77 K)	0,72	2,98
CdTe (300 K)	1,52	4,43
C* (diamant) (300 K)	~ 5,5	~ 15

2.2.2. Interaction des particules chargées légères avec la matière

Les particules chargées légères dont il sera question dans ce chapitre sont les électrons et les positrons. Les électrons entre eux ou les positrons diffèrent par leurs modes de production et leurs origines. Typiquement c'est le cas du couple (électron atomique, β^-) ou encore (positron de matérialisation, β^+)[9].

Les particules chargées légères ici ont la même masse et la même charge en valeur absolue. Selon leur origine et leur(s) processus de génération, leur énergie peut varier de quelques eV (électrons atomiques) à quelques MeV voire quelques dizaines de MeV (émission β^-).

Dans ce qui suit, nous traiterons principalement des interactions des électrons avec la matière. L'interaction des positrons avec la matière est quasi identique à la seule différence que sa charge positive lui confère un comportement spécifique à basse énergie au voisinage du champ électromagnétique des électrons (attraction et annihilation).

2.2.2.1. Interaction des électrons avec la matière

Les modes d'interaction des électrons avec la matière diffèrent significativement de ceux des particules chargées lourdes.

En effet, la masse de l'électron étant 1 836 fois inférieure à celle du proton, on ne peut pas transposer directement les résultats obtenus précédemment pour les particules chargées lourdes car des corrections relativistes s'imposent. Celles-ci sont à considérer dès 50 keV d'énergie pour les électrons alors que les protons et les particules alpha ne deviennent relativistes qu'à partir de 90 MeV et 350 MeV respectivement (voir exercice d'application).

---

[9] Les particules β^- et β^+ sont respectivement des électrons et des positrons provenant du noyau de l'atome suite à une désintégration (transformation) du neutron et du proton respectivement.

Pour les énergies élevées (quelques MeV à quelques dizaines de MeV), le ralentissement par radiations électromagnétiques tel le rayonnement de freinage devient significatif.

Trois processus principaux interviennent dans l'interaction des électrons avec la matière :

1. La diffusion inélastique sur les électrons atomiques (diffusion de Möller).

2. La diffusion élastique sur les noyaux des atomes (diffusion de Mott).

3. La diffusion inélastique sur les noyaux des atomes (Bremsstrahlung).

Ces phénomènes de diffusion que subit l'électron associés à sa faible masse font que ses trajectoires sont loin d'être rectilignes (figure 2.9a). En effet, les chocs sur d'autres électrons ou encore mais moins couramment contre les noyaux se traduisent par une importante déviation de la direction initiale de la particule incidente ; l'électron en l'occurrence.

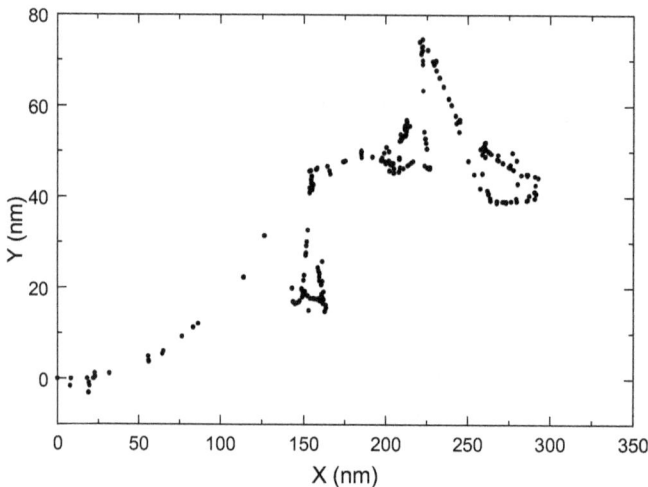

Figure 2.9a. Projection bidimensionnelle de la trace (chaotique) d'un électron de 5 keV dans l'eau. Chaque point représente une interaction avec une molécule d'eau [14].

Le parcours des électrons dans la matière suit de ce fait une ligne brisée dont chaque brisure correspond en moyenne à une ionisation. L'électron peut aussi subir des *rétrodiffusions* appelées *backscattering* (figure 2.9b).

Exercice d'application

1) Montrer que dès 50 keV d'énergie les électrons deviennent relativistes.

2) À quelles énergies respectives les protons et les particules α doivent être considérés comme tels ?

Solution

90 MeV pour les protons et 350 MeV pour les particules α.

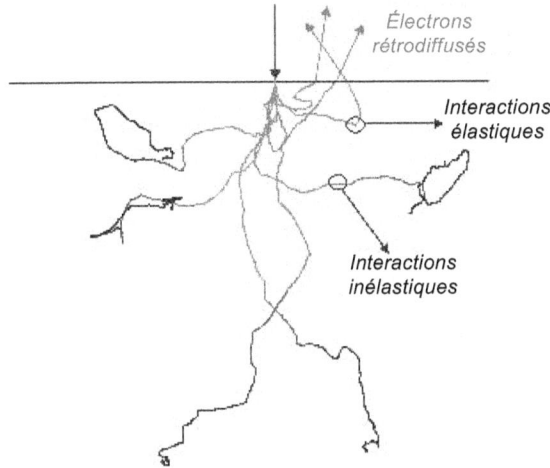

Figure 2.9b. Illustration de la trajectoire chaotique de l'électron.

2.2.2.1.1. Diffusion inélastique sur les électrons atomiques

Une fraction importante de l'énergie de l'électron peut être perdue en une seule collision et l'énergie maximale transférable au cours d'une collision est égale à l'énergie de l'électron incident (E_{inc}). Cependant, après la collision, les électrons diffusés et arrachés étant indiscernables, il est d'usage de qualifier l'électron le plus rapide de diffusé, et l'électron le plus lent d'éjecté[10]. De ce fait, le transfert d'énergie est compris entre 0 et $E_{inc}/2$. On parle de principe de particules indiscernables.

2.2.2.1.2. Diffusion élastique sur les noyaux des atomes

Dans le champ coulombien d'un noyau de charge Ze, l'électron diffuse élastiquement mais sans perte d'énergie appréciable en raison de la grande différence de masses (rebondissement sur un obstacle fixe). La probabilité de diffusion augmente en Z^2 et est, pour un angle de diffusion donné, d'autant plus grande que l'énergie de l'électron est faible.

2.2.2.1.3. Diffusion inélastique sur les noyaux des atomes

Un électron se déplaçant au voisinage d'un noyau est soumis à des forces d'accélération. Quand une particule de charge électrique ze subit une accélération, elle rayonne de l'énergie sous forme d'une onde électromagnétique (photon) et se ralentit.

L'énergie rayonnée est inversement proportionnelle au carré de la masse de la particule chargée. Le phénomène est donc négligeable pour les particules chargées lourdes mais ne l'est plus pour les électrons compte tenu de leur faible masse. La fraction de l'énergie de l'électron émise sous forme de rayonnement de freinage (*Bremsstrahlung* qui vient de l'allemand *bremsen* signifiant freiner et *strahlen* rayonner) augmente avec l'énergie de l'électron. Elle est d'autant plus grande que le numéro atomique du milieu absorbeur est élevé

---

[10] Principe des particules indiscernables.

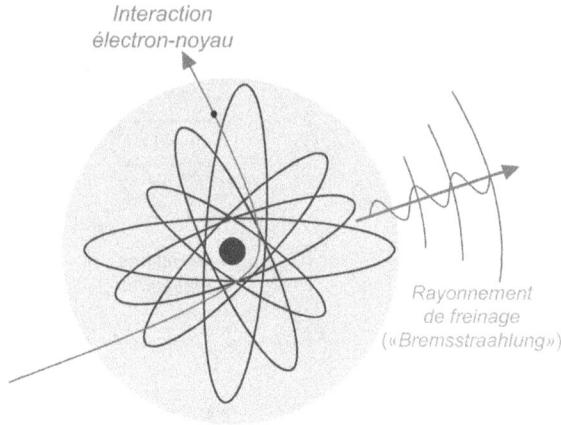

Figure 2.10a. Ralentissement par rayonnement de freinage d'un électron au voisinage du champ électromagnétique du noyau.

(variation en Z^2). Le spectre de photons émis est un spectre continu dont l'énergie maximale est égale à l'énergie cinétique des électrons incidents. Cependant, l'énergie rayonnée par l'électron est principalement émise sous forme de photons de faible énergie.

En résumé, la perte d'énergie d'un électron par unité de parcours est due à deux principales contributions :

1. la diffusion inélastique sur les atomes du milieu qui se traduit par leurs ionisations et excitations ;

2. le rayonnement de freinage.

$$\left(\frac{dE}{dx}\right)_{tot} = \left(\frac{dE}{dx}\right)_{diff} + \left(\frac{dE}{dx}\right)_{ray}$$

Avec :

$$-\frac{dE}{dx}\bigg|_{ray} = \frac{\rho E Z(Z+1)e^4}{137 m_e^2}\left(4 \ln\frac{2E+4}{m_e} - \frac{4}{3}\right) \tag{2.9}$$

Où m_e est la masse au repos de l'électron et E son énergie. ρ et Z sont respectivement la masse volumique et le numéro atomique du milieu traversé.

2.2.2.2. *Interaction des positrons avec la matière*

Lors de ses premiers instants de traversée de la matière (# 10 ps), le positron est ralenti selon les mêmes processus que l'électron. En fin de ralentissement, quand son énergie cinétique est quasi nulle, autrement dit quand le positron est en équilibre thermique avec les atomes du milieu (énergie cinétique de l'ordre du MeV), il s'annihile à la rencontre d'un électron libre du milieu. La paire électron-positron disparaît en émettant deux photons dits d'annihilation de 0,511 MeV d'énergie chacun. En raison des lois de conservation de l'énergie et de la quantité de mouvement; ces photons sont émis dans des directions opposées avec une énergie totale de 2 $m_e c^2$ = 1,022 MeV où m_e est la masse au repos de l'électron.

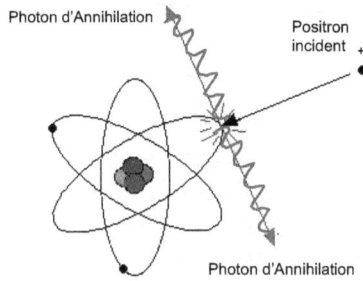

Figure 2.10b. Annihilation d'un positron à la rencontre d'un électron.

2.2.2.3. *Le pouvoir d'arrêt des particules chargées légères*

Pour les particules chargées légères, la perte d'énergie est due aux phénomènes de diffusion et de rayonnement. Leur pouvoir d'arrêt se décompose donc en 2 parties, une partie due aux diffusions-collisions et l'autre due au rayonnement de freinage (bremsstrahlung).

$$\left[\frac{dE}{dx}\right]_{tot.} = \left[\frac{dE}{dx}\right]_{coll.} + \left[\frac{dE}{dx}\right]_{frein.} \tag{2.10a}$$

Le rapport des deux contributions peut s'exprimer en première approximation par :

$$\frac{(dE/dx)_{frein.}}{(dE/dx)_{coll.}} \cong \frac{EZ}{700} \tag{2.10b}$$

où l'énergie des électrons E est en MeV et Z est le numéro atomique du milieu traversé.

La figure 2.11 montre l'allure du pouvoir d'arrêt massique total $\frac{dE}{\rho dx}$ des électrons dans le plomb en fonction de l'énergie où ρ est la masse volumique du plomb en g.cm^{-3}.

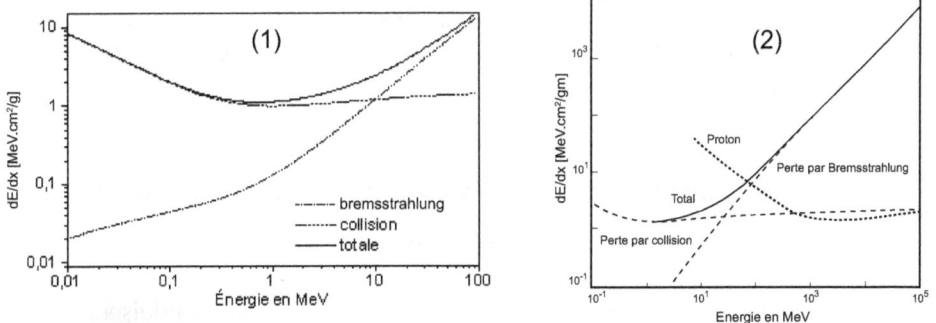

Figure 2.11. Perte linéique d'énergie des électrons dans le plomb (1) et dans le cuivre (2) en fonction de l'énergie et suivant les deux principaux modes d'interaction : collision et rayonnement de freinage. À titre indicatif, la perte d'énergie du proton est indiquée dans (2) [5, 10, 14].

Dans le domaine considéré ici, les électrons les plus couramment rencontrés (tels que les particules β⁻ ou les électrons secondaires issus de l'interaction des rayonnements X, γ avec la matière) ont typiquement des énergies qui restent en deçà de quelques MeV. Par conséquent, la perte d'énergie par rayonnement de freinage représente toujours une faible fraction de l'énergie perdue par ionisation et excitation. Par contre, au-delà de plusieurs MeV (électrons que l'on rencontre au sein d'un accélérateur par exemple), la perte d'énergie par rayonnement de freinage devient prépondérante et est favorisée par des matériaux absorbants à numéro atomique élevé. Par ailleurs, la figure 2.11 montre que pour des particules plus lourdes telles que les protons, la part de rayonnement de freinage reste très faible même pour des énergies au-delà du GeV.

Le parcours moyen des électrons est mesuré expérimentalement à l'aide d'une source mono-énergétique et d'absorbeurs de différentes épaisseurs (figure 2.12). Il est obtenu en extrapolant linéairement à partir du « point » le plus bas avant l'inflexion de la courbe.

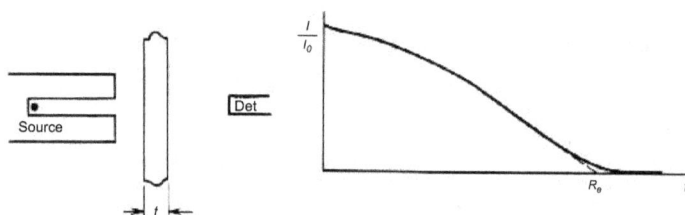

Figure 2.12. Courbe de transmission d'un faisceau collimaté d'électrons en fonction de l'épaisseur *t* de l'écran traversée ; notion de parcours « extrapolé » [12].

Tableau 2.5. Quelques ordres de grandeur de parcours des électrons de 1 MeV dans différents milieux.

	Air	Eau	Al	Pb
E_e = 1 MeV	2,9 m	4 mm	1,5 mm	0,35 mm
E_e = 5 MeV	10 m	15 mm	5,5 mm	1,3 mm

Des formulations empiriques donnant le parcours des électrons β⁻ émis par un radionucliéde ont été établies. Ainsi pour des énergies *E* inférieures à 0,8 MeV, le parcours de la particule β⁻ est donné par :

$$R_{\beta(g.cm^{-2})} = 0,407\ E^{1,38}\ \text{(MeV)} \qquad (2.11a)$$

Pour des énergies *E* comprises entre 0,8 MeV et 3,7 MeV le parcours s'exprime par :

$$R_{\beta(g.cm^{-2})} = 0,542\ E\text{(MeV)} - 0,133 \qquad (2.11b)$$

Remarque : Les fortes déflexions que peuvent subir les électrons conduisent au phénomène de rétrodiffusion (*backscattering*). Les électrons peuvent donc ressortir du milieu absorbant (détecteur par exemple) sans y déposer toute leur énergie. Cela modifie la réponse du détecteur.

2.2.2.4. L'effet Cerenkov

Il s'agit d'un phénomène physique se produisant exclusivement avec les particules chargées.

Lorsque la vitesse v de la particule chargée est supérieure à la vitesse de la lumière dans le milieu $v > v_{\text{Lumière}}$ avec $v_{\text{Lumière}} = \frac{c}{n}$ où n est l'indice de réfraction optique du milieu et c la célérité de la lumière dans le vide $(3 \times 10^8 \text{ m.s}^{-1})$, il se produit une émission d'un spectre continu de rayonnements électromagnétiques (lumière Cerenkov).

C'est l'effet Cerenkov.

En effet, la particule chargée de vitesse v en traversant le milieu d'indice de réfraction n polarise les atomes tout au long de son parcours ; qui deviennent des dipôles électriques. Ces dipôles émettent un rayonnement électromagnétique.

Si la vitesse v est inférieure à $v_{\text{Lumière}} = \frac{c}{n}$; vitesse de la lumière dans le milieu, alors les rayonnements des dipôles de part et d'autre du parcours s'annulent.

En revanche, si $v > \frac{c}{n}$, la matière en aval ne peut être polarisée, le champ électromagnétique créé par la particule se propageant moins vite que celle-ci. Un rayonnement net en « découle » ; c'est le rayonnement Cerenkov (figure 2.13b).

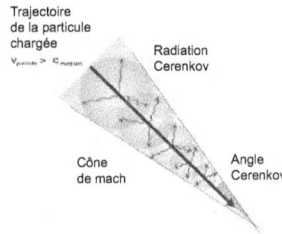

Figure 2.13a. Cône d'émission de la lumière Cerenkov.

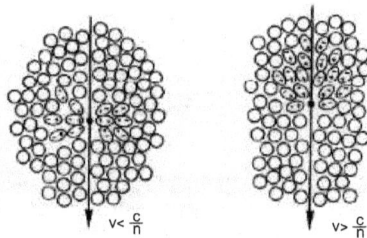

Figure 2.13b. Illustration de l'effet Cerenkov.

La lumière Cerenkov est émise dans un cône de demi-angle au sommet θ donné par $\cos \theta = \frac{1}{v} \cdot \frac{c}{n}$.

En pratique le phénomène est observable uniquement avec les électrons. Dans l'eau, le spectre émis est dans le bleu-violet (figure 2.14).

Exercice d'application

Dans l'eau, quelle est l'énergie minimale que doit avoir un électron pour subir l'effet Cerenkov ? Que devient cette énergie pour un proton, et pour une particule α ?

L'indice de réfraction optique de l'eau est $n = \frac{4}{3}$.

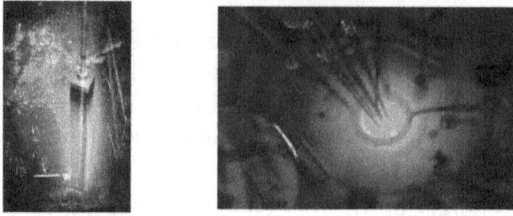

Figure 2.14. Lumière Cerenkov émise par un assemblage combustible irradié sous eau.

Solution

Il suffit que la vitesse de la particule chargée $v > \frac{3}{4}c$.

L'énergie cinétique T de l'électron est donnée par : $T = mc^2 - m_0 c^2$ où m_0 est la masse au repos de l'électron et m sa masse en mouvement est égale à $m = \dfrac{m_0}{\sqrt{1-\frac{v^2}{c^2}}}$; v étant la vitesse de l'électron et c la vitesse de la lumière dans le vide.

L'électron doit donc avoir une énergie cinétique $E_e > 0{,}26$ MeV, le proton une énergie $E_p > 478$ MeV et la particule α $E_\alpha > 1{,}912$ GeV.

2.3. Interaction des particules non chargées avec la matière

Le mode d'interaction des particules non chargées est fondamentalement différent de celui des particules chargées. En effet, celles-ci peuvent être absorbées (disparaître) en une seule interaction ou bien traverser des centimètres de matière sans interagir.

Les particules non chargées, de par leur absence de charge électrique, n'auront pas de barrière coulombienne à franchir avant d'interagir avec les noyaux des atomes. Leurs probabilités d'interaction nucléaire sont donc plus élevées que celles des particules chargées.

Les particules non chargées dont il sera question dans ce chapitre sont les photons (X et γ) et les neutrons. Ce sont les principales – pour ne pas dire les seules – particules neutres rencontrées dans notre domaine d'activité à savoir la physique nucléaire dédiée aux besoins des réacteurs nucléaires et du cycle du combustible associé.

2.3.1. Interaction des rayonnements X et γ avec la matière

Parmi les différents types d'interactions possibles, les processus d'interaction les plus importants dans la gamme *d'énergie* considérée sont :

– l'effet photoélectrique,

– l'effet Compton,

– la création de paires (e⁺, e⁻) ou matérialisation.

Il résulte de ces 3 effets la mise en mouvement de particules secondaires que sont les électrons (e⁻) ou les positrons (e⁺) qui ionisent[11] les atomes du milieu et permettent ainsi la détection des rayonnements X et γ.

Remarque : pour des énergies de photons de quelques MeV, des réactions photonucléaires peuvent survenir sur certains noyaux tels le béryllium (^{9}Be), le deutérium ^{2}H ou le carbone ^{13}C. Au-delà de 10 MeV d'énergie, la majorité des isotopes présente une probabilité non nulle d'interaction photonucléaire

2.3.1.1. Effet photoélectrique

L'effet photoélectrique est l'absorption complète (disparition) d'un photon d'énergie $E = h\nu$ par un atome suivie de l'émission d'un électron atomique appelé photoélectron.

$$\gamma + \text{atom} \rightarrow \text{atom}^+ + e^-$$

L'énergie du photoélectron émis est égale à $E_{e^-} = h\nu - E_i$ où E_i est l'énergie de liaison de l'électron à l'atome du milieu.

E_i est en général négligeable comparée à $h\nu$. On peut donc considérer en première approximation que le photoélectron emporte toute l'énergie du photon initial.

L'atome résiduel est dans un état ionisé avec une vacance de site qui sera comblée par un électron libre d'une autre couche. Ce réarrangement électronique s'accompagne d'émission de rayons X qui peuvent à leur tour, par effet photoélectrique, faire éjecter un nouvel électron du cortège électronique. On parle d'effet Auger. L'électron ainsi éjecté est appelé électron Auger.

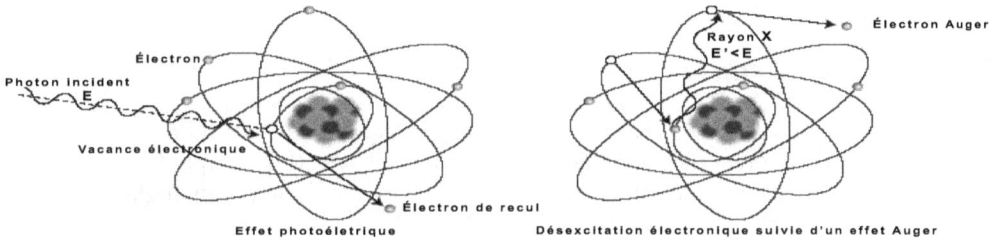

Figure 2.15. Effet photoélectrique.

La probabilité d'occurrence de l'effet photoélectrique par atome dépend fortement de l'énergie E du photon incident et du numéro atomique Z du milieu traversé. Elle varie approximativement comme $\frac{Z^4}{E^3}$.

L'effet photoélectrique concerne en priorité les électrons les plus liés de l'atome ; ceux des couches K et L.

La section efficace d'absorption photoélectrique d'un photon d'énergie E par un électron de la couche K est donnée par :

$$\sigma_{\text{photo}}^K = \left(\frac{32}{\gamma}\right)^{\frac{1}{2}} \alpha^4 \cdot z^4 \cdot \sigma_T \tag{2.12}$$

---

[11] Plus de 70 % des ionisations produites par les photons γ et X sont dues aux électrons et positrons secondaires émis à la suite des trois principaux effets d'interaction (effet photoélectrique, Compton et création de paires).

Avec $\alpha = \frac{1}{137}$ appelée constante de la structure fine et $\gamma = \frac{E}{m_0 c^2}$ où m_0 est la masse de l'électron au repos.

Un exemple de variation de la section efficace d'effet photoélectrique du plomb en fonction de l'énergie du photon incident est représenté sur la figure 2.16.

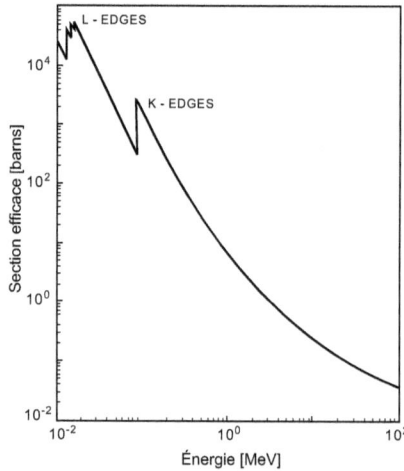

Figure 2.16. Variation de la section efficace d'effet photoélectrique dans le plomb en fonction de l'énergie des photons incidents [2].

2.3.1.2. Effet Compton

C'est la diffusion élastique d'un photon sur un électron peu lié du milieu traversé. Le photon incident d'énergie $h\nu$ est diffusé selon un angle θ avec une énergie $h\nu'$, une partie de l'énergie est cédée à l'électron supposé non lié et qui recule selon un angle φ.

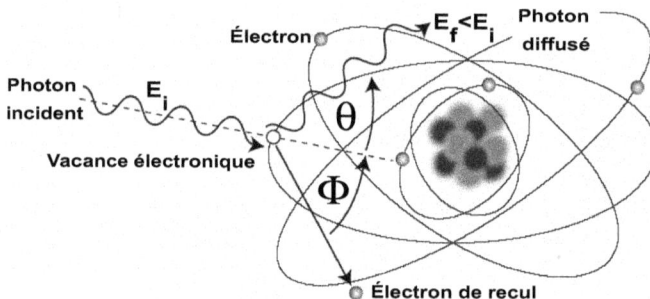

Figure 2.17. Diffusion Compton.

Les lois de conservation de l'énergie totale et de l'impulsion permettent d'obtenir la relation donnant l'énergie du photon diffusé en fonction de l'énergie incidente et de l'angle de diffusion θ :

$$hv' = \frac{hv}{1 + \frac{hv}{m_0 c^2}(1 - \cos\theta)}\qquad(2.13)$$

où $m_0 c^2$ est l'énergie de masse de l'électron au repos ; soit 0,511 MeV.

On remarque donc que l'énergie du photon diffusé est maximale pour $\theta \approx 0°$ ($hv = hv'$). Elle est minimale pour $\theta = 180°$, qui correspond à une rétrodiffusion du photon :

$$hv' = \frac{hv}{\left(1 + \frac{2hv}{m_0 c^2}\right)}\qquad(2.14)$$

L'excédent d'énergie entre le photon incident et le photon diffusé emporté par l'électron diffusé appelé électron Compton est noté E_{e^-}. Il s'exprime par :

$$E_{e^-} = hv - hv' = \frac{hv(1 - \cos\theta)}{\frac{m_0 c^2}{hv} + (1 - \cos\theta)}\qquad(2.15)$$

L'énergie maximale de l'électron diffusé est obtenue pour $\theta = 180°$. Elle est égale à :

$$E_{e,\max} = \frac{hv}{\frac{m_0 c^2}{2hv} + 1}\qquad(2.16)$$

En spectrométrie gamma, cette énergie correspond à ce qu'on appelle le *front Compton*.

À ce titre, il est important de noter que, lors d'une diffusion Compton dans un milieu détecteur, seule l'énergie de l'électron est mesurée. La distribution en énergie des électrons Compton est donnée dans la figure 2.18 pour différentes énergies des photons incidents.

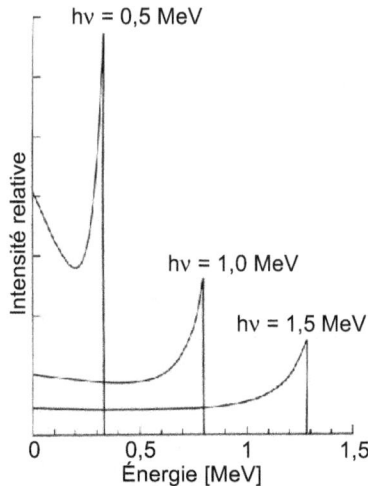

Figure 2.18. Distribution en énergie des électrons Compton pour différentes énergies de photons incidents.

La répartition angulaire des photons diffusés dépend étroitement de l'énergie des photons incidents. La figure 2.19a montre que la diffusion des photons vers l'avant est d'autant

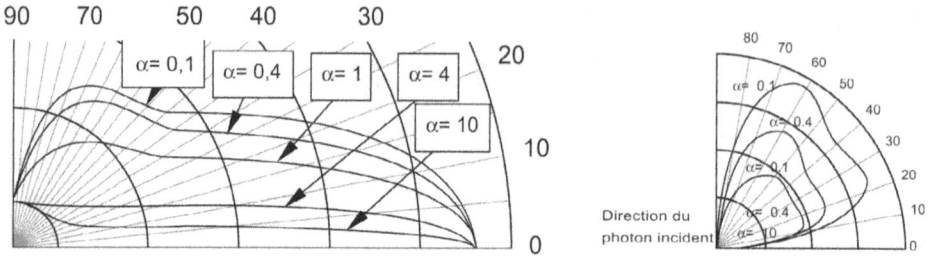

Figure 2.19a. Distribution angulaire des photons Compton. Les photons incidents proviennent de la gauche. Cette courbe en coordonnées polaires donne le nombre de photons diffusés par unité d'angle solide en fonction de leur énergie.

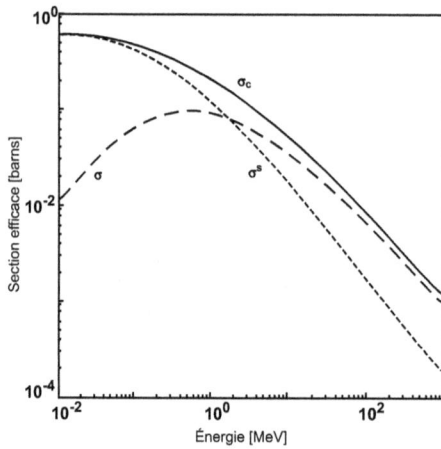

Figure 2.19b. Variation de la section efficace d'effet Compton dans le plomb en fonction de l'énergie des photons incidents [6].

plus accentuée que l'énergie incidente est élevée.

$$\alpha = \frac{E_\gamma}{m_0 c^2}$$

La distribution angulaire des photons diffusés est décrite par la formule de Klein-Nishina qui exprime la variation de la section efficace différentielle $\frac{d\sigma}{d\Omega}$ autour de la direction θ par unité d'angle solide Ω :

$$\frac{d\sigma}{d\Omega} = Zr_0^2 \left(\frac{1}{1 + \alpha(1 - \cos\theta)} \right)^2 \left(\frac{1 + \cos^2\theta}{2} \right) \left(1 + \frac{\alpha^2(1 - \cos\theta)^2}{(1 + \cos^2\theta)[1 + \alpha(1 - \cos\theta)]} \right) \quad (2.17)$$

Où : $\alpha \equiv h\nu/m_0 c^2$ et r_0 est le rayon classique de l'électron :

$$r_0 = \frac{1}{4\pi\varepsilon_0} \frac{e^2}{m_0 c^2} = 2,818 \times 10^{-15} \text{ m}$$

En intégrant sur tout l'espace, on aboutit à la section efficace totale de diffusion Compton *pour un électron* :

$$\sigma_c = 2\pi r_e^2 \left\{ \frac{1+\gamma}{\gamma^2} \left[\frac{2(\gamma+1)}{1+2\gamma} - \frac{1}{\gamma} \text{Ln}(1+2\gamma) \right] + \frac{1}{2\gamma} \text{Ln}(1+2\gamma) - \frac{1+3\gamma}{(1+2\gamma)^2} \right\} \quad (2.18)$$

La section efficace totale par atome est obtenue simplement en multipliant σ_c par le numéro atomique Z ; soit :

$$\sigma_{c,\text{tot}} = Z \cdot \sigma_c \quad (2.19)$$

2.3.1.3. La création de paires e⁺e⁻

La création de paires appelée aussi matérialisation (figure 2.20) peut survenir lorsqu'un photon d'énergie suffisamment élevée passe au voisinage du champ électromagnétique d'un noyau ou d'un électron.

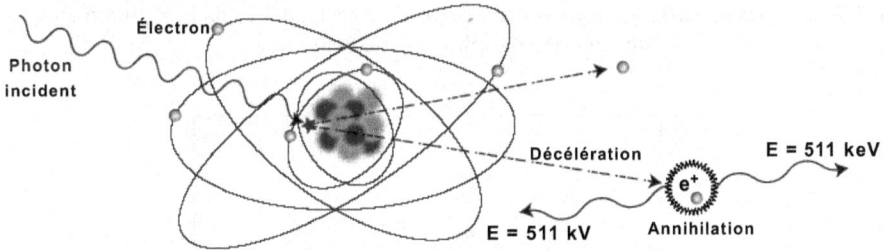

Figure 2.20. Effet de création de paires e⁺e⁻ au voisinage du noyau.

Le photon disparaît en donnant naissance à une paire (positron, électron) notée e⁺e⁻.

C'est une interaction à seuil. En première approche, l'énergie seuil $E_s(M)$ s'exprime en fonction de la masse au repos m_0 de l'électron et de la masse M de l'entité (noyau ou électron) au voisinage de laquelle la matérialisation a lieu par :

$$E_s(M) \cong 2m_0c^2 \left(1 + \frac{m_0}{M} \right) \quad (2.20)$$

Au voisinage du champ électromagnétique du noyau, ($\frac{m_0}{M} \ll 1$) l'énergie seuil est donc approximativement égale à $E_s(\text{noyau}) \approx 2\ m_0c^2 = 1{,}022$ MeV.

Au voisinage du champ électromagnétique de l'électron, ($\frac{m_0}{M} = 1$), l'énergie seuil est prise égale approximativement à $E_s(\text{électron}) \approx 4\ m_0c^2$; soit 2,044 MeV.

Aux énergies des photons X ou γ rencontrés ici, seule la matérialisation au voisinage du noyau est à retenir.

L'effet n'a lieu qu'à partir d'une énergie supérieure à $2m_0c^2$ (1,022 MeV), mais ne devient néanmoins prépondérant que pour des énergies de photons élevées (quelques dizaines de MeV).

La section efficace de production de paires s'exprime par :

$$\sigma_{\text{paire}} = \frac{Z^2}{137} \left(\frac{e^2}{4\pi\varepsilon_0 m_0c^2} \right)^2 \left(\frac{28}{9} \text{Log} \frac{2h\gamma}{m_0c^2} - \frac{218}{27} \right) \quad (2.21)$$

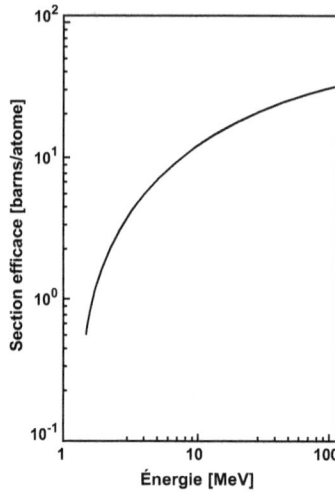

Figure 2.21a. Variation de la section efficace de production de paires dans le plomb en fonction de l'énergie des photons incidents [18].

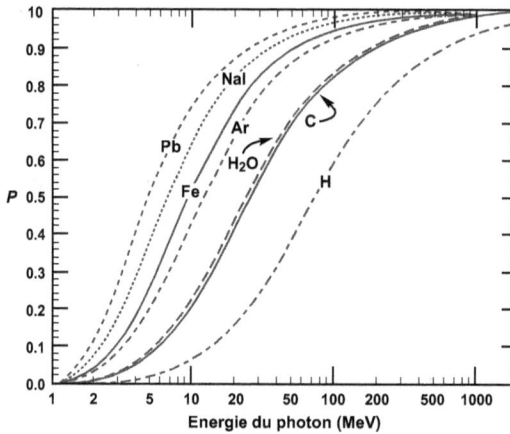

Figure 2.21b. Variation, en fonction de l'énergie du photon, de la probabilité de production de paires e^+e^- dans différents milieux [18].

Z désigne le numéro atomique du milieu traversé, ε_0 la permittivité du vide, e la charge élémentaire, m_0 la masse au repos de l'électron et c la célérité de la lumière dans le vide.

Cette formulation est valable pour des photons d'énergie $h\nu$ telle que :

$$2m_0c^2 \ll h\nu \ll 137 m_0 c^2 Z^{-\frac{1}{3}}.$$

2.3.1.4. *Importance relative des trois effets*

Dans le domaine d'énergie des photons rencontrés en physique des réacteurs et dans le cycle du combustible (X, γ, rayonnements de freinage), ce sont principalement les trois

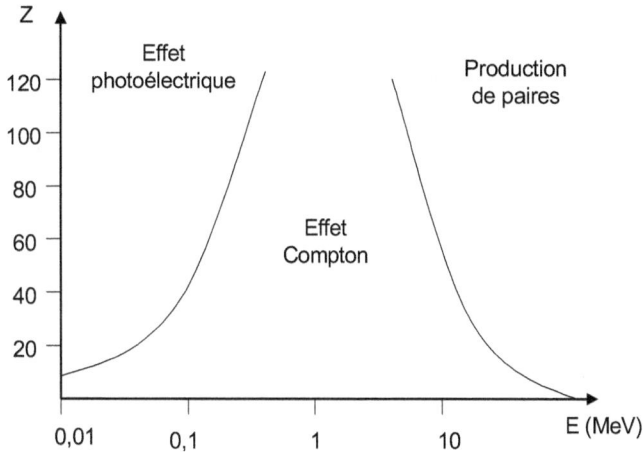

Figure 2.22. Domaines de prédominance en fonction de numéro atomique Z du milieu et de l'énergie E du photon des 3 principales interactions des rayonnements gamma avec la matière.

interactions précédentes qui sont les plus prépondérantes. L'importance relative de ces trois effets (figure 2.22) dépend de l'énergie du photon et des propriétés physico-chimiques du milieu traversé (numéro atomique, masse volumique...).

L'effet photoélectrique est prédominant des basses énergies jusqu'à quelques centaines de keV et dans des milieux à Z élevé. L'effet Compton reste prépondérant aux énergies intermédiaires jusqu'à quelques MeV. La création de paires prend le relais pour les énergies de photons élevées traversant un milieu à haut Z.

La section efficace totale d'interaction σ_T d'un photon d'énergie donnée dans un milieu de numéro atomique Z s'exprime en fonction des sections efficaces des effets photoélectrique (σ_{Ph}), Compton (σ_C) et création de paires (σ_{p-p}) par :

$$\sigma_T = \sigma_{Ph} + Z\sigma_C + \sigma_{p-p}$$

Remarque : pour des photons d'énergie relativement élevée i.e. généralement dépassant 6-7 MeV, des réactions nucléaires peuvent avoir lieu. On parle de réactions photonucléaires. C'est typiquement le cas des réactions photoneutroniques qu'on note (γ, n) ou encore de la réaction de photofission[12] notée (γ, f). Les réactions photonucléaires ne sont quasiment pas utilisées en détection de rayonnement.

Exercices d'application

1) À partir des lois de conservation de la quantité de l'énergie et de la quantité de mouvement, retrouver :

– l'expression de l'énergie du photon diffusé,

– l'expression de l'énergie de l'électron éjecté,

---

[12] La réaction photoneutronique est l'émission d'un (ou plusieurs) neutron(s) par un noyau suite à l'absorption d'un photon ; elle se note (γ, n). La réaction de photofission correspond à la fission d'un noyau suite à l'absorption d'un photon ; elle est notée (γ, f).

– *l'expression de l'énergie maximale emportée par l'électron (front Compton),*

– *la variation de l'énergie du photon diffusé en fonction de l'angle de diffusion ($\theta = 0$, $\pi/2$, π).*

2) *Pour un photon gamma de 5,11 MeV d'énergie interagissant par effet Compton, calculer la variation de la longueur d'onde et la nouvelle énergie de ce photon diffusé aux angles 0 (pas de diffusion), $\pi/2$ et π (rétrodiffusion).*

Que devient le rayonnement diffusé si l'énergie du photon incident augmente indéfiniment ?

Solutions

1)

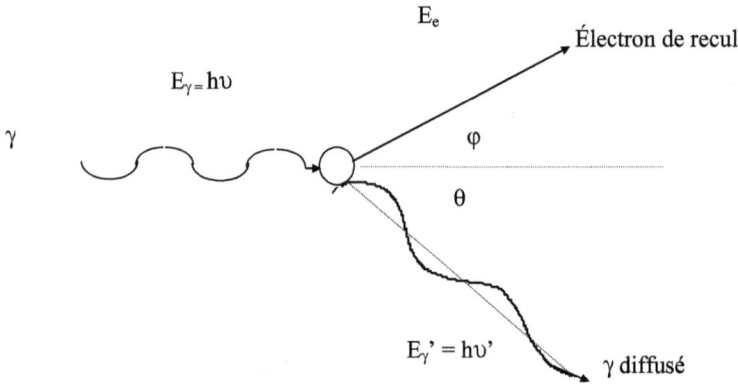

Les lois de conservation donnent :

• *Conservation de l'énergie (en supposant l'électron libre) :*

$$h\nu + m_0 c^2 = h\nu' + \frac{m_0 c^2}{\sqrt{1 - \beta^2}}$$

• *Conservation de la quantité de mouvement :*

$$\begin{cases} \frac{h\nu}{c} = \frac{h\nu'}{c} \cos\theta + \frac{m_0 \beta c}{\sqrt{1-\beta^2}} \cos\varphi \\ 0 = \frac{h\nu'}{c} \sin\theta - \frac{m_0 \beta c}{\sqrt{1-\beta^2}} \sin\varphi \end{cases}$$

Avec m_0 masse au repos de l'électron et $\beta = v/c$ où v est la vitesse de l'électron éjecté et c la vitesse de la lumière dans le vide.

Ces trois égalités permettent d'accéder à l'énergie du photon diffusé (cf. expression (2.14)) et de l'électron éjecté (cf. expression (2.15)) en fonction de l'angle de diffusion θ du photon.

2) *La longueur d'onde λ (cm) du photon est donnée en fonction de son énergie et de sa vitesse dans le vide par : $\lambda = \frac{h\nu}{c}$. L'application directe de l'expression de l'énergie du photon diffusé pour les angles de diffusion 0, $\pi/2$ et π permet de répondre à la première partie de la question.*

Si l'énergie du photon augmente indéfiniment, alors l'énergie du photon diffusé ne dépend plus que de l'angle de diffusion :

$$\underset{h\nu \to +\infty}{Lim} \, h\nu' = \underset{h\nu \to +\infty}{Lim} \left[\frac{h\nu}{1 + \frac{h\nu}{m_0 c^2}(1 - \cos\theta)} \right] = \frac{m_0 c^2}{(1 - \cos\theta)}$$

2.3.2. Atténuation des photons X et γ dans la matière

Les interactions et réactions du photon avec la matière conduisent à la perte partielle ou totale (absorption) de son énergie. On parle alors d'atténuation du photon dans la matière.

Considérons un faisceau de photons *monochromatiques* d'énergie E, collimaté tombant sur un écran d'épaisseur e, de masse volumique ρ (g.cm^{-3}) et de densité nucléaire N noyaux.cm^{-3}.

On appelle I_0 l'intensité du faisceau de photons d'énergie E à l'entrée de l'écran et $I(x)$ l'intensité transmise à la profondeur x de l'écran (figure 2.23). On note $dI(x)$ le nombre de photons d'énergie E atténués à travers l'épaisseur infinitésimale dx.

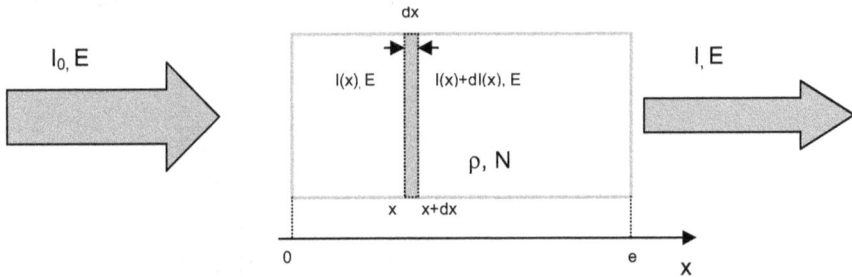

Figure 2.23. Atténuation des photons en ligne droite.

$dI(x)$ sera donc proportionnel au nombre de photons à la profondeur x; soit $I(x)$, à l'épaisseur de la tranche dx, au nombre de noyaux par unité de volume dans l'écran et à la section efficace microscopique totale d'interaction des photons d'énergie E avec les noyaux du milieu que l'on notera σ_T.

$$dI(x) = -I(x)\sigma_T(E)N \, dx$$

Avec $N = \frac{N_A \rho}{A}$ où A représente le nombre de masse des atomes du milieu, ρ sa masse volumique et N_A le nombre d'Avogadro.

Le signe (–) est dû à la décroissance du nombre de photons en fonction de la distance traversée (dérivée négative).

L'intégration de cette équation différentielle conduit à l'expression de l'intensité du faisceau de photons d'énergie E transmis à la profondeur x; soit :

$$I(x) = I_0 e^{-N\sigma_T x} \qquad (2.22)$$

Le produit $N.\sigma_T$ appelé section efficace macroscopique totale s'exprime en cm^{-1}. Il représente le nombre moyen d'interactions des photons d'énergie E par centimètre d'écran parcouru.

On parle alors de coefficient linéique d'atténuation (en cm^{-1}) noté μ qui dépend de l'énergie du photon et de la nature du milieu traversé.

Le coefficient linéique d'atténuation μ varie en fonction de la masse volumique du milieu traversé, donc avec sa forme physico-chimique. Typiquement le coefficient linéique d'atténuation de l'eau varie selon que celle-ci est sous forme liquide ou vapeur.

L'utilisation du coefficient massique d'atténuation défini par $\mu_m = \frac{\mu}{\rho}$ permet de s'affranchir de cette contrainte. En effet, pour une énergie de photon donnée, le coefficient massique d'atténuation tel que défini ci-dessus est indépendant de l'état physique de l'absorbant.

Enfin pour un milieu composite, le coefficient massique d'atténuation à une énergie E fixée est donné par :

$$\left(\mu_m\right)_c = \left(\frac{\mu}{\rho}\right)_c = \sum_i w_i \left(\frac{\mu}{\rho}\right)_i \tag{2.23}$$

où w_i représente la fraction massique de l'élément i dans le milieu composite et $\left(\frac{\mu}{\rho}\right)_i$ le coefficient massique d'atténuation des photons à l'énergie E dans l'élément i.

Les figures 2.24 et 2.25 donnent les variations du coefficient massique d'atténuation de l'iodure de sodium (NaI) et du plomb respectivement en fonction de l'énergie des photons incidents.

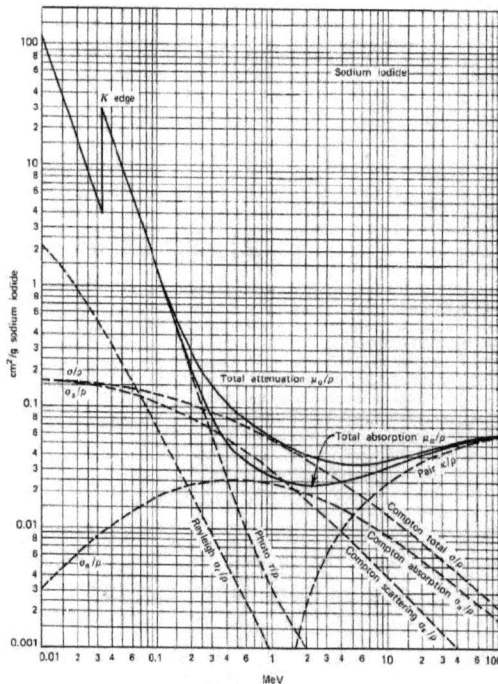

Figure 2.24. Coefficient d'atténuation massique pour des photons dans l'iodure de sodium (NaI) en fonction de l'énergie. Les coefficients d'atténuation massique pour l'effet photoélectrique (μ_e/ρ), l'effet Compton (μ_C/ρ), et la création de paires (μ_p/ρ) sont indiqués séparément [12].

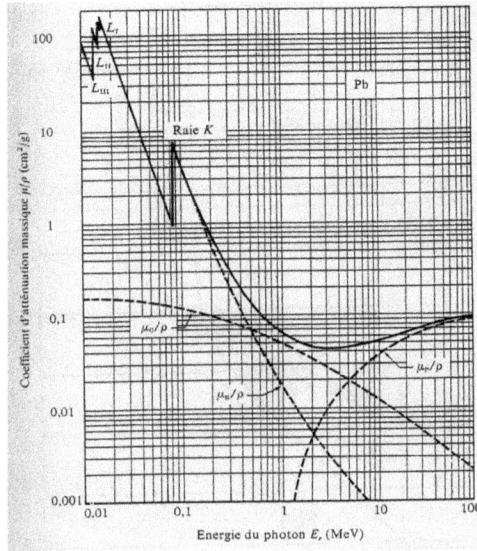

Figure 2.25. Coefficient d'atténuation massique pour des photons dans le plomb en fonction de l'énergie. Les coefficients d'atténuation massique pour l'effet photoélectrique (μ_e/ρ), l'effet Compton (μ_C/ρ), et la création de paires (μ_p/ρ) sont indiqués séparément.

La figure 2.26 donne la variation du coefficient massique d'atténuation en fonction de l'énergie des photons dans divers matériaux (Al, Fe, Sn, Pb et U).

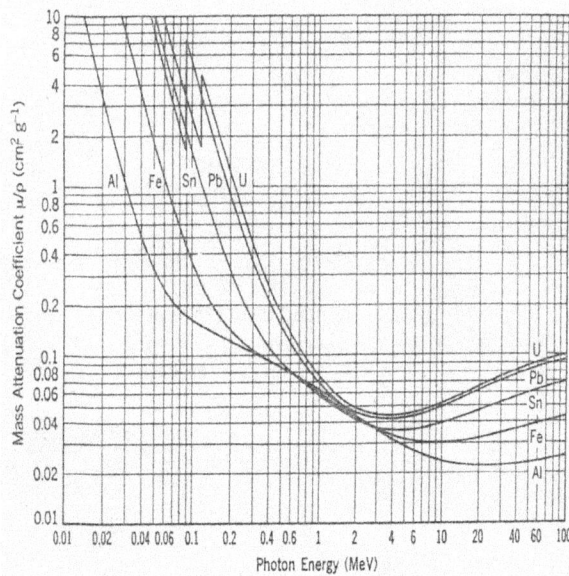

Figure 2.26. Variation du coefficient massique d'atténuation en fonction de l'énergie des photons dans divers matériaux (Al, Fe, Sn, Pb et U).

Exercices d'application

1) *Si une épaisseur x de métal absorbe les 7/9 de l'énergie des interactions dues à un faisceau de rayons γ parallèles monochromatiques, quelle fraction du rayonnement sera absorbée par une épaisseur 2x de ce métal ?*

2) *Le coefficient d'atténuation massique du plomb pour les rayons γ émis par le cobalt 60 est de 0,05 cm^2.g^{-1}.*
   Quelle épaisseur de plomb doit-on utiliser pour réaliser un blindage arrêtant les 999/1 000 des rayons émis ?
   On rappelle que la masse volumique du plomb est 11,3 g.cm^{-3}.

3) *Un écran d'un matériau de 23 cm d'épaisseur réduit de 90 % le nombre de photons transportés par un faisceau de rayons γ. Calculer la valeur du coefficient global d'interaction.*

4) *Un faisceau de photons γ de 1,2 MeV traverse 5 cm d'un matériau homogène dont le coefficient linéique d'atténuation μ est égal à 0,277 cm^{-1}.*

   a) *Quelle est la fraction du rayonnement incident transmise sans interaction ?*

   b) *Calculer en cm l'épaisseur de la couche de demi-atténuation.*

Solutions

1) *L'épaisseur x correspond à une absorption des 7/9 (soit 77,8 %) du rayonnement, la transmission est donc de 2/9.*

$$\varphi_x = \frac{2}{9}\varphi_0 = \varphi_0 \cdot e^{-\mu \cdot x} \Rightarrow e^{-\mu \cdot x} = \frac{2}{9}$$

Pour une épaisseur de 2x, nous avons :

$$\varphi_{2x} = \varphi_0 \cdot e^{-2\mu \cdot x} = \varphi_0 \left(e^{-\mu \cdot x}\right)^2 \Rightarrow \frac{\varphi_{2x}}{\varphi_0} = \left(\frac{2}{9}\right)^2 = \frac{4}{81}$$

Une épaisseur 2x absorbera les 77/81e (soit 95 %) du faisceau incident.

2) *Le coefficient d'atténuation massique du plomb pour les rayons γ du cobalt 60 (1,17 et 1,33 MeV) est de 0,05 cm^2.g^{-1}, nous avons donc :* $\mu = \frac{\mu}{\rho} \cdot \rho = 0{,}005 \times 11{,}3 = 0{,}565$ cm^{-1}.
   Cherchons x tel que :

$$\frac{\varphi_x}{\varphi_0} = \frac{1}{1\,000} = 10^{-3}$$

$$e^{-\mu \cdot x} = 10^{-3} \Rightarrow x = -\frac{1}{\mu} \ln 10^{-3} = \frac{6{,}91}{0{,}565}$$

d'où : x = 12,22 cm

3)

$$\frac{I}{I_0} = 10^{-1} = e^{-23 \times \mu (cm^{-1})} \Rightarrow \mu = \frac{\ln 10}{23} = 1{,}001 \text{ cm}^{-1}$$

4) a) La fraction non atténuée est : $\frac{I}{I_0} = e^{-5\times0,277} \approx 25\ \%$.

b) La couche de demi-atténuation a une épaisseur de $d_{\frac{1}{2}}$ telle que $\frac{I}{I_0} = e^{-d_{\frac{1}{2}}\times0,277} \approx$ 50 % ce qui conduit à $d_{\frac{1}{2}} = -\frac{Ln(0,5)}{0,277} \approx 2,5$ cm.

2.4. Interaction des neutrons avec la matière

Les neutrons sont des particules électriquement neutres (charge nulle). Leurs interactions avec la matière ne font pas appel aux forces coulombiennes. De ce fait, quand les neutrons interagissent avec la matière, ils le font avec les noyaux des atomes du milieu traversé. À l'issue de ces réactions ou interactions, le neutron peut totalement disparaître pour donner naissance à un ou plusieurs types de rayonnements secondaires, ou encore simplement diffuser sur les noyaux du milieu et changer ainsi de direction et d'énergie.

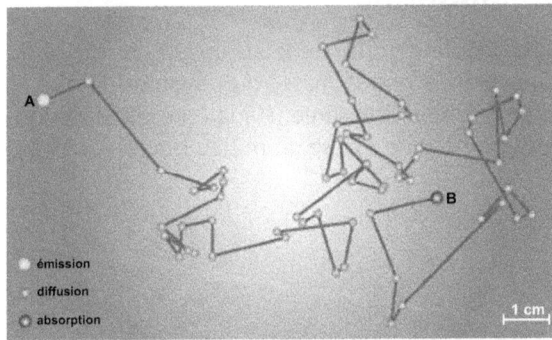

Figure 2.27. Trajectoire en « zigzag » du neutron dans la matière.

Les particules secondaires résultantes sont le plus souvent des particules chargées lourdes (noyaux d'atomes). Ces produits de réactions permettent la détection du neutron grâce aux ionisations directes produites à la suite de leurs interactions avec les atomes du milieu détecteur.

Les probabilités d'interaction des neutrons avec la matière sont très fortement dépendantes de l'énergie.

Les neutrons sont ainsi classés en famille d'énergie. On distingue :

- Les neutrons d'énergie faible ou moyenne :

    - thermiques (0,025 eV),

    - épithermiques (0,5 à 1 keV),

    - intermédiaires (1 à 500 keV).

- Les neutrons de haute énergie :

    - rapides (> 0,5 MeV),

    - relativistes (> 90 MeV).

Au vu des réactions et interactions nucléaires mises en jeu d'une part et des énergies des neutrons les plus fréquemment rencontrées d'autre part, on ne considérera ici que trois familles de neutrons :

1) les neutrons dits thermiques c'est-à-dire en équilibre thermique avec les atomes du milieu supposé à une température de 20 °C. L'énergie de ces neutrons est égale à 0,025 eV. L'énergie des neutrons thermiques varie en fonction de la température moyenne du milieu ;

2) les neutrons épithermiques ;

3) les neutrons rapides.

Dans ce qui suit sont décrits les différents types d'interaction de ces familles de neutrons avec la matière.

2.4.1. *Diffusion élastique*

Dans une diffusion élastique, le neutron cède au noyau du milieu traversé une partie de son énergie d'autant plus grande que la masse du noyau est faible. Le noyau de recul est une particule chargée directement ionisante. L'angle de diffusion du neutron dépend de l'énergie transférée et du nombre de masse du milieu traversé.

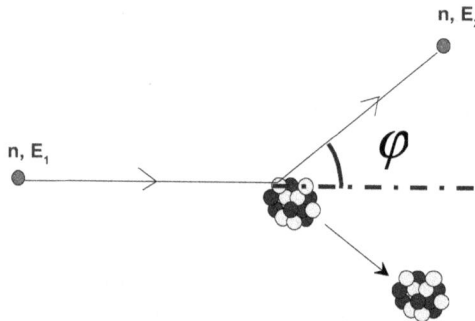

Figure 2.28. Diffusion élastique du neutron.

La perte d'énergie du neutron peut être calculée en appliquant les principes de conservation de l'énergie cinétique et de la quantité de mouvement :

$$\frac{E_2}{E_1} = \frac{A^2 + 2A\cos\varphi + 1}{(A+1)^2} \tag{2.24}$$

où E_1 est l'énergie du neutron incident et E_2 celle du neutron diffusé. A est le nombre de masse du noyau cible, et φ est l'angle entre les directions initiale et finale du neutron dans le système du centre de masse.

Dans le cas d'un choc frontal $\varphi = \pi$, le transfert d'énergie du neutron au noyau est maximal et on a :

$$\frac{E_2}{E_1} = \frac{(A-1)^2}{(A+1)^2} \tag{2.25}$$

Ce rapport, appelé *facteur de ralentissement*, est une fonction décroissante de A ; plus le nombre de masse A est faible, plus le ralentissement est important.

Pour un choc frontal sur un noyau d'hydrogène donc sur un proton, le ralentissement est maximal. Cela montre que le neutron peut céder toute son énergie à un noyau d'hydrogène en un seul choc.

Par ce processus, les neutrons sont progressivement ralentis (thermalisés). La variation de la section efficace de diffusion élastique sur l'hydrogène, le deutérium et le carbone en fonction de l'énergie des neutrons est indiquée sur la figure 2.29. Les neutrons épithermiques et intermédiaires présentent une très grande section efficace (100 à 1 000 barns).

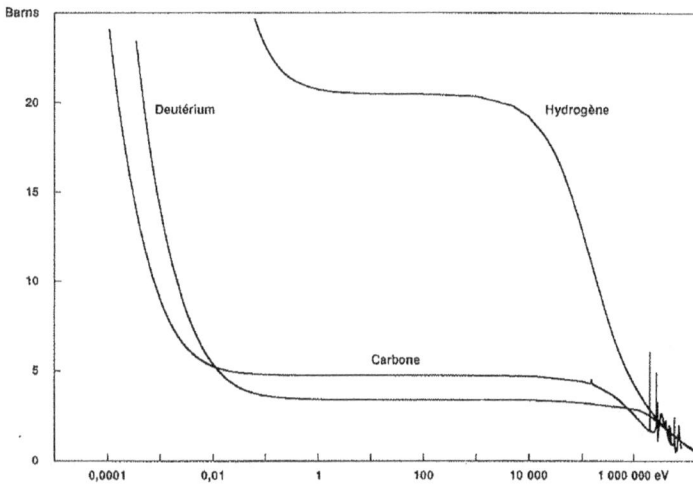

Figure 2.29. Sections efficaces de diffusion élastique des neutrons sur les principaux noyaux utilisés comme modérateurs : hydrogène, deutérium et carbone[13].

À haute énergie, la section efficace est assez élevée (quelques barns) permettant ainsi un bon ralentissement (thermalisation) des neutrons par des matériaux hydrogénés.

2.4.2. *Diffusion inélastique (n, $\gamma n'$)*

Lors d'une diffusion inélastique, le neutron cède une partie de son énergie au noyau en le laissant dans un état excité. L'énergie cinétique n'est pas conservée. Le noyau se désexcite en émettant des rayonnements γ. La section efficace est élevée pour les noyaux lourds.

2.4.3. *Capture radiative (n, γ)*

Dans une capture radiative, l'absorption du neutron conduit à un état excité du noyau. La désexcitation s'accompagne de l'émission d'un ou plusieurs rayons γ en général de haute énergie (quelques MeV). C'est typiquement le cas de la réaction $_{48}^{113}Cd + n \rightarrow {}_{48}^{114}Cd + \gamma$ notamment utilisée pour la détection des neutrons thermiques qui conduit à l'émission d'un γ d'environ 6 MeV.

---

[13] Courbe issue de l'ouvrage *Précis de neutronique*, de Paul Reuss, EDP sciences, 2003.

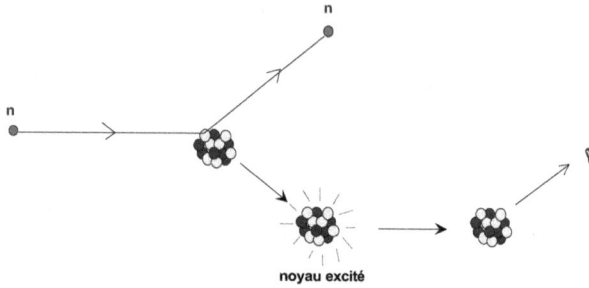

Figure 2.30. Diffusion inélastique du neutron.

Les sections efficaces de capture radiative varient généralement en $\frac{1}{\sqrt{E}}$ où E désigne l'énergie du neutron. C'est donc une réaction d'autant plus probable que l'énergie des neutrons est faible (probabilité maximale dans le domaine thermique ($E <$ quelques eV)).

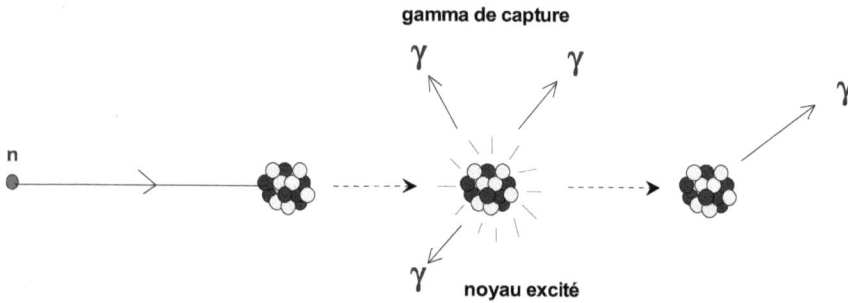

Figure 2.31. Réaction de capture radiative.

2.4.4. *Réactions nucléaires d'absorption*

Lors de réactions nucléaires, le neutron est absorbé par le noyau cible. Les produits de réaction ici sont des noyaux d'atomes légers ou intermédiaires de nombre de masse inférieur à celui du noyau cible. Ce sont ces produits de réaction qui vont permettre, via leurs interactions (ionisations et excitations) avec les atomes du milieu détecteur, la détection du neutron. C'est typiquement le cas des réactions (n, α) ou (n, p) ; réactions fréquemment utilisées pour la détection neutronique.

$$^{10}_{5}B \, (n, \, \alpha) \, ^{7}_{3}Li + 2,79 \text{ MeV} \quad \sigma_{th} = 3\,800 \text{ barns}$$

$$^{3}_{2}He \, (n, p) \, ^{3}_{1}H + 0,764 \text{ MeV} \quad \sigma_{th} = 5\,400 \text{ barns}$$

$$^{6}_{3}Li \, (n, \, \alpha) \, ^{3}_{1}H + 4,78 \text{ MeV} \quad \sigma_{th} = 940 \text{ barns}$$

Les sections efficaces de ces réactions en fonction de l'énergie des neutrons sont représentées sur la figure 2.32.

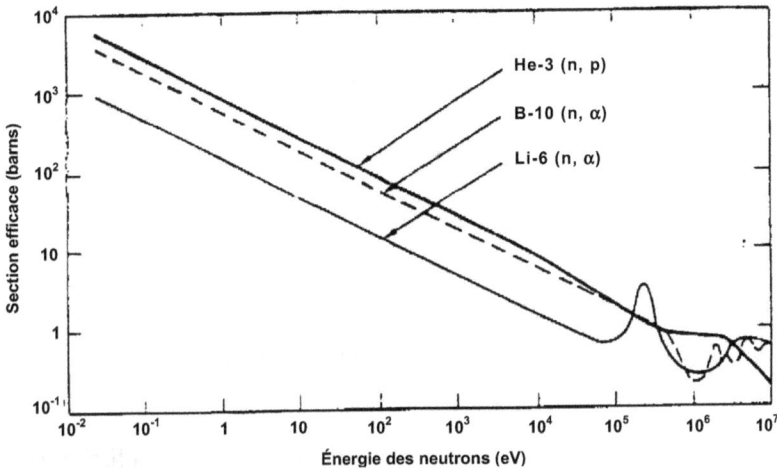

Figure 2.32. Section efficace en fonction de l'énergie des neutrons pour quelques réactions types utilisées pour la détection des neutrons [12].

2.4.5. Réaction de fission

Les réactions de fission sont de deux types : les fissions spontanées et les fissions induites. Les premières surviennent spontanément sans l'utilisation préalable d'un projectile. Elles concernent les noyaux instables très lourds possédant un excédent de nucléons (neutrons et protons). Quant aux fissions induites, elles nécessitent l'utilisation d'une particule incidente externe ; le plus généralement un neutron. C'est cette seconde famille de fission qui nous importe en détection de rayonnement et notamment de neutrons.

Les fissions induites peuvent l'être par des neutrons soit rapides soit thermiques. On parle alors de fission rapide ou thermique respectivement. Elles surviennent sur les noyaux lourds. Certains noyaux peuvent être fissionnés plus facilement par des neutrons thermiques. On parle alors de noyaux fissiles. C'est typiquement le cas de ^{235}U, ^{239}Pu, ^{241}Pu, ^{233}U.

Lors de ces réactions, l'absorption du neutron provoque une excitation résonnante de tous les nucléons, le noyau se déforme et se scinde en 2 noyaux (parfois plus) appelés fragments de fission. En moyenne 2 ou 3 neutrons rapides ainsi que des photons gamma sont émis quasi simultanément et instantanément à la fission. On parle de neutrons prompts et de gamma prompts de fission. Enfin, quelques microsecondes à quelques dizaines de secondes après la réaction de fission, certains produits de fission émis à l'état excité se désexcitent par décroissance β⁻ suivie de l'émission de neutrons dits retardés ou différés.

Les produits de réaction appelés produits de fission sont des particules chargées lourdes très énergétiques (~ 90 MeV) et donc fortement ionisantes. Leurs interactions avec les atomes du milieu détecteur vont provoquer des ionisations et excitations qui permettront de détecter le neutron grâce à la collection des charges ainsi produites. C'est le principe même d'un type de détecteur de neutrons appelé chambre à fission (cf. § 3.5.1) et très utilisé en mesure de flux neutroniques auprès notamment de réacteurs expérimentaux et de puissance.

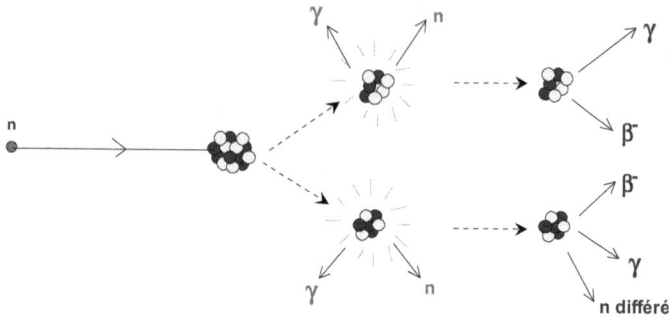

Figure 2.33. Schéma descriptif de la réaction de fission.

La réaction couramment utilisée dans ce type de détecteurs est la fission de l'^{235}U :

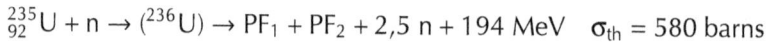

$$^{235}_{92}U + n \rightarrow (^{236}U) \rightarrow PF_1 + PF_2 + 2,5\ n + 194\ \text{MeV} \quad \sigma_{th} = 580\ \text{barns}$$

La durée de vie du noyau composé lors de la réaction de fission est comprise entre 10^{-15} s et 10^{-17} s. Cette durée est très longue à l'échelle nucléaire et fait que la scission du noyau composé – ici l'^{236}U – conduit à l'émission de différents produits de fission (PF) répartis selon une fréquence d'émission en fonction de leur nombre de masse (figure 2.34). La scission du noyau peut alors s'effectuer suivant un grand nombre de façons ; à peu près 30 façons différentes et 60 PF distincts. Pour le cas de la fission thermique de l'^{235}U, la masse la plus probable du fragment léger est de 95 et celle du fragment lourd 140 (figure 2.34).

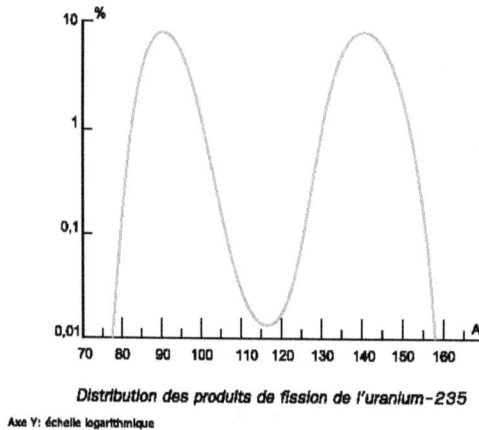

Distribution des produits de fission de l'uranium-235

Axe Y: échelle logarithmique

Figure 2.34. Schéma descriptif de la fréquence de répartition des produits de fission en fonction de leur nombre de masse A pour la fission par neutrons thermiques de ^{235}U.

La figure 2.35a donne la variation des sections efficaces de fission pour ^{235}U, ^{239}Pu et ^{241}Pu dans le domaine des faibles énergies du neutron. La figure 2.35b donne les sections efficaces de fission des isotopes fissiles ^{235}U, ^{239}Pu, ^{241}Pu et des isotopes ^{238}U et ^{240}Pu dans le domaine des neutrons rapides.

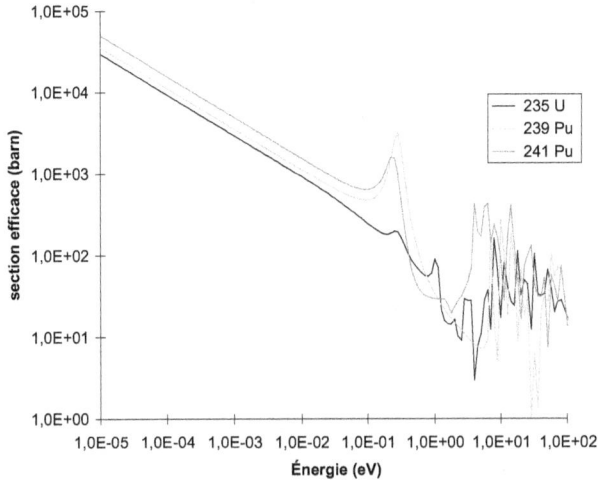

Figure 2.35a. Sections efficaces de fission de ^{235}U, ^{239}Pu et ^{241}Pu dans le domaine des faibles énergies [11].

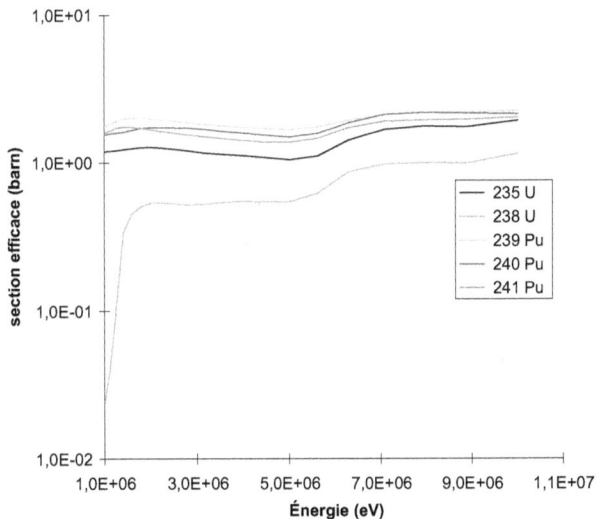

Figure 2.35b. Sections efficaces de fission des isotopes fissiles ^{235}U, ^{239}Pu, ^{241}Pu et des isotopes ^{238}U et ^{240}Pu dans le domaine des neutrons rapides [11].

On peut remarquer que la section efficace de fission des isotopes fissiles ^{235}U, ^{239}Pu et ^{241}Pu qui était de quelques centaines de barns dans le domaine thermique, passe à 1 à 2 barns dans le domaine des neutrons rapides.

On constate également que la section efficace de fission des isotopes tels que ^{238}U et ^{240}Pu est du même ordre de grandeur que celle des isotopes fissiles pour une énergie du neutron incident de l'ordre du MeV.

2.5. Exercices

1. Les calculs numériques en physique nucléaire sont grandement facilités lorsqu'on utilise deux expressions numériques qui peuvent être retenues dès maintenant :
    La première est l'expression de la constante de structure fine α :
    en MKSA : $\alpha = e^2/4\pi\varepsilon_0\hbar c = 1/137$, ce nombre est sans dimension.
    La seconde est la relation suivante :

$$\hbar c/(197 \text{ MeV}) = 1F = 10^{-15}\text{m} \cong \hbar c/(200 \text{ MeV})$$

a) D'après l'expression ci-dessus, trouver rapidement la valeur (en F) du rayon classique de l'électron.

b) Comparer la longueur d'onde associée à un photon γ (1 MeV) et celle d'un photon UV-visible.

Solution

a) Environ 2,8 F $= 2,8 \times 10^{-13}$ cm.

b) Pour 1 MeV, $\lambda \cong 10^{-3}$ nm ; pour UV-vis, $\lambda \cong 300$ à 600 nm.

2. Calculer l'énergie cinétique de chacun des produits de la réaction (α, n) sur ^{10}B selon que le noyau résiduel est formé dans son état fondamental ou dans son état excité à 0,480 MeV. Les neutrons incidents sont à l'énergie thermique.
    Données numériques : masses atomiques en unités u.m.a. :

    $n \equiv 1,008\,665$

    $^4He \equiv 4,002\,603$

    $^7Li \equiv 7,016\,004$

    $^{10}B \equiv 10,012\,939$

L'équivalent énergétique de l'unité u.m.a. est de 931,48 MeV.

Solution

- *Si état fondamental du ^7Li : $T_{He} = 1,775$ MeV, $T_{Li} = 1,014$ MeV*
- *Si état excité à 0,48 MeV : $T_{He} = 1,470$ MeV, $T_{Li} = 0,84$ MeV*

3. a) Montrer que, lors d'un choc de plein fouet d'une particule incidente non relativiste de masse m_1 d'énergie E_1 avec une particule cible au repos de masse m_2, l'énergie maximale $E'_{2\,max}$ emportée par cette dernière est donnée par :

$$E'_{2_{max}} = \frac{4m_1 m_2}{(m_1 + m_2)^2} E_1$$

b) que deviennent $E'_{2\,max}$ et $v'_{2\,max}$ vitesse maximale de m_2 après choc si $m_2 \ll m_1$?

c) Quelle l'énergie maximale communiquée par une particule α du ^{226}Ra ($E_\alpha = 4,78$ MeV) à un électron ? Qu'en déduisez-vous ?

Solution

a) On utilisera la loi de conservation de la quantité de mouvement et de l'énergie cinétique dans le système du laboratoire :

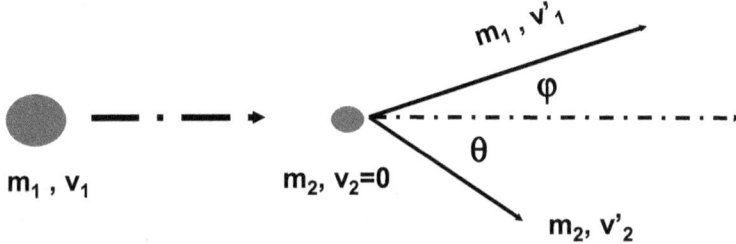

$$m_1 v_1 = m_1 v'_1 \cos\varphi + m_2 v'_2 \cos\theta$$
$$0 = m_1 v'_1 \sin\varphi - m_2 v'_2 \sin\theta$$
$$m_1 v_1^2 = m_1 v'_1^2 + m_2 v'_2^2$$

Ce qui donne : $v'_2 = \frac{2m_1}{(m_1+m_2)^2} v_1 \cos\theta$ *qui est maximale pour* $\cos\theta = 1$.

Soit donc $v'_{2\,max} = \frac{2m_1}{(m_1+m_2)^2} v_1$ *ce qui conduit donc à* $\qquad E'_{2\,max} = \frac{4m_1 m_2}{(m_1+m_2)^2} E_1$.

b) Si $m_2 \ll m_1$, $E'_{2\,max} \cong \frac{4m_2}{m_1} E_1$ *ce qui représente une très faible fraction de l'énergie incidente cédée.*

c) $E_{e\,max} = \frac{4m_e}{m_\alpha} E_\alpha$ *; soit donc pour* $E_\alpha = 4{,}78$ MeV, $E_{e\,max} \approx \frac{4m_e}{4\times 1\,840 m_e} E_\alpha \approx 5 \times 10^{-4} E_\alpha \approx$ $2{,}4 \times 10^{-3}$ *MeV. La particule alpha cède une très faible part de son énergie lorsqu'elle percute un électron du milieu. Sa trajectoire sera donc très peu déviée lors d'un tel choc ; d'où la trajectoire rectiligne d'une particule chargée lourde.*

4. *Un faisceau parallèle de photons monocinétiques d'énergie E inférieure à 1 MeV tombe en incidence normale sur un cristal d'iodure de sodium (NaI) d'épaisseur e.*

   On notera :

   I_0 : *intensité du faisceau incident en nombre de photons par unité de surface et de temps.*

   ρ_1 *et* ρ_2 : *respectivement nombres d'atomes d'iode et de sodium par unité de volume du scintillateur.*

   $\sigma_{ph,1}$, $\sigma_{c,1}$, $\sigma_{ph,2}$, $\sigma_{c,2}$: *respectivement sections efficaces microscopiques d'effet photoélectrique et d'effet Compton pour l'iode et le sodium.*

On posera :

$$\Sigma_{ph} = \sigma_{ph,1}\rho_1 + \sigma_{ph,2}\rho_2$$
$$\Sigma_c = \sigma_{c,1}\rho_1 + \sigma_{c,2}\rho_2$$
$$\Sigma = \Sigma_{ph} + \Sigma_c$$

a) Établir la loi d'évolution de l'intensité du faisceau incident à mesure qu'il s'enfonce dans le cristal.

b) Exprimer la probabilité qu'a un photon incident d'interagir dans le cristal :

i)   Par effet photoélectrique.
ii) Par effet Compton.
iii) Par l'un ou l'autre des deux effets.

Solution

a) En notant $I(x)$ l'intensité résiduelle du faisceau à la profondeur x, le nombre de photons qui interagissent entre x et x + dx, par unité de surface et par unité de temps est :

$$dn = I(x) \cdot dx \left\{ \sigma_{ph,1} \cdot \rho_1 + \sigma_{ph,2} \cdot \rho_2 + \sigma_{c,1} \cdot \rho_1 + \sigma_{c,2} \cdot \rho_2 \right\}$$

soit :

$$dn = I(x) \cdot dx \cdot \Sigma = -dI$$

on déduit :

$$I = I_o \cdot e^{-\Sigma x}$$

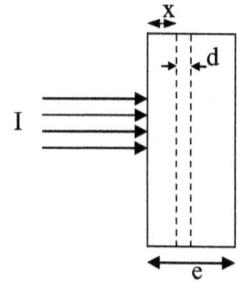

b) Le nombre d'effets photoélectriques se produisant entre x et x + dx, par unité de surface et de temps est :

$$dn_{ph} = I(x) \cdot \Sigma_{ph} \cdot dx = I_o \cdot e^{-\Sigma x} \Sigma_{ph} \cdot dx$$

En intégrant cette expression de x = 0 à x = e, on obtient le nombre total d'effets photo-électriques par unité de surface et de temps dans le scintillateur :

$$n_{ph} = I_o \frac{\Sigma_{ph}}{\Sigma} \left(1 - e^{-\Sigma e} \right)$$

i)   La probabilité d'interaction par effet photoélectrique dans le scintillateur est :

$$p_{ph} = \frac{n_{ph}}{I_o} = \frac{\Sigma_{ph}}{\Sigma} \left(1 - e^{-\Sigma e} \right)$$

ii) On a de même pour la probabilité d'interaction par effet Compton :

$$p_c = \frac{\Sigma_c}{\Sigma} \left(1 - e^{-\Sigma e} \right)$$

iii) Probabilité totale d'interaction : $p = p_{ph} + p_c = \left(1 - e^{-\Sigma e} \right)$

5. *Un faisceau parallèle de photons d'énergie E = 0,662 MeV tombe sous l'incidence φ sur une feuille d'aluminium d'épaisseur x = 1 mm et de masse spécifique d = 2,7 g.cm⁻³.* *On désigne par I le nombre de photons incidents sur la feuille d'aluminium par unité de temps. Un détecteur dit à scintillation à base d'iodure de sodium NaI enregistre les photons diffusés dans la direction θ. Le scintillateur d'épaisseur e est « vu » de l'impact du faisceau sur le diffuseur sous l'angle solide dw = 10⁻³ stéradian.*

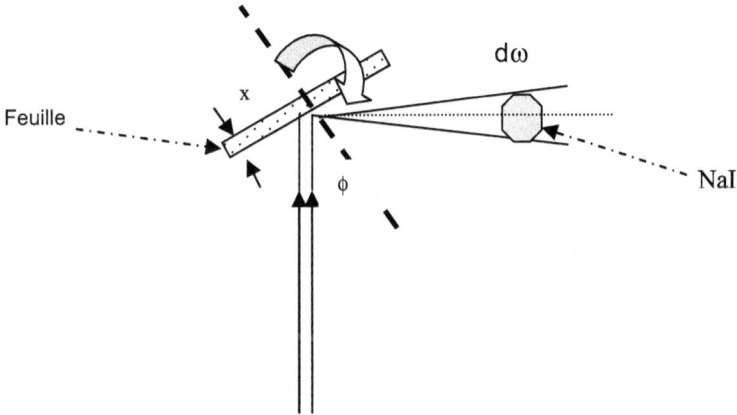

En exprimant la section efficace différentielle par unité d'angle solide (selon la direction θ) par $\left(\frac{d\sigma}{d\omega}\right)_\theta$ et en utilisant les résultats de l'exercice précédent, exprimer :

- *le nombre de photons diffusés par unité de temps vers le détecteur ;*

- *le nombre de ces photons qui seront détectés par effet photoélectrique dans le scintillateur.*

Application numérique : calculer les grandeurs précédentes, par seconde, avec : I = 10⁶ photons par seconde, θ = 90° et φ = 45°.
On donne : aluminium Z = 13, masse atomique : A = 27
Caractéristique du scintillateur pour les photons qu'il reçoit :

$$\Sigma_{ph} = 0,25 \text{ cm}^{-1}, \ \Sigma_c = 0,34 \text{ cm}^{1}.$$

Solution

Nombre de photons diffusés vers le scintillateur par unité de temps :

$$N = I \cdot \frac{x}{\cos\varphi} \cdot \rho \cdot Z \cdot \left(\frac{d\sigma}{d\Omega}\right)_\theta \cdot dw$$

avec :

$\frac{x}{\cos\varphi}$: *épaisseur apparente de la feuille d'aluminium pour les photons incidents ;*

ρZ : nombre d'électrons par unité de volume du diffuseur (ρ : nombre d'atomes d'aluminium par unité de volume).

Le nombre de ces photons diffusés qui donneront un effet photoélectrique dans le scintillateur est, en moyenne, d'après l'exercice précédent :

$$N_{ph} = I \cdot \frac{x}{\cos\varphi} \cdot \rho \cdot Z \cdot \left(\frac{d\sigma}{d\Omega}\right)_\theta \cdot dw \frac{\Sigma_{ph}}{\Sigma} \left(1 - e^{-\Sigma e}\right)$$

En utilisant les expressions du problème précédent on obtient :

- Énergie des photons diffusés vers le scintillateur : $E' = 0{,}288$ MeV

- Section efficace différentielle de diffusion : $\left(\frac{d\sigma}{d\Omega}\right)_{\theta=90^0} = 1{,}30 \times 10^{-26}$ cm^2

d'où :

$$N = 1{,}425 \text{ s}^{-1} \quad \text{et} \quad N_{ph} = 0{,}57 \text{ s}^{-1}$$

6. On considère une source de polonium 211 émettant des particules α de 8 MeV.

    a) Sachant qu'en moyenne, l'énergie perdue par une particule α pour créer une paire {électrons ; ions} est de l'ordre de 35 eV, donner le nombre de paires {électrons ; ions} créées par chaque α dans un tel milieu détecteur. On supposera que la particule α est totalement atténuée dans le milieu.

    b) Quelle sera en Coulomb la charge collectée sur les électrodes du détecteur.

Solution

    a) Chaque particule alpha va perdre ses 8 MeV d'énergie dans le milieu détecteur.

      La création d'une paire {électron ; ion} nécessite 35 eV : le nombre de paires {électron ; ion} créées par le passage d'une particule alpha s'obtient donc :

$$Nb = \frac{8 \times 10^6}{35} = 2{,}285 \times 10^5$$

    b) La charge d'un électron étant $1{,}6 \times 10^{-19}$C, la charge totale recueillie sur les électrodes du détecteur est donc :

$$Q = 1{,}6 \times 10^{-19} \times 2{,}85 \times 10^5 \text{C}$$

7. Le polystyrène a pour formule chimique ($C_6H_5{-}CH{=}CH_2$)n et pour masse volumique ($\rho = 1{,}05$ g.cm^{-3}).

a) Calculer les nombres de noyaux de ^{1}H et de ^{12}C par cm^3 : n_0 (H) et n_0 (C) dans le polystyrène.

    On supposera que les compositions de l'hydrogène et du carbone naturels sont respectivement ^{1}H = 100 % et ^{12}C = 100 %.

b) On considère un faisceau parallèle de neutrons monocinétiques. Établir la loi d'atténuation de ce faisceau à mesure qu'il s'enfonce dans du polystyrène en supposant que les seules réactions nucléaires possibles entre les neutrons incidents et les noyaux cibles sont :

- *la diffusion élastique des neutrons sur des noyaux ^1H, de section efficace σ_H,*

- *la diffusion élastique des neutrons sur des noyaux de ^{12}C de section efficace σ_C.*

Quelle épaisseur de polystyrène faut-il interposer sur la trajectoire du faisceau :

- *pour diviser son intensité par 2 ?*

- *pour diviser son intensité par e (e étant la base des logarithmes népériens).*

On prendra $\sigma_H = 0,648$ b et $\sigma_C = 1,380$ b.

c) Établir l'expression du libre parcours moyen d'interaction λ d'un neutron du faisceau parallèle incident (distance moyenne parcourue par le neutron avant son interaction avec un noyau cible), dans un bloc de polystyrène infiniment épais.
Quel serait ce libre parcours moyen d'interaction :

- *si seule la diffusion élastique sur ^1H se produisait (λ_H) ?*

- *si seule la diffusion élastique sur ^{12}C se produisait (λ_C) ?*

Quelle relation existe-t-il entre les libres parcours moyens « partiels » λ_H et λ_C et le libre parcours moyen « total » λ ?

Solution

a) La formule du polystyrène $(C_6H_5-CH=CH_2)_n$ indique que ce polymère contient autant d'atomes de carbone que d'hydrogène.
Les densités nucléaires (nombre de noyaux d'un élément donné par unité de volume) sont donc identiques : $n_C = n_H$.
On peut alors représenter le polystyrène par sa formule brute C_nH_n, d'où :
$n_C = n_H = n = \frac{N_A 1,05}{12+1} = 4,862 \times 10^{22}$ noyaux.cm^{-3}, N étant le nombre d'Avogadro.

b) L'atténuation du faisceau de neutrons dans la traversée d'une épaisseur dx de polystyrène s'écrit :
$$-dI = I_0 (n_H\sigma_H + n_C\sigma_C)\, dx$$

où : I_0 est l'intensité du faisceau initial, σ_i est la section efficace de diffusion élastique des neutrons sur des noyaux i (1 barn = 10^{-24} cm^2).
Posons : $\Sigma = n(\sigma_H + \sigma_C) \Rightarrow -dI = I_0\Sigma dx$; d'où : $I = I_0 e^{-\Sigma x}$
L'épaisseur du polystyrène nécessaire pour diviser par 2 l'intensité du faisceau sera :

$$x_{1/2} = \frac{\ln 2}{\Sigma} = \frac{\ln 2}{n(\sigma_H + \sigma_C)} = 7,03 \text{ cm}$$

L'épaisseur du polystyrène nécessaire pour diviser par e l'intensité du faisceau sera :

$$R = \frac{1}{\Sigma} = 10,12 \text{ cm}$$

c) L'expression ci-dessus $R = \frac{1}{\Sigma}$ est, par définition, celle du libre parcours moyen d'interaction des neutrons. Ici, pour le polyéthylène, on la note λ : $\lambda = \frac{1}{n(\sigma_H + \sigma_C)}$

$$\sigma_C = 0 \Rightarrow \lambda_H = \frac{1}{n\sigma_H} \quad \text{et} \quad \sigma_H = 0 \Rightarrow \lambda_C = \frac{1}{n\sigma_C}$$

d'où :

$$\frac{1}{\lambda} = \frac{1}{\lambda_H} + \frac{1}{\lambda_C}$$

Numériquement, avec les données de la question 2, on obtient :

$$\lambda_H = 31,74 \text{ cm} \quad \text{et} \quad \lambda_C = 14,91 \text{ cm}$$

On retrouve bien aux incertitudes d'arrondi près $\lambda = R = 10,15$ cm.

8. *On considère un électron d'énergie cinétique $T = 5$ MeV. Quelle est la fraction d'énergie perdue par bremsstrahlung lorsqu'il traverse a) une feuille d'aluminium et b) une feuille de plomb ?*

Solution

En appliquant directement l'expression $\frac{(dE/dx)_{frein}}{(dE/dx)_{col}} \cong \frac{TZ}{700}$ on obtient pour a) $Z = 13 \rightarrow 9$ % et pour b) $Z = 82 \rightarrow 55$ %.

Références

[1] S.N. AHMED, *Physics & Engineering of Radiation Detection*, Academic Press in an imprint of Elsevier, UK 2007.

[2] V. BALASHOV, G. PONTECORVO, *Interaction of Particles and Radiation with Matter*, Springer, 1997.

[3] M.J. BERGER, S.M. SELTZER, *Tables of Energy Losses and Ranges Interaction of Electrons and Positrons*, SP3012, NASA, Washington DC, 1964.

[4] D. BLANC, *Les rayonnements ionisants*, 2e édition, MASSON, Paris, 1997.

[5] Ch. BOURGEOIS, *Interaction Particules-Matière*, Techniques de l'Ingénieur AF3 530 et AF3 531.

[6] S.H. CHEN, M. KOTLARCHYK, *Interaction of Photons and Neutrons with Matter : an Introduction*, World Scientific Publishing Company, 1997.

[7] R.D. EVANS, *The Atomic Nucleus*, MacGraw-Hill Book Company, Inc, New York, 1955.

[8] A.E.S. GREEN, *Nuclear Physics*, MacGraw-Hill Book Company, Inc, New-York, 1955.

[9] D. HALLIDAY, *Introduction à la Physique Nucléaire*, Paris Dunod (1957) & John Wiley & Sons (1955).

[10] G.H. JANSEN, *Coulomb Interactions in Particle Beams*, Academic Press, 1990.

[11] JEF 2.2, Radioactive decay data : « *JEF – PC version 1.0*, OECD / NEA data bank, 1993.

[12] G.F. KNOLL, *Radiation Detection and Measurement*, 3rd Edition, John Wiley & Sons, New York 2000.

[13] A. LYOUSSI *et al.*, Transuranic waste assay detection by photon interrogation and on-line delayed neutron counting, *Nuclear Instruments and Methods in Physics Research*, B 160 (2000) pp 280-289.

[14] J.L. MATTHEWS *et al.*, *The Distribution of Electron Energy Losses in thin Absorbers*, *Nuclear Instruments and Methods*, 180, 573, 1981.

[15] A. NACHAB, *Expérience et modélisation Monte-Carlo de l'auto-absorption gamma et de la dosimétrie active par capteurs CMOS*, Thèse de Doctorat en Physique subatomique de l'Université Chouaïb Doukkali, El Jadida, Maroc, 2003.

[16] A. NGUYEN *et al.*, *Détection de rayonnements et Instrumentation Nucléaire*, Support de cours de Génie Atomique, Publication interne 2001.

[17] R. STEPHENSON, *Introduction to Nuclear Engineering*, MacGraw-Hill Book Company, Inc, New York, 1954.

[18] Stopping Powers and Ranges for Protons and Alpha Particles, ICRU Report, N°49, 1993.

[19] H. Van HAERINGEN, *Charged-Particle Interactions*, Theory and Formulas Coulomb Press, Leyden, 1985.

3 Détecteurs de rayonnements nucléaires

Dans ce chapitre sont présentées les différentes familles de détecteurs de rayonnements nucléaires i.e. issus directement ou indirectement du noyau atomique (sources radioactives, réacteurs nucléaires, éléments combustibles, déchets radioactifs...).

On distinguera principalement 3 grandes familles de détecteurs :

– les détecteurs à gaz,

– les détecteurs à semi-conducteurs,

– les détecteurs à scintillation.

Ces détecteurs, selon leur mode de fonctionnement, leurs caractéristiques et leur l'électronique associée, permettent d'accéder à différents types d'information tels que :

– intensité du rayonnement (débitmètre),

– nombre de particules émises (compteurs),

– énergie des particules (spectromètres),

– énergie déposée (dosimètre).

Un système de détection (figure 3.1) est ainsi formé d'un capteur, d'une chaîne de détection-acquisition qui délivre l'information exploitable sous forme de signaux électriques et d'une unité de traitement et d'analyse.

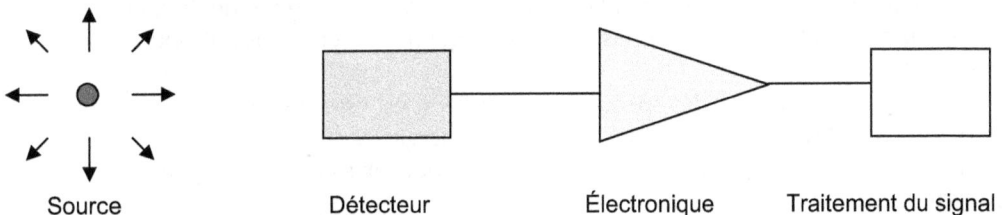

Source   Détecteur   Électronique   Traitement du signal

Figure 3.1. Synoptique simplifié d'un système de détection de rayonnements.

Dans ce qui suit, sont présentées les caractéristiques principales communes aux différents dispositifs ou chaînes de détection. Ensuite, les principes physiques, les performances, les limitations ainsi que les principaux domaines d'application sont exposés pour chacune des trois familles ci-dessus.

3.1. Caractéristiques principales des détecteurs

Chaque événement (interaction d'un rayonnement dans le milieu détecteur) produit une somme d'informations élémentaires qui peut être exploitée soit directement, soit par l'intermédiaire d'un dispositif de conversion ou de traitement. On recueille finalement un signal d'information exploitable par un dispositif d'analyse qualitative et/ou quantitative. L'ensemble de ces dispositifs constitue la chaîne de détection. Le signal peut, si le principe et la nature du détecteur le permettent, contenir une ou plusieurs informations sur l'énergie, la date, la durée, la position ou l'intensité de l'interaction ainsi que la nature ou la vitesse de la particule.

On peut en particulier connaître l'énergie déposée dans le détecteur à chaque interaction, et dénombrer les interactions qui y ont eu lieu. Ceci permet par exemple de réaliser des mesures de comptage et de spectrométrie. Les détecteurs utilisés dans ce domaine fournissent, dans leur très grande majorité, des signaux exploitables quasi instantanément (ionisations du milieu, scintillations, bolométrie).

On peut dans certains cas ne pas s'intéresser à chaque interaction individuellement, mais chercher plus globalement à intégrer l'ensemble des énergies cédées au détecteur ou le nombre des interactions qui y ont eu lieu. Dans ce cas, qui recouvre notamment les mesures dosimétriques, tous les principes de détection sont exploitables.

Dans tous les cas, il est nécessaire de définir un certain nombre de paramètres essentiels permettant de caractériser les qualités d'un dispositif de détection pour pouvoir ainsi l'utiliser dans de bonnes conditions. Ces paramètres sont définis ci-après.

3.1.1. Les paramètres propres aux dispositifs de détection et à leur mise en œuvre

3.1.1.1. Spectre des informations recueillies – proportionnalité – résolution en énergie

Les signaux délivrés par un détecteur en réponse à l'interaction d'un rayonnement mono-énergétique n'ont en général pas tous la même amplitude. En effet, chaque interaction ne conduit pas systématiquement à la cession totale de l'énergie incidente dans le milieu détecteur et le détecteur n'offre pas un signal rigoureusement constant pour une même interaction.

Si l'on souhaite établir des spectres en énergie, il est essentiel que ce signal soit, aux fluctuations statistiques près, proportionnel à l'énergie cédée par le rayonnement dans le détecteur. Cette proportionnalité (ou linéarité) doit exister sur une gamme d'énergie suffisamment étendue.

On recueille donc un spectre d'amplitudes H dont le pic (ou raie) à une énergie donnée correspond en général à l'absorption totale de l'énergie E de la particule incidente ici mono-énergétique par le milieu détecteur. La largeur à la mi-hauteur de ce pic expérimental (figure 3.2) représente la dispersion ou la fluctuation de la hauteur des impulsions délivrées par le détecteur soumis à une même sollicitation. La résolution en énergie du détecteur appelée aussi pouvoir de résolution caractérise la qualité du détecteur à séparer (résoudre) deux énergies proches.

La résolution R (figure 3.2) est mesurée à l'aide d'une source monochromatique. C'est en général une grandeur sans dimensions qui s'exprime par :

$$R = \frac{\text{largeur du pic à mi hauteur}}{\text{énergie du pic}} \tag{3.1}$$

Détecteur de type 76B76 Nal : Spectre d'émission du ^{137}Cs

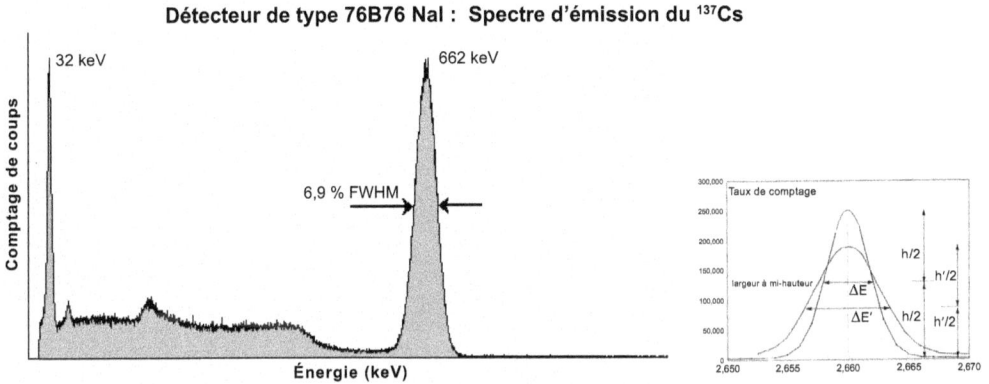

Figure 3.2. Résolution en énergie d'un détecteur à scintillation de type Nal.

Dans le cas d'un pic sous forme d'une distribution gaussienne, la largeur à mi-hauteur (encore appelée *Full Width at Half Maximum*, FWHM en anglais), vaut 2,35 σ où σ est l'écart-type de la distribution.

Actuellement, les détecteurs semi-conducteurs permettent d'atteindre des résolutions de l'ordre de quelques pour mille.

Les origines sources de la dégradation de la résolution sont notamment dues aux dérives du détecteur au cours de la mesure – effet d'un bruit de fond aléatoire – aux fluctuations du nombre de charge créées et collectées ou encore à la dérive du courant d'obscurité au cours de la mesure pour le cas d'un scintillateur.

3.1.1.2. *Efficacité de détection – Réponse en énergie*

En général la géométrie des détecteurs ne permet pas de mesurer la totalité des rayonnements émis. En effet d'une part les détecteurs couvrent rarement un angle solide suffisant et d'autre part une partie des rayonnements traverse le détecteur sans interagir ou bien s'atténue partiellement avant de quitter la zone utile de détection. On a donc introduit la notion d'efficacité de détection qui traduit la capacité d'un dispositif à détecter un rayonnement donné d'une énergie donnée. Deux types d'efficacités sont ainsi définis :

- L'*efficacité absolue* (ou rendement) d'un détecteur est le rapport des rayonnements mesurés sur les rayonnements émis par la source. L'efficacité est souvent exprimée en pourcentage du nombre de rayonnements incidents. Pour les compteurs de particules, par exemple, on a :

$$\varepsilon_{abs} = \frac{\text{nombre d'implusions comptées}}{\text{nombre de rayonnements issus de la source}} \tag{3.2}$$

- L'*efficacité intrinsèque* ne prend en compte que les rayonnements ayant traversé le détecteur.

$$\varepsilon_{int} = \frac{\text{nombre d'implusions comptées}}{\text{nombre de rayonnements reçus par le détecteur}} \qquad (3.3)$$

L'efficacité absolue est reliée à l'efficacité intrinsèque par la relation suivante :

$$\varepsilon_{abs} = \frac{\Omega}{4\pi}\varepsilon_{int} \qquad (3.4)$$

où Ω est l'angle solide défini par la surface du détecteur vue de la source (figure 3.3).

$$\Omega = 2\pi\left(1 - \frac{d}{\sqrt{d^2 + a^2}}\right) \qquad (3.5)$$

Si $d \gg a \Rightarrow \Omega \approx \dfrac{\pi a^2}{d^2}$

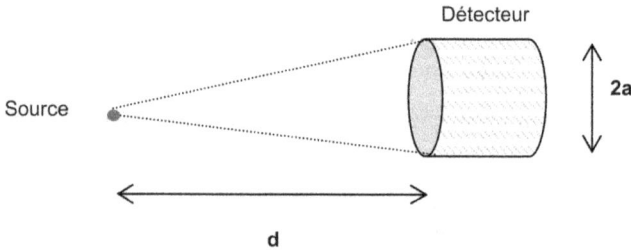

Figure 3.3. Notion élémentaire d'angle solide.

$\dfrac{\Omega}{4\pi}$ est appelée efficacité géométrique.

3.1.1.3. *Temps de résolution*

Le dépôt d'énergie résultant de l'interaction d'un rayonnement dans un détecteur peut-être considéré comme instantané (quelques ps (10^{-12} s) à quelques ns (10^{-9} s)). En revanche, l'information délivrée par l'ensemble de la chaîne de détection (détecteur $\oplus$ électronique) met en général beaucoup plus de temps à survenir. Ce temps dépend du détecteur (type et géométrie), mais aussi et surtout de la chaîne électronique. Il peut varier de quelques dizaines de nanosecondes à quelques centaines de microsecondes. Ceci induit une durée non négligeable pendant laquelle le système de détection est « occupé » à engendrer le signal dû à une première interaction et est de ce fait totalement ou partiellement indisponible pour la prise en compte et le traitement de l'interaction suivante. Il s'ensuit des pertes d'information d'autant plus importantes que l'intensité des particules incidentes est élevée. Il est par conséquent indispensable de corriger ces pertes de comptage pour remonter à l'intensité réelle d'émission.

Pour caractériser cette « inertie », liée à la durée des impulsions au niveau du détecteur, on utilise la notion de *temps mort*. Par ailleurs, pour caractériser l'indisponibilité de l'ensemble de la chaîne de détection, liée à la durée des impulsions après traitement, on utilise la notion de *temps mort* appliquée au système de détection ou de *temps de résolution*. Il est défini comme *l'intervalle de temps minimum séparant deux interactions successives pour que celles-ci soient enregistrées comme deux impulsions disjointes.*

On distingue deux modèles de limitation du temps de résolution τ (figure 3.4) permettant de décrire le comportement des chaînes de détection usuelles :

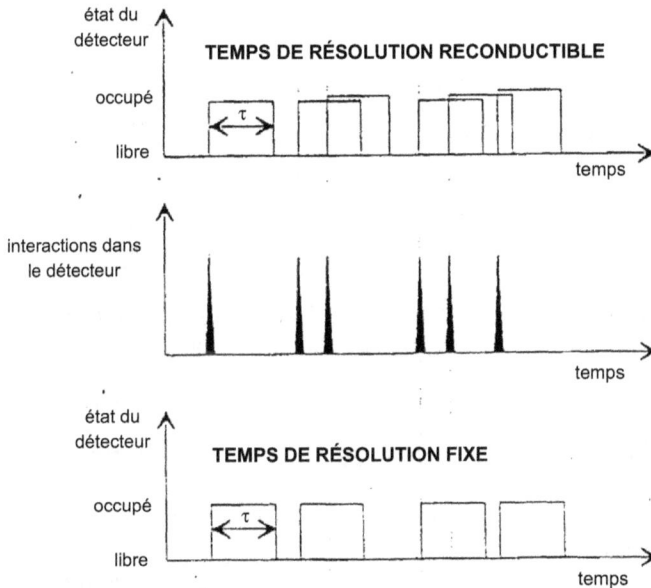

Figure 3.4. Modèles de temps de résolution d'une chaîne de détection [11].

- *le temps de résolution de type « fixe » ou « non-paralysable »* : pendant la durée τ, le système de détection n'est affecté par aucune interaction consécutive à celle qui a engendré la formation de l'impulsion initiale. Le détecteur a donc une réponse en fonction du taux d'impulsion qui tend vers une saturation (figure 3.5). On peut estimer le taux moyen d'impulsions recueilli, m, en fonction du taux moyen d'interactions réelles dans le détecteur, n, par :

$$m = \frac{n}{1 + n\tau} \quad \text{ou encore} \quad n = \frac{m}{1 - m\tau} \tag{3.6}$$

- *le temps de résolution de type « reconductible », « paralysable » ou encore « cumulatif »* : la durée d'occupation τ du système de détection est reconduite de τ à chaque nouvelle interaction dans le détecteur survenant pendant l'intervalle initial de temps de résolution (figure 3.4). Le système de détection reste sensible à toute interaction consécutive à celle qui vient d'engendrer la formation de l'impulsion initiale. Le système de détection a donc une réponse en fonction du taux d'impulsion qui passe par un maximum puis tend à s'annuler ; il est dit « paralysable ». Le taux moyen d'impulsions recueilli, m, en fonction du taux moyen d'interactions dans le détecteur, n, est donné par :

$$m = n.e^{-n\tau} \tag{3.7}$$

Un même taux d'impulsion peut correspondre à deux taux d'interactions distincts (figure 3.5). La correspondance taux recueilli *versus* taux réel n'est pas surjective.

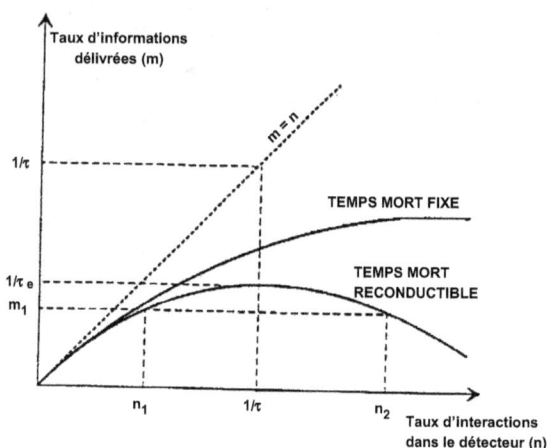

Figure 3.5. Réponse de la chaîne de détection en fonction du taux d'interactions pour les deux modèles de limitation de temps de résolution [11].

3.1.1.4. *Notions sur les modes de fonctionnement*

Les modes de détection ainsi que les chaînes électroniques d'acquisition et d'analyse sont détaillés dans le chapitre 5.

Une grande partie des détecteurs que nous allons étudier délivre au final un signal électrique. Les signaux délivrés peuvent être soit intégrés sur une longue période comparée à leur durée de formation – on recueille alors une charge totale que l'on mesure *a posteriori* –, soit traités à mesure de leur apparition.

Le premier cas correspond au mode de fonctionnement dit en courant et le second au mode de fonctionnement en impulsions.

3.1.1.4.1. Fonctionnement en mode courant

On mesure directement le courant mis en circulation dans le circuit détecteur. On recueille ainsi une information moyenne sur une série de signaux pendant une certaine période temporelle. Cela permet de minimiser les fluctuations propres à chaque impulsion mais ne permet pas d'accéder à l'information véhiculée par chaque impulsion.

3.1.1.4.2. Fonctionnement en mode impulsion

Dans ce mode, chaque impulsion est traitée individuellement en mesurant les variations de tension aux bornes d'une résistance de charge R associée à une capacité C qui caractérise à la fois le détecteur lui-même et sa chaîne électronique associée (câbles, préamplificateur, amplificateur, etc.). Si on modélise l'arrivée d'un signal de charge totale Q et de durée T_c (impulsion de courant) en provenance du détecteur comme indiqué sur la figure 3.8, deux scénarios aux limites sont possibles.

a) La constante de temps RC est très faible devant T_c : le circuit de mesure est très rapide et transmet l'impulsion initiale au facteur R près. Ce mode de fonctionnement, intéressant à haut débit de signaux, est difficile à mettre en œuvre car la mesure du maximum de tension de chaque signal est délicate et la sensibilité aux fluctuations réelles des signaux est faible. On ne peut procéder à des mesures spectrométriques dans ce cas de figure.

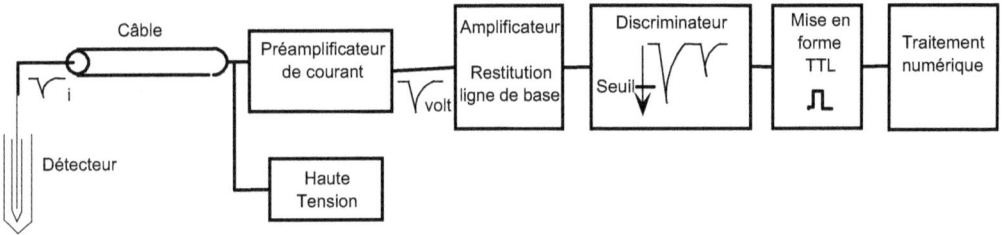

Figure 3.6. Synoptique d'une chaîne de mesure en mode comptage [13].

b) La constante de temps RC est grande devant T_c : la charge Q s'écoule très lentement à travers la résistance R et reste momentanément intégrée dans C, jusqu'à atteindre un maximum $V_{max} = Q/C$ au bout de T_c les charges s'évacuant finalement en exponentielle inverse du temps ($e^{-t/RC}$). Le temps de montée de l'impulsion est une caractéristique propre du détecteur, alors que son temps de descente ne dépend que de la constante de temps RC du circuit. Ce mode de fonctionnement est celui qui sera en général adopté pour les applications de spectrométrie car le passage par le maximum de tension est facile à mesurer, et est proportionnel à Q, elle-même proportionnelle à l'énergie cédée par le rayonnement ionisant dans le milieu détecteur. Il peut s'avérer impraticable à haut taux de signaux à cause du temps de décroissance engendré par la grande valeur de RC qui favorise l'apparition d'empilement d'impulsions.

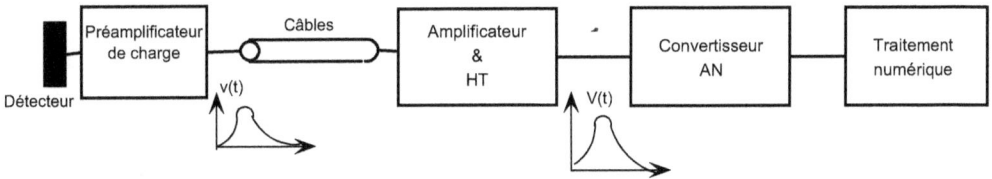

Figure 3.7. Chaîne de mesure en mode spectrométrie [13].

En pratique on recherche une constante de temps RC qui soit le meilleur compromis possible entre une spectrométrie très précise et la mesure de taux d'interactions donc de comptage suffisamment élevés.

Le choix du mode de fonctionnement, à savoir mode courant ou impulsion, dépend du type de mesure recherché. Si on cherche à traiter chaque interaction individuellement, c'est le mode impulsion qui est choisi, et si souhaite simplement obtenir un niveau moyen de l'intensité de rayonnement interagissant dans le détecteur, on opte alors pour le mode courant.

Enfin, lorsqu'on est en présence de hauts flux de rayonnement avec un fort bruit de fond, le fonctionnement en mode fluctuation peut-être utilisé.

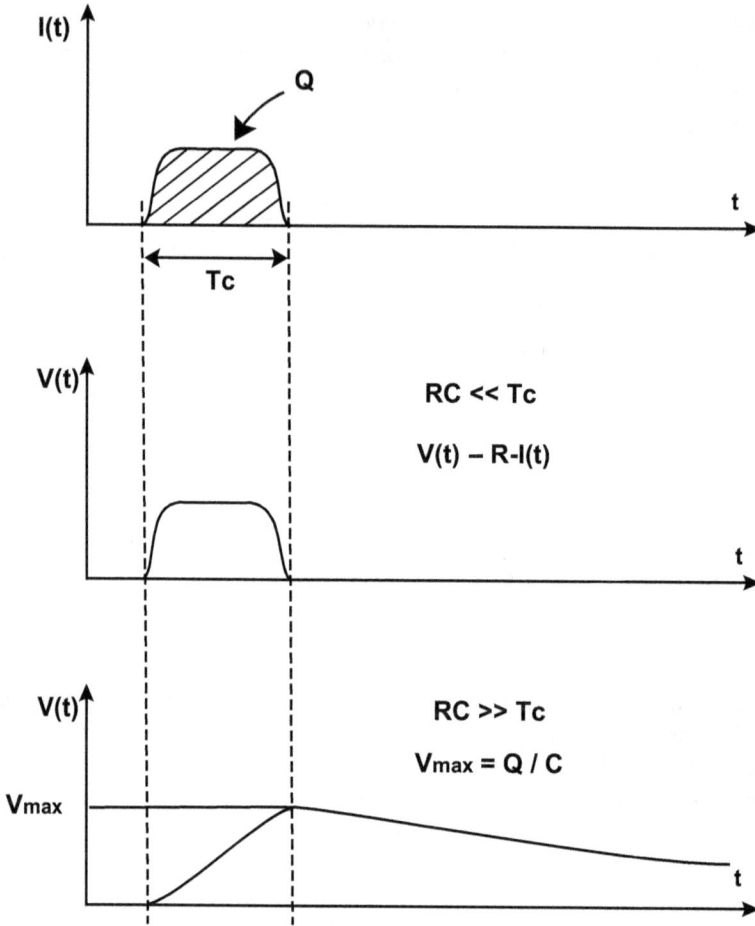

Figure 3.8. Effet de la constante de temps *RC* en mode en impulsion [11].

3.1.1.4.3. Fonctionnement en mode fluctuation

Dans cette approche, on utilise les fluctuations statistiques du courant pour remonter à l'intensité du rayonnement incident. Ce mode est essentiellement utilisé dans la mise en œuvre de certaines chambres à fission dans les cœurs de réacteurs expérimentaux ou de puissance.

Ce mode de fonctionnement trouve toute son utilité quand le taux de comptage commence à devenir très élevé jusqu'à faire apparaître des phénomènes d'empilement relativement importants. Les impulsions se chevauchent de plus en plus et le signal en sortie de la chaîne de mesure peut être assimilé à un bruit dont la variance est proportionnelle au flux.

On ne peut donc plus compter individuellement les impulsions mais considérer les caractéristiques statistiques de ce signal : la moyenne et la variance.

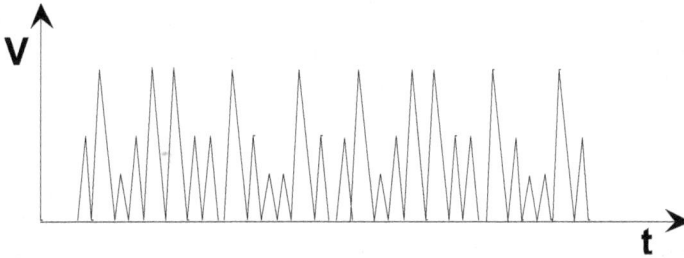

Figure 3.9. Variation du comptage en fonction du temps en mode fluctuation.

D'une façon simplifiée, l'essentiel du traitement classique du signal repose sur le théorème dit de Campbell d'où le nom de « mode de Campbell » ou encore « *Campbelling Method* ».

Ce mode de détection, ses caractéristiques et ses applications sont traitées au chapitre 5.

3.1.1.5. *Autres paramètres caractéristiques*

Plusieurs autres paramètres sont importants pour caractériser la qualité d'un système de détection et l'adéquation de son choix à la situation de mesure :

- *La réponse géométrique* : l'angle d'incidence des rayonnements, s'il n'est pas maintenu constant (cas des mesures de terrain), ne doit avoir que peu d'influence sur la réponse du détecteur. On cherchera en pratique à avoir des détecteurs aussi « isotropes » que possible.

- *La stabilité de la réponse dans le temps* : un détecteur doit avoir une réponse qui ne varie que très peu dans le temps. Pour les détecteurs, tels que les dosimètres qui enregistrent une somme globale d'informations élémentaires, il est essentiel que cette information ne se perde pas progressivement (phénomène de *fading*).

- *L'équivalence au milieu* dans lequel on souhaiterait véritablement faire la mesure : en dosimétrie ou en radioprotection, on utilise des détecteurs constitués de matériaux dont la composition est proche de celle des tissus vivants.

- *La transparence à son propre signal*, notamment importante pour les scintillateurs qui peuvent être soit peu transparents à leur propre lumière, soit perturbés par l'ajout de substances en leur sein (scintillation liquide : phénomène de *quenching*).

- *Le taux de comptage* : c'est le nombre d'impulsions délivré par le détecteur par unité de temps. Il est exprimé en coups/seconde ou impulsions/seconde.

- *Le bruit de fond ou mouvement propre* : c'est le signal délivré par le détecteur en l'absence du phénomène à détecter. Il provient des rayons cosmiques, de la radioactivité naturelle ambiante, du détecteur et de son électronique. Un bruit de fond élevé est signe d'un mauvais fonctionnement, d'un réglage défectueux du détecteur ou bien d'un environnement de mesure fortement hostile.

- *La dynamique de fonctionnement* : c'est l'aptitude à fournir une réponse exploitable sur une plage d'intensité de rayonnement incident donnée. Elle donne l'étendue entre la plus faible valeur mesurable et la plus grande. Elle peut être exprimée en nombre de décades.

- *La sensibilité* : c'est l'aptitude à détecter ou à réagir à de faibles variations de flux de rayonnement. Pour un instrument de mesure, elle est définie par le rapport de l'accroissement du signal obtenu à l'accroissement de la grandeur mesurée. L'amplitude du signal d'un détecteur de forte sensibilité varie beaucoup pour une faible variation de la grandeur mesurée alors qu'elle varie faiblement dans le cas d'un détecteur de basse sensibilité.

- *La limite de détection* : c'est la quantité minimale détectable par un dispositif de mesure. Elle ne dépend pas seulement des caractéristiques propres des éléments constitutifs de la chaîne de mesure mais dépend aussi des conditions de mesure (bruit de fond, durée de la mesure, contraintes environnementales, pratiques d'exploitation...).

- *La sélectivité* : certains détecteurs sont capables de discriminer différents types de rayonnements (neutrons/γ, α/β, β/γ) à l'aide d'une discrimination des impulsions ou de matériaux présentant des probabilités d'interaction très différentes selon le type et l'énergie du rayonnement reçu.

La fiabilité, la robustesse, la durée de vie, l'aptitude à fonctionner en milieu extrême (hautes température, forte pression, ambiance radioactive élevée...) sont aussi des caractéristiques importantes à prendre en compte lors du choix d'un détecteur.

Plus généralement, un détecteur de rayonnement et sa chaîne de mesure associée doivent avoir les mêmes qualités que celles recherchées pour tout type de capteur physique : fidélité, justesse, rapidité, représentativité des mesures, précision des mesures, temps de réponse adapté, bon rapport signal/bruit, insensibilité aux conditions extérieures (température, humidité, lumière, champs électromagnétiques, ...).

Enfin, le coût du système de détection et de sa mise en œuvre peut *in fine* être un critère décisif dans le choix du dispositif final.

3.2. Détecteurs à remplissage gazeux

La détection d'un rayonnement directement ionisant comme une particule chargée, ou indirectement ionisant comme les photons X et γ ou les neutrons revient à prélever tout ou partie de l'énergie du rayonnement et à la transformer en un signal électrique mesurable. Les ionisations ainsi créées par la particule sur son passage, c'est-à-dire les charges positives (ions) et les charges négatives (électrons), peuvent être séparées et collectées sous l'action d'un champ électrique : cela donne naissance à un *signal électrique*. C'est sur ce principe que fonctionnent les détecteurs gazeux (chambre d'ionisation, compteur Geiger-Müller, compteur proportionnel, chambre proportionnelle multifils...).

3.2.1. Principe de fonctionnement

Typiquement, ces détecteurs sont constitués de deux électrodes portées à des potentiels électriques différents au sein d'une enceinte remplie de gaz. En interagissant avec le détecteur, les rayonnements incidents cèdent partiellement ou totalement leur énergie en générant des paires « électron-ion » qui migrent sous l'effet du champ électrique (figure 3.10a). Ce mouvement de charges induit un signal électrique consécutif à l'interaction de la particule dans le volume gazeux du détecteur.

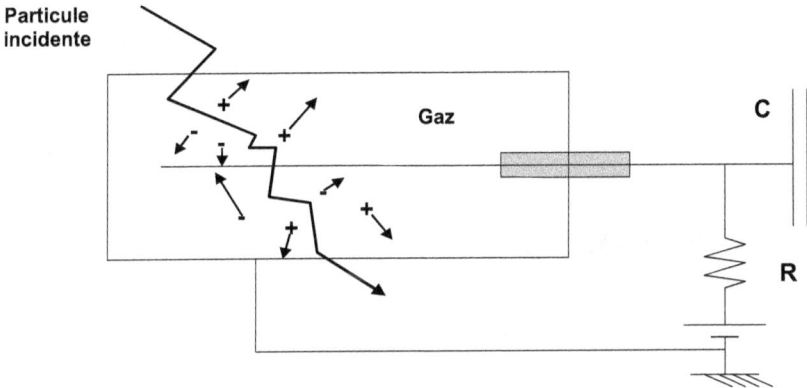

Figure 3.10a. Fonctionnement schématique d'un détecteur à gaz.

Le nombre moyen de paires « électron-ion » créées par une particule cédant une quantité d'énergie ΔE au milieu détecteur vaut :

$$N = \frac{\Delta E}{W} \tag{3.8}$$

où W est l'énergie moyenne nécessaire pour créer une paire « électron-ion ». Cette énergie moyenne, de l'ordre de 30 eV, dépend peu de la nature et de l'énergie de la particule chargée (tableau 2.3).

De par leur différence de masse, la vitesse de déplacement des électrons vers l'anode est 1 000 à 2 000 fois supérieure à celle des ions positifs vers la cathode. Le *mouvement* de ces porteurs de charge *induit* un *courant* sur les électrodes qui peut être recueilli sous la forme *d'impulsions individuelles* ou d'un *courant continu* selon les conditions de mesure et les caractéristiques du circuit électronique utilisé.

Le signal délivré peut être représentatif de l'intensité instantanée du rayonnement incident (compteur, *débitmètre*) et peut aussi être dans certains cas représentatif de l'énergie cédée par une particule interagissant avec le détecteur (*spectromètre*).

Les détecteurs à gaz peuvent être associés à des régimes de fonctionnement différents qui dépendent de l'intensité du champ électrique régnant entre les électrodes, de la géométrie, de la nature du gaz et de ses conditions de remplissage.

Les régimes de fonctionnement les plus utilisés en détection de rayonnements nucléaires sont :

- le régime chambre d'ionisation,

- le régime compteur proportionnel,

- le régime compteur Geiger-Müller.

Les vitesses de déplacement des charges dans les gaz étant assez lentes, les détecteurs à remplissage gazeux sont généralement limités à des taux de comptage assez faibles. Cette limitation est accentuée à cause du temps de résolution de la chaîne électronique associée.

Les détecteurs à gaz ont l'avantage d'avoir une très bonne tenue aux rayonnements et à la température en comparaison des détecteurs semi-conducteurs et des scintillateurs.

Ils possèdent en général une sensibilité relativement basse aux rayonnements X et γ, en raison de leur faible densité. Ils sont de ce fait intéressants pour la détection des neutrons ou des forts flux gamma.

3.2.1.1. *Les différents régimes de fonctionnement des détecteurs à gaz*

Considérons une enceinte métallique contenant un gaz au centre de laquelle se trouve un fil central conducteur, rigide et protégé par un isolant et qui traverse la paroi externe. Ce fil appelé anode est relié au pôle positif d'une alimentation en haute tension et la paroi extérieure appelée cathode est reliée au pôle négatif. C'est le concept d'un détecteur à gaz.

Tout rayonnement pénétrant dans le détecteur et y cédant toute ou partie de son énergie va créer un certain nombre de paires « électron-ion »[1]. Sous l'action du champ électrique régnant dans le détecteur, les électrons seront attirés vers l'anode et les ions positifs vers la cathode. Les électrons, plus légers que les ions positifs donc plus mobiles, sont collectés les premiers.

Le régime de fonctionnement du détecteur est fonction du champ électrique et donc de la différence de potentiel V entre l'anode et la cathode.

En prenant comme paramètre l'amplitude des impulsions générées par la charge collectée[2] en fonction de la haute tension (HT) appliquée aux bornes du détecteur, on met en évidence 6 zones de fonctionnement (figures 3.10b et 3.10c). Cette dernière est une figure de principe, car les détecteurs du commerce sont généralement conçus pour fonctionner dans un seul des principaux régimes de fonctionnement (chambre d'ionisation, compteur proportionnel ou Geiger-Müller).

3.2.1.1.1. Zone 1 : régime de recombinaison (figure 3.10c)

Le champ électrique régnant entre les électrodes est faible, les électrons et les ions formés par ionisation du gaz ne sont pas suffisamment mis en mouvement et tout ou partie des charges générées se recombine avant d'atteindre les électrodes. La quantité de charge

---

[1] On suppose que l'énergie cédée par le rayonnement incident aux atomes et molécules du gaz du détecteur est supérieure à leurs potentiels d'ionisation.
[2] Il s'agit tout simplement de la variation du nombre d'électrons collectés au niveau de l'anode en fonction de la différence de potentiel appliquée.

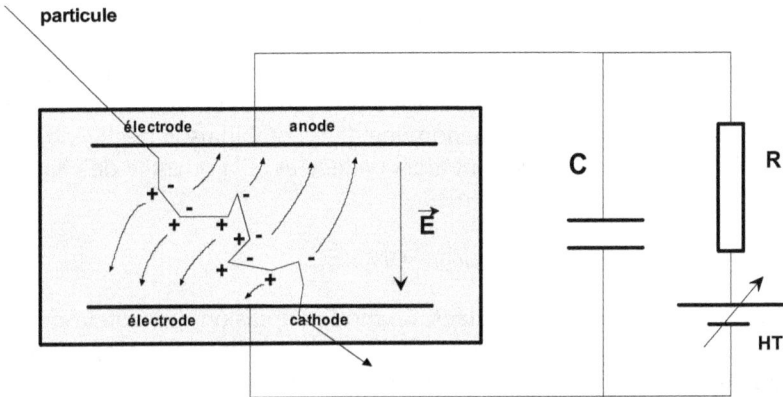

Figure 3.10b. Détecteur à remplissage gazeux avec son circuit électronique d'amplification et son alimentation HT variable.

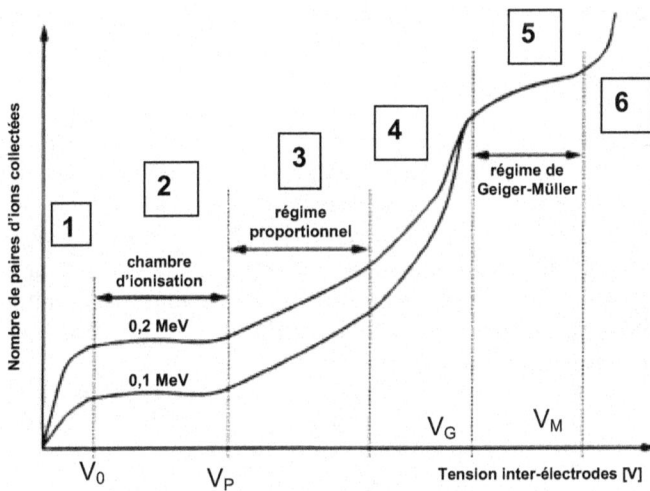

Figure 3.10c. Variation de la hauteur d'impulsion (nombre de charges collectées) en fonction de la haute tension appliquée aux bornes du détecteur.

induite aux bornes du détecteur est inférieure à la quantité de charge générée par le rayonnement et ils se recombinent avant d'atteindre les électrodes collectrices. Seule une partie des charges créées est collectée :

$$N_{coll} < N_{créées}$$

Cette région n'est pas utilisable pour la détection.

La recombinaison est d'autant plus faible que la tension V est plus grande. La quantité de charges induites et de fait la hauteur des impulsions augmentent avec la tension de polarisation.

3.2.1.1.2. Zone 2 : régime chambre d'ionisation

Au-dessus d'une certaine valeur de tension V_0 (typiquement de quelques dizaines à centaines de volts), le champ électrique est suffisant pour que les charges générées soient suffisamment accélérées pour rendre le phénomène de recombinaison négligeable. Toutes les charges générées (électrons et ions) sont alors collectées et la quantité de charges induites est égale à la quantité de charges générées :

$$N_{\text{induites}} = N_{\text{générées}}$$

De fait, toutes les charges étant collectées, en mode impulsion, la hauteur de l'impulsion prend une valeur constante quelle que soit la valeur de la tension appliquée dans ce régime de fonctionnement. De même, en mode courant, le courant d'ionisation atteint sa valeur de saturation.

Le signal ne dépend pas de la tension, il est proportionnel à l'énergie cédée par le rayonnement au milieu gazeux mais il reste très faible en intensité (pA, µV). Il nécessite une chaîne électronique performante pour être extrait correctement. Ce régime, qui peut être exploité selon différents modes (courant, impulsion, fluctuations), présente l'avantage d'être très stable et offre une bonne aptitude à la *spectrométrie* en *mode impulsions*.

3.2.1.1.3. Zone 3 : régime proportionnel

Pour des détecteurs dont la conception permet de fonctionner en régime proportionnel, l'application d'un champ électrique plus élevé accélère davantage les électrons qui peuvent avoir suffisamment d'énergie cinétique pour à leur tour devenir particule ionisante et ioniser les atomes du gaz. Il y a multiplication des charges (phénomène d'*avalanches de Townsend*) par un coefficient d'amplification important qui dépend de la valeur de la tension appliquée. Le signal reste toutefois proportionnel au nombre de paires électrons-ions initialement générées par le rayonnement, c'est-à-dire à l'énergie cédée au milieu gazeux. La quantité de charges induites est donnée par :

$$N_{\text{induites}} = k\, N_{\text{générées}}$$

avec $k > 1$.

Dans ce régime de fonctionnement, l'amplitude des signaux est suffisamment grande (quelques dizaines de µA au mA) ce qui rend les signaux facilement transportables et mesurables. Néanmoins, une alimentation haute tension très bien stabilisée est indispensable pour préserver la proportionnalité entre la quantité de charges induites et la quantité de charges générées.

3.2.1.1.4. Zone 4 : régime de proportionnalité limitée

En augmentant davantage la tension et donc le champ électrique entre les électrodes d'un compteur proportionnel, la quantité d'ions produits par l'ionisation secondaire devient assez grande pour qu'apparaisse une charge d'espace, tendant à diminuer la valeur du champ électrique appliqué, donc la hauteur de l'impulsion. Par contre, il se produit sur la cathode et dans le gaz des effets secondaires qui ont pour conséquence d'augmenter la hauteur d'impulsion et de propager partiellement la décharge le long du fil. Comme le montre la figure 3.10c, dans cette zone la courbe adopte une pente plus faible pour les particules peu ionisantes. À partir d'une certaine valeur de tension V_G (appelée seuil Geiger), les courbes correspondant à des particules de nature et d'énergie différentes se confondent.

Le régime de proportionnalité limité ou semi-proportionnel est peu utilisé pour la détection.

3.2.1.1.5. Zone 5 : régime Geiger-Müller

Au-dessus du seuil Geiger, les effets de charge d'espace « saturent » les processus d'avalanche électronique et la quantité de charges induites ne dépend plus du nombre initial de paires électron-ions générées par le rayonnement incident. La hauteur de l'impulsion en sortie du détecteur est la même quelles que soient la nature et l'énergie de la particule incidente. Ce régime ne permet donc aucune identification des rayonnements détectés. Seul le comptage du nombre de particules ayant interagi avec le détecteur est possible.

3.2.1.1.6. Zone 6 : régime de décharge

À partir d'une tension V_M, le compteur devient instable et entre en régime de décharge semi-autonome. Les détecteurs à étincelles fonctionnent dans cette région mais pour des tensions très supérieures à V_M.

Trois de ces six régimes de fonctionnement sont effectivement utilisés en détection de rayonnements. Il s'agit des modes *chambre d'ionisation*, *compteur proportionnel* et *compteur Geiger-Müller*.

3.2.2. *La chambre d'ionisation*

Les chambres d'ionisation fonctionnent dans la *zone 2* où toutes les charges générées participent à la formation du signal dont l'amplitude est indépendante de la tension appliquée. Le nombre de charges collectées est directement proportionnel à l'énergie cédée par le rayonnement dans le milieu détecteur, ce qui rend ce type de détecteur bien adapté à la spectrométrie.

En fonctionnement nominal, l'absence de multiplication des charges au sein du gaz procure une excellente stabilité du détecteur. Toutefois, la faible quantité de charges délivrée qui peut être de l'ordre du pico coulomb nécessite l'utilisation d'une électronique performante pour une bonne extraction d'un signal utile et donc pour accéder à un bon rapport signal sur bruit.

La tension de fonctionnement dépend des dimensions, de la géométrie et de la composition du gaz du détecteur mais reste en général inférieure à 1 000 V.

Parmi les géométries possibles (électrodes cylindriques ou électrodes à plateaux), la géométrie cylindrique est la plus couramment rencontrée notamment en utilisation en milieu industriel.

La mesure de la plupart des rayonnements α, β, X, γ et neutrons est possible avec des chambres d'ionisation. Différents modes opérationnels peuvent leur être associés, en particulier les modes de fonctionnement en impulsion, en fluctuation et en courant décrits au chapitre 2.

La technologie associée aux chambres d'ionisation offre la possibilité de réaliser des détecteurs de grandes dimensions. Cela leur confère une grande sensibilité pour des mesures dosimétriques de rayonnements de faible intensité par exemple pour la réalisation de balises fixes de radioprotection (balises de surveillance d'installation) ou pour de la mesure portative d'ambiance (Babyline, figure 3.11a).

Figure 3.11a. Un modèle de la chambre d'ionisation est la Babyline très utilisée en mesures de radioprotection (photo Areva Canberra).

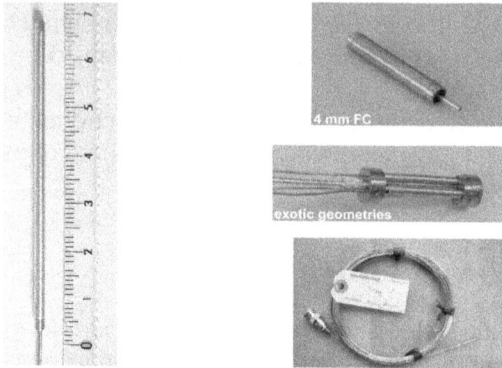

Figure 3.11b. Chambre d'ionisation de type chambre à fission (miniatures et sub-miniatures) pour la détection de neutrons dans les cœurs de réacteurs nucléaires (photo CEA/DEN/DER).

Leur technologie de fabrication peut être aussi adaptée pour une utilisation en milieu très hostile et pour des mesures de très hauts niveaux de débits de dose (petites chambres utilisées pour la caractérisation de faisceaux X ou γ en radiothérapie, détecteurs d'ambiance γ fonctionnant en bâtiment réacteur ou au sein d'unités de contrôle de combustibles irradiés).

Le dépôt d'éléments convertisseurs (bore, uranium) sur les structures internes d'une chambre d'ionisation permet la détection des neutrons (thermiques)[3]. Ce type de détecteur, chambre à dépôt de bore ou chambre à fission, est largement utilisé pour le contrôle-commande des réacteurs nucléaires expérimentaux (maquettes critiques, réacteurs d'irradiation) ou de puissance (REP EDF par exemple) et pour les mesures de cartographie de

---

[3] Il existe actuellement des chambres à fission dédiées à la détection des neutrons rapides en réacteur. Ce sont des chambres dont l'élément convertisseur a une section efficace de fission rapide significative comparée à sa section efficace thermique. C'est le cas par exemple de chambres à ^{238}U, ^{241}Pu ou encore ^{242}Pu.

flux neutronique à l'intérieur même du cœur à la puissance nominale (chambres à fission miniature *in-core*).

Cette application est développée dans le chapitre 5.

Selon le contexte, la technologie de la chambre, l'environnement et l'objectif visé, les chambres d'ionisation peuvent être utilisées en mode impulsion, courant ou fluctuation.

Remarque : L'ajout d'une grille dite grille de Frisch entre l'anode et la cathode, permet, en *mode impulsions* d'obtenir une amplitude du signal proportionnelle au nombre d'ions primaires indépendamment de l'endroit de leur production au sein du volume gazeux. Ce type de chambre à grille est utilisé en spectrométrie alpha où elle offre une bonne efficacité et une bonne résolution en énergie et a même été étendu à la spectrométrie gamma (chambres d'ionisation à xénon fortement comprimé). Le rayonnement incident est dirigé au moyen d'une « semi-collimation » de façon à ce que l'interaction ne puisse avoir lieu que dans le volume délimité par la grille et la cathode (figure 3.11c). L'amplitude de l'impulsion est ainsi indépendante de l'endroit de l'interaction dans la chambre.

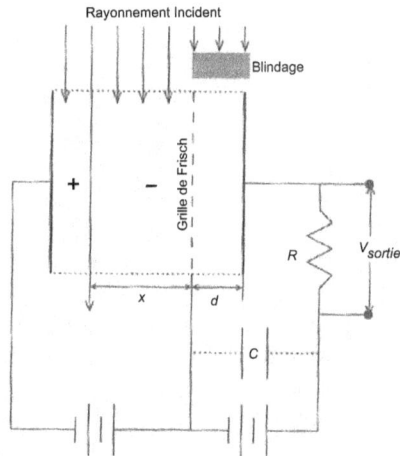

Figure 3.11c. Chambre d'ionisation à plaques parallèles et à grille de Frisch [1].

3.2.2.1. *Fonctionnement en impulsion*

Dans ce mode, chaque impulsion est traitée individuellement en mesurant les variations de tension aux bornes d'une résistance de charge R associée à une capacité C qui caractérise à la fois la chambre d'ionisation elle-même et sa chaîne électronique associée (câbles, préamplificateur, amplificateur, etc.).

Si on modélise en fonction du temps l'arrivée du signal de charge totale Q (impulsion de courant) en provenance du détecteur comme indiqué sur la figure 3.13, deux sous-modes de fonctionnement se dégagent selon la constante de temps RC du circuit. Ce point est développé dans le chapitre 4.

a) La constante de temps RC est très faible devant le temps de collection des ions positifs noté t^+ : le circuit de mesure est très rapide et transmet l'impulsion initiale au facteur R

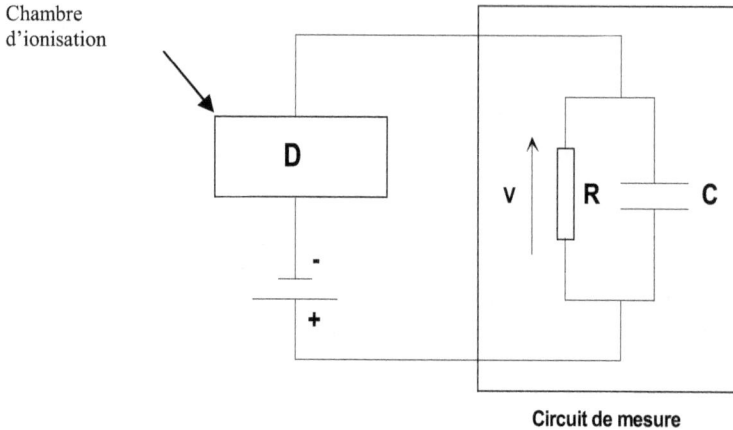

Figure 3.12. Circuit *RC* associé au mode de fonctionnement en impulsion.

près. Ce circuit est utilisé lorsqu'on veut éloigner le circuit de mesure du détecteur via un câble coaxial (voir le principe d'une ligne adaptée au chapitre 4). Ce mode de fonctionnement permet une mesure à haut taux de comptage car le circuit de mesure ne modifie pas ou peu la forme temporelle du signal créé à la sortie du détecteur. Par contre, sa réalisation et sa mise en œuvre sont délicates. Il est sensible au bruit et le maximum de tension peut être entaché d'erreur en raison du bruit engendré dans les câbles et l'électronique de mesure. On ne le recommande pas pour procéder à des mesures spectrométriques fines.

b) La constante de temps RC est grande devant t^+ : la charge induite Q s'écoule très lentement à travers la résistance R et reste momentanément intégrée dans C, jusqu'à atteindre un maximum $V_{max} = Q/C$. Le signal induit correspond à la collection sur les électrodes du détecteur des électrons et des ions positifs, en somme toute la charge générée par l'interaction de la particule dans la chambre. Au bout de t^+ les charges s'évacuent finalement en exponentielle inverse du temps ($e^{-t/RC}$). Le temps de montée de l'impulsion est une caractéristique propre du détecteur, alors que son temps de descente ne dépend que de la constante de temps RC du circuit. Ce mode de fonctionnement est celui qui sera en général adopté pour les applications de spectrométrie car le passage par le maximum de tension est assez aisé à mesurer, et est proportionnel à Q, elle-même proportionnelle à l'énergie cédée par le rayonnement ionisant dans le milieu détecteur. Ce mode de fonctionnement atteint ses limites à fort débit de signaux à cause du temps de décroissance engendré par la grande valeur de RC qui conduit à l'apparition d'empilement d'impulsions et à des phénomènes de temps mort. Le circuit de mesure devra être le plus proche possible du détecteur car il est quasi impossible de réaliser une adaptation d'impédance avec ce type de fonctionnement.

3.2.2.2. Fonctionnement en mode courant

Dans ce mode de fonctionnement, on mesure directement le courant mis en circulation dans le circuit détecteur. On recueille ainsi une information moyenne sur une série de signaux pendant une certaine période temporelle. Cela permet de minimiser les fluctuations

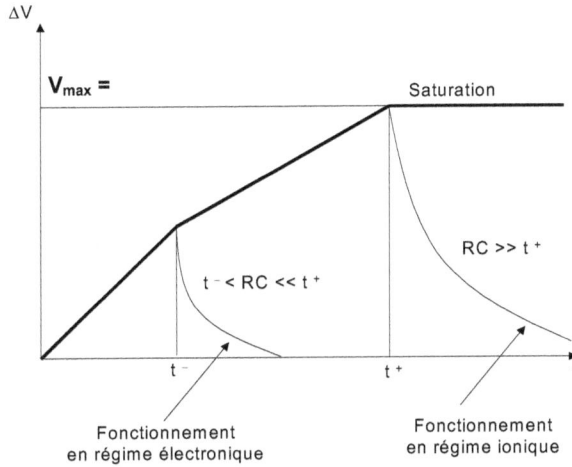

Figure 3.13. Hauteur d'impulsion en fonction du temps dans une chambre d'ionisation.

propres à chaque impulsion. Cependant, dans ce mode, on perd l'information véhiculée par chaque impulsion.

Le courant généré est proportionnel à l'énergie cédée par les particules ayant interagi dans le milieu détecteur et ce, quelques que soient leur type et/ou leur origine. Il reste cependant très faible ; compris entre 10^{-6} et 10^{-16} A.

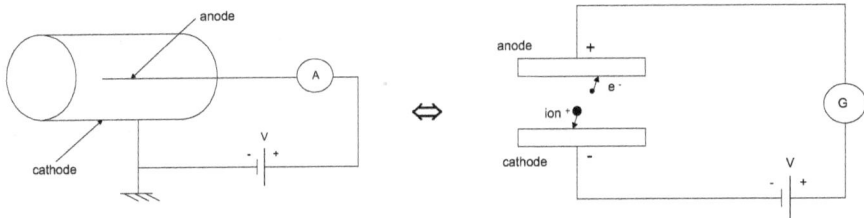

Figure 3.14. Schémas simplifiés d'une chambre d'ionisation fonctionnant en mode courant. La chambre peut être assimilée à un condensateur à plaques parallèles entre lesquelles se trouve le gaz de détection.

3.2.2.3. *Fonctionnement en mode fluctuation*

Dans ce mode de fonctionnement, on mesure les fluctuations du courant mis en circulation dans le circuit de détection. Le but est d'obtenir l'écart de ces fluctuations, propres à chaque impulsion, par rapport à la valeur moyenne du mode courant. La variance du courant liée à cet écart type est proportionnelle à la totalité des énergies cédées par les particules. L'information de variance est calculée sur une série de signaux pendant une certaine période temporelle.

Exercice d'application

Une particule α d'énergie 7,45 MeV émise par le polonium 211 arrive dans une chambre d'ionisation remplie d'air. Sachant qu'en moyenne l'énergie perdue par une particule α pour produire une paire d'ions dans l'air est de 35 eV, calculer :

1) la charge électrique totale de chaque signe collectée sur les plaques de la chambre d'ionisation,

2) la hauteur de l'impulsion (en mV) arrivant au circuit électronique sachant que la capacité de la chambre est de 10 pF ;

3) le courant moyen en ampères sachant que l'activité de la source de ^{211}Po est de 3,7 MBq.
    On ne considérera que la collection des électrons.

Solution

1) La valeur absolue de la charge totale collectée par l'anode (donc due aux électrons) est :

$$Q_e = \frac{7,45 \times 10^6}{35} \times 1,6 \times 10^{-19} \ C = 3,41 \times 10^{-14} \ C$$

2) La hauteur de l'impulsion est :

$$V = \frac{Q}{C} = \frac{3,41 \times 10^{-14}}{10^{-11}} = 3,41 \ mV$$

3) Le courant en ampère est :

$$I = (3,7 \times 10^6) \times 3,41 \times 10^{-14} = 1,26 \times 10^{-7} \ A$$

Les courants ainsi générés sont de très faible intensité et leur mesure nécessite des précautions particulières pour éviter toute perturbation due notamment au courant de fuite inter-électrodes (figure 3.15).

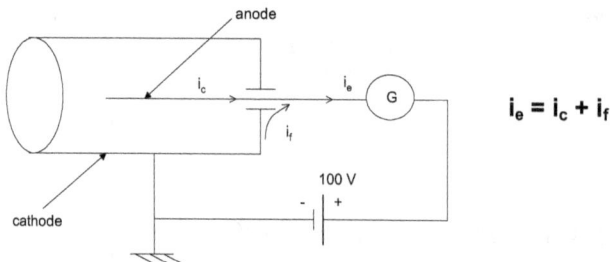

Figure 3.15. Fonctionnement en mode courant et courant de fuite.

    Le courant de fuite i_f entre les électrodes est de l'ordre du picoampère (10^{-12} A) et peut parfois être non négligeable devant le courant i_c collecté suite aux ionisations induites par la particule dans la chambre.

À titre d'exemple, si la résistance inter-électrodes $R = 10^{15}$ Ω pour une tension de polarisation $V = 100$ V alors, le courant de fuite sera $i_f = \frac{V}{R} = 10^{-13}$ A.

On s'affranchit du courant de fuite par la mise en place d'un anneau de garde entre les deux électrodes. L'isolant est segmenté en deux parties. Le premier isolant est placé entre la cathode et l'anneau et le second entre l'anneau et l'anode comme le montre la figure 3.16.

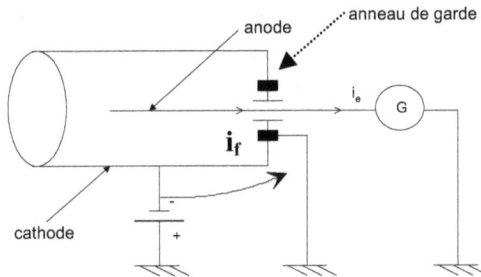

Figure 3.16. L'anneau de garde permet de s'affranchir du courant de fuite.

3.2.3. *Le compteur proportionnel*

Le compteur proportionnel fonctionne dans la **zone 3** (figure 3.10c), appelée aussi zone de proportionnalité vraie. Les électrons issus des ionisations primaires y acquièrent suffisamment de vitesse et donc d'énergie pour qu'à leur tour ils génèrent des ionisations secondaires entrainant un phénomène de multiplication de charges appelé avalanche de Townsend (figure 3.17).

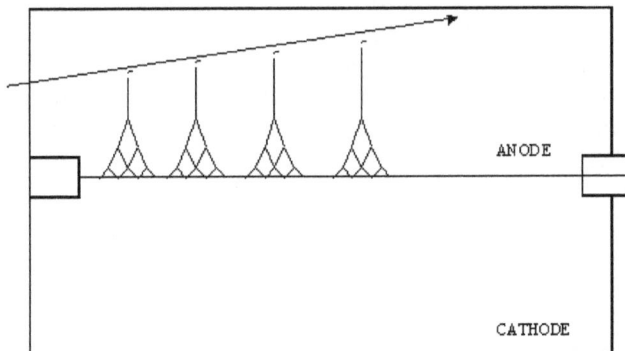

Figure 3.17. Avalanche de Townsend.

Le fonctionnement du détecteur dans ce régime conduit donc à amplifier de façon physique le signal avant qu'il ne soit transmis vers le système de traitement. Ceci permet d'obtenir des signaux électriques d'amplitudes plus élevées capables d'être transportés plus facilement ; éventuellement sur de longues distances : plusieurs dizaines de mètres ; et traités par l'électronique de mesure.

Dans ce régime, la charge recueillie sur les électrodes reste proportionnelle au nombre de paires d'ions créées par la particule incidente.

Un *compteur* est donc dit *proportionnel* lorsque l'impulsion qu'il délivre présente une amplitude proportionnelle à l'énergie perdue par la particule qui le traverse. Si cette particule s'arrête dans le détecteur, son énergie se déduit de son amplitude (spectrométrie en énergie).

Les compteurs proportionnels comportent souvent une anode centrale de diamètre assez faible qui permet de fonctionner en régime proportionnel sans nécessiter une trop forte tension de polarisation (de l'ordre de 1 kV). En effet, le champ électrique dans un détecteur cylindrique à anode centrale s'exprime par la relation :

$$E(r) = \frac{V}{r \ln \frac{b}{a}} \tag{3.9}$$

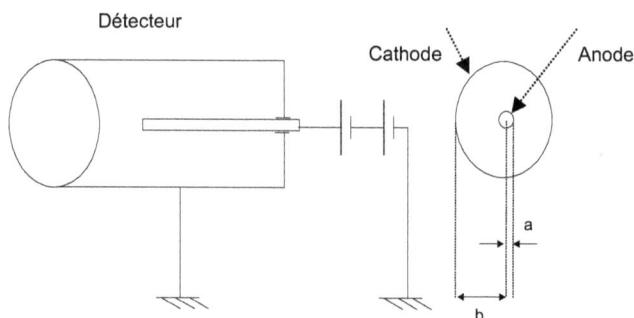

Figure 3.18. Champ électrique au sein d'un compteur proportionnel.

où r est la distance à l'anode, V est la tension appliquée entre la cathode et l'anode centrale, b est le rayon de la cathode et a le rayon de l'anode.

L'obtention d'un champ électrique suffisant, pour engendrer le phénomène de multiplication des charges dans le gaz, nécessite donc un diamètre d'anode très petit (typiquement quelques dizaines de µm). Le processus d'ionisation secondaire est maximal au voisinage de l'anode (figure 3.19).

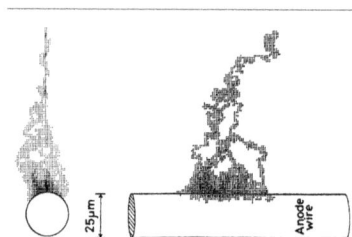

Figure 3.19. L'avalanche de Townsend est maximale au niveau de l'anode centrale [10].

Considérons à présent un compteur proportionnel de géométrie cylindrique i.e. cathode externe et anode centrale toutes deux cylindriques. Supposons qu'une seule paire

« électron-ion » soit formée par la particule incidente. L'ion positif dérive lentement vers la cathode tandis que l'électron, beaucoup plus léger, arrive rapidement dans la région de champ électrique intense entourant l'anode, où, par chocs, il libère de nouveaux électrons qui, accélérés à leur tour, en génèrent de nouveaux et ainsi de suite. Il se produit autour de l'anode une avalanche d'électrons dite de Townsend (figure 3.19) qui conduit ainsi à la génération de n électrons appelés électrons de Townsend.

L'atome de gaz auquel est arraché, par chocs, un électron généralement périphérique se trouve dans un état excité. Il se désexcite par réarrangement électronique accompagné de l'émission d'un photon X. Ce photon, par interaction avec un atome du gaz ou de la paroi, peut extraire un électron par effet photoélectrique. De plus, sans être ionisés, des atomes « heurtés » par des photons et/ou des électrons peuvent se trouver dans un état excité et restituer cet excédent d'énergie également par l'émission de photons X. Soit donc p le nombre d'électrons secondaires produits ($p \ll 1$) par électron de Townsend. Sont générés alors $p.n$ électrons secondaires qui à leur tour déclenchent des avalanches conduisant ainsi à $n^2.p$ électrons collectés au niveau par l'anode, et ainsi de suite (figure 3.20).

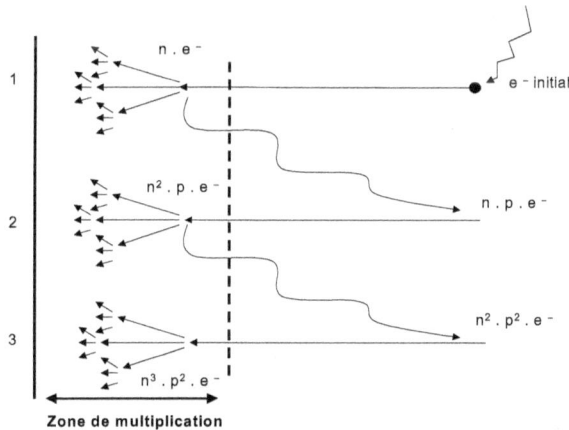

Figure 3.20. Processus de multiplication des ionisations primaires dans un compteur proportionnel.

Le nombre total F d'électrons finalement produits par la paire « électron-ion » initiale est :

$$F = n + n^2 p + n^3 p^2 + \dots + n^{k+1} p^k \tag{3.10}$$

Le coefficient p dépend de la nature du gaz et des matériaux constitutifs du détecteur (parois) et n dépend de la tension V entre les électrodes.

Pour $np < 1$, la série (3.10) est convergente. On obtient alors :

$$F_M = \lim_{k \to +\infty} F = \frac{n}{1 - np} \tag{3.11}$$

Il s'agit du facteur de multiplication du compteur proportionnel. C'est une caractéristique fondamentale du fonctionnement du compteur.

Le facteur d'amplification gazeux appelé aussi gain permet d'obtenir directement des impulsions électriques de grande amplitude (quelques dizaines voire quelques centaines de mV) ; d'où une électronique de traitement et d'acquisition relativement simple à mettre en œuvre.

Remarque : Pour $np \geq 1$, la série est divergente et le coefficient multiplicatif F_M tend vers l'infini. En réalité, bien que très grand, F_M garde une valeur finie ; une décharge intense se propage tout au long du fil central et on se retrouve dans la zone 5 (figure 3.10c) dite zone de fonctionnement en compteur Geiger-Müller.

Comme les chambres d'ionisation, les compteurs proportionnels peuvent avoir plusieurs configurations géométriques, le plus souvent cylindriques ou planes et de grande surface. Ils peuvent être soit étanches, soit comporter un système de circulation de gaz, ce qui permet de maintenir les même caractéristiques de la composition gazeuse et donc de stabiliser le gain au cours du temps. Ils peuvent être dédiés à la mesure de rayonnements de différentes natures tels les rayons α, β, X de basse énergie ou encore les neutrons.

En radioprotection, ils sont couramment utilisés au sein d'appareils de contrôle de la contamination α et β des personnels (systèmes de contrôle mains-pieds) ou encore font partie intégrante de systèmes d'analyse de prélèvement atmosphériques sur filtre (mesure d'activité d'aérosols).

D'une manière générale, la détection des neutrons (thermiques) est souvent assurée par des compteurs proportionnels pouvant offrir une bonne sensibilité aux neutrons. Il s'agit de compteurs à dépôt de bore ou bien de compteurs à gaz (^{3}He, BF_3) dans lesquels le gaz lui-même fait office de convertisseur. Les compteurs à dépôt de bore sont utilisés pour le contrôle commande des réacteurs (chaînes sources des REP par exemple).

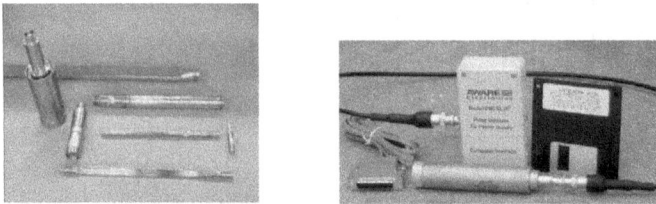

Figure 3.21. Compteurs proportionnels à neutrons de type ^{3}He de différents diamètres (Photos Canberra & Aware électronique).

3.2.4. Le compteur Geiger-Müller

Le compteur Geiger-Müller fonctionne dans la *zone 5* (figure 3.10c) où la charge collectée sur les électrodes n'est plus proportionnelle au nombre de paires d'ions créées par la particule incidente car des phénomènes de charge d'espace viennent diminuer le champ électrique et stopper l'avalanche. L'amplitude des impulsions est quasiment la même (quelques volts en sortie de la chaîne électronique), pour une tension donnée, quelle que soit la nature et l'énergie de la particule détectée ; autrement dit, quelle que soit l'ionisation primaire induite par la particule incidente.

La particule ionisante, pénétrant dans le volume sensible du compteur, y génère un certain nombre de paires « électron-ion ». L'avalanche de Townsend, comparable à celle qui se produit dans les compteurs proportionnels, mais d'intensité beaucoup plus élevée, se déclenche au voisinage immédiat de l'anode. Les photons de désexcitation produits par ces avalanches propagent de proche en proche la décharge le long du fil, par photo-ionisation dans le gaz et effet photoélectrique sur la cathode (figure 3.22a).

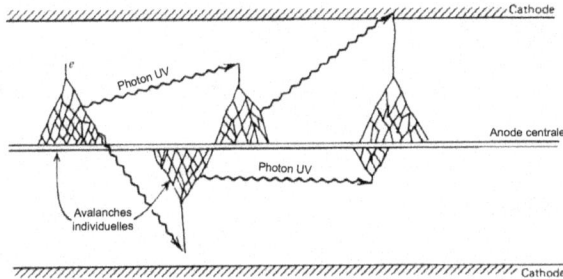

Figure 3.22a. Propagation d'avalanches électroniques primaires et secondaires tout au long de l'anode en un temps très court.

La décharge s'arrête par la formation d'une importante charge d'espace qui fait baisser le champ électrique et le coefficient de multiplication. Pour limiter l'intensité des avalanches, on ajoute une proportion de gaz (5 à 10 %) appelé gaz de « *quenching* » formé de molécules complexes. Ainsi, l'excès d'énergie des charges de l'avalanche est (aussi) dissipé dans la dissociation des molécules. Il y a de ce fait moins de création d'électrons supplémentaires et la décharge s'éteint d'elle-même. Cependant, la consommation du gaz de « *quenching* » est un facteur de vieillissement des détecteurs Geiger-Müller.

Les compteurs Geiger-Müller sont généralement constitués d'un cylindre métallique ou en verre et d'un fil central porté à une haute tension positive. Ils sont souvent remplis d'un gaz rare (argon ou hélium) auquel sont fréquemment ajoutées quelques traces de vapeurs organiques qui permettent de couper l'avalanche de charges et ainsi d'augmenter le taux de comptage. Dans un tel compteur, l'impulsion de tension mesurée est indépendante de l'énergie de la particule ionisante. Le compteur ne permet donc pas d'effectuer de spectrométrie en énergie.

La tension de fonctionnement se situe généralement entre 1 000 et 3 000 V. Le nombre de charges produites par impulsion correspond approximativement à 10^{10} paires électrons-ions.

Le temps de collection des nombreuses charges produites par la multiplication des ions est élevé ce qui génère un temps mort relativement important (50 à 200 μs). Les taux de comptage mesurables se limitent de ce fait à quelques 10^3 coups.s^{-1} ; soit environ 100 fois moins que les compteurs proportionnels ou les chambres d'ionisation.

Le rendement des compteurs est voisin de 100 % pour les alpha et les bêta si la fenêtre d'entrée adoptée laisse totalement passer les particules considérées. Il est de l'ordre de 1 %, pour les photons X ou γ. Les Geiger-Müller sont surtout adaptés à des mesures d'ambiance en radioprotection et souvent utilisés comme appareils d'alerte à seuil réglable.

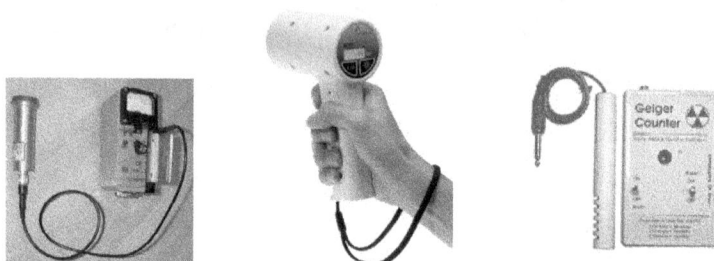

Figure 3.22b. Exemples de compteurs Geiger-Müller (photos Areva Canberra).

3.2.5. Conclusion

Le tableau 3.1 synthétise, pour chaque famille de détecteurs à gaz étudiée précédemment, les caractéristiques principales, les rayonnements les plus couramment détectés ainsi que les principaux domaines d'application.

3.3. Détecteurs à scintillation

Les détecteurs à scintillation ont été parmi les premiers à être utilisés pour détecter les rayonnements ionisants. Ils présentent l'avantage d'être robustes, assez faciles d'utilisation et de posséder une efficacité de détection élevée. Ils ne nécessitent pas de refroidissement.

3.3.1. Principe de fonctionnement

Les matériaux scintillateurs ou radioluminescents émettent de la lumière sous l'impact de rayonnements α, β, γ. Les particules directement ionisantes (électrons, protons, alphas ; ions et noyaux d'atomes...) perdent leur énergie principalement en excitant les atomes et molécules du scintillateur[4]. Une fraction seulement de cette énergie est réémise sous forme de lumière par un processus de fluorescence et phosphorescence consécutif à la désexcitation des atomes du scintillateur. Il s'agit du phénomène de scintillation qui décroit exponentiellement en fonction du temps.

Les détecteurs à scintillation sont constitués d'un bloc scintillateur qui convertit l'énergie déposée en rayonnements lumineux de faible intensité, couplé à un photomultiplicateur qui transforme les photons de scintillation en électrons puis en signal électrique mesurable par amplification du signal initial (figures 3.23a et 3.23b).

Le nombre de photons de scintillation est proportionnel à l'énergie cédée au milieu. Ces détecteurs se prêtent donc bien à la spectrométrie γ. Leur résolution en énergie est beaucoup moins bonne que celle des détecteurs à semi-conducteur mais ils sont facilement utilisables et peuvent être portables.

---

[4] Des réactions d'ionisations peuvent avoir lieu. Mais c'est le phénomène d'excitation qui reste prépondérant dans la détection par scintillation.

Tableau 3.1. Mode d'utilisation des principaux types de détecteurs à gaz en fonction des particules détectées.

Type	Principales Caractéristiques	Rayonnements les plus fréquemment détectés	Domaine d'application	Exemples
Chambre d'ionisation	Simplicité Signal faible Volume variable Fonctionnement possible suivant la technologie en modes impulsion, courant ou fluctuation	γ, β neutrons (avec convertisseur ^{235}U ou ^{10}B)	Radioprotection Dosimétrie Pilotage réacteurs	Balise de surveillance Babyline (débitmètre portable) Chambre X ou γ (radiothérapie) Chambre à fission ou dépôt de bore (pilotage réacteurs)
Compteur proportionnel	Bonne sensibilité Signal élevé Souvent en mode impulsion	X, γ, α Neutrons (avec ^{10}B ou ^{3}He)	Radioprotection Spectrométrie X Pilotage réacteurs	Contrôleurs mains-pieds Mesure d'activité d'aérosols Compteur à dépôt de bore ou BF3 ou ^{3}He Débitmètre neutrons portables BF3
Compteur Geiger-Müller	Tau de comptage limité Pas de spectrométrie Détecteur simple Sensibilité élevée	α, β, γ	Radioprotection Prospection d'uranium	Appareils portables d'alerte à seuil réglables Appareils portables de contrôle de contamination (sonde β, sonde α)

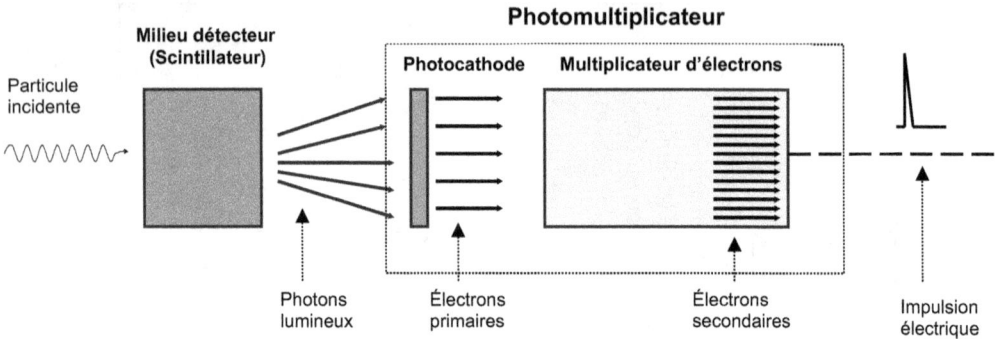

Figure 3.23a. Principe général du détecteur à scintillation.

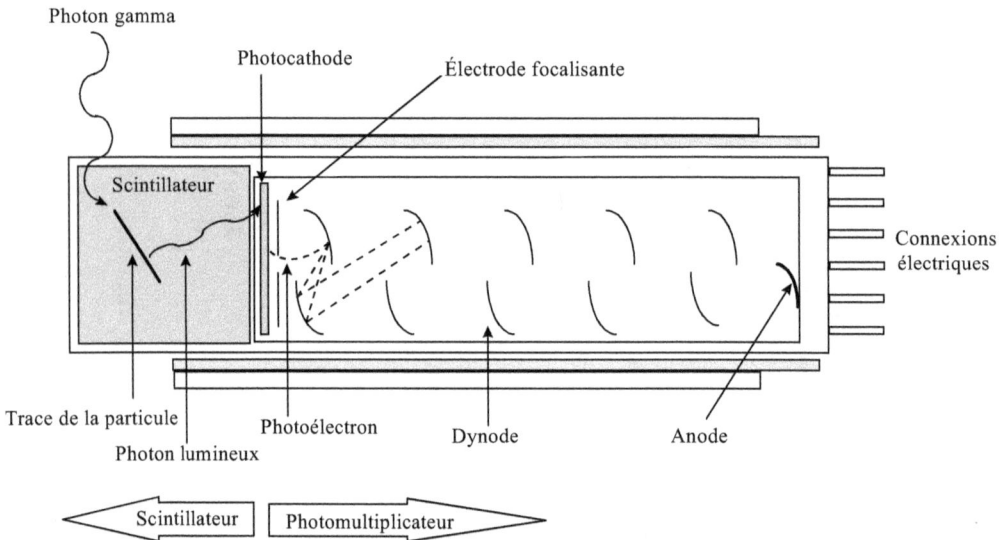

Figure 3.23b. Schéma d'un détecteur à scintillation (scintillateur ⊕ photomultiplicateur).

3.3.2. *Les scintillateurs*

Les scintillateurs utilisés pour la détection des rayonnements sont des matériaux radiolu-minescents qui présentent les caractéristiques suivantes :

a) Le scintillateur doit avoir un bon rendement de transformation de l'énergie déposée par la particule en énergie lumineuse utile dont le spectre doit s'accorder avec la courbe de réponse du photomultiplicateur.

b) Un scintillateur de faible épaisseur suffit pour détecter des particules peu pénétrantes telles les particules chargées lourdes (protons, alpha, ions). Toutefois, la détection de particules β énergétiques et surtout γ exige une épaisseur du scintillateur significative à savoir quelques millimètres à quelques centimètres de façon à pouvoir absorber une grande partie de l'énergie incidente. Le scintillateur doit alors être transparent à

Figure 3.23c. Photographie d'un exemple de détecteur à scintillation.

sa propre longueur d'onde de fluorescence de façon à ne pas atténuer le signal de scintillation sortant.

Enfin, la détection de photons gamma qui vont interagir par effet photoélectrique, Compton ou matérialisation exige l'utilisation d'un scintillateur à numéro atomique élevé.

c) Pour une bonne résolution temporelle, la durée d'émission de la lumière de scintillation doit être aussi faible que possible.

d) Le nombre de photons émis par scintillation doit être proportionnel à l'énergie déposée par la particule incidente dans le scintillateur.

e) Pour un bon couplage optique avec le photomultiplicateur, l'indice de réfraction du scintillateur doit être proche de celui du verre ($\sim 1,5$).

On distingue deux grandes familles de scintillateurs : les minéraux et les organiques.

3.3.2.1. *Scintillateurs minéraux*

Le mécanisme de scintillation est lié à la structure cristalline du milieu. Dans un réseau cristallin, les niveaux d'énergie sont perturbés par l'action réciproque des atomes et se distribuent en bandes « permises » séparées par des bandes « interdites ». La dernière bande permise est appelée bande de valence. Les scintillateurs sont normalement isolants : la largeur de la bande interdite est de l'ordre de quelques eV.

L'énergie apportée par une particule incidente aux électrons de la bande de valence leur permet d'atteindre la bande de conduction qui est normalement vide. Les irrégularités ou la présence d'impuretés dans un cristal autorisent des niveaux intermédiaires à l'intérieur de la bande interdite. Si ces niveaux sont inoccupés, les électrons peuvent alors passer de la bande de conduction à ces niveaux intermédiaires encore appelés pièges. Ils retournent spontanément à leur niveau fondamental par une transition radiative (figure 3.24).

Les scintillateurs inorganiques (minéraux) les plus rencontrés sont l'iodure de sodium (NaI) et l'iodure de césium (CsI)) pour les mesures de spectrométrie X et gamma, le sulfire de zinc (ZnS) pour la détection des particules chargées lourdes. Ils sont cependant limités

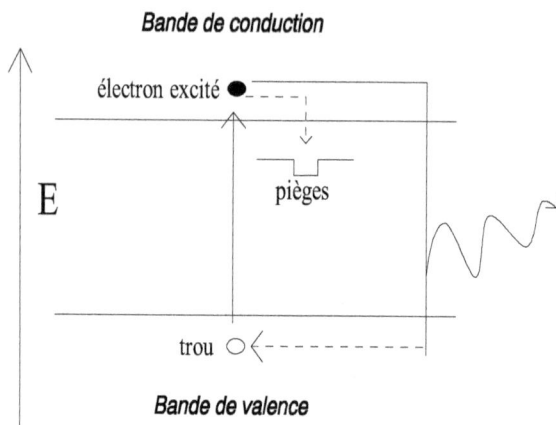

Figure 3.24. Bande d'énergie et mécanisme de scintillation dans un cristal scintillateur.

par leur faible pouvoir de résolution en énergie et un temps de réponse relativement long ($\approx$250 ns). Cela ne permet pas de mesurer des flux de rayonnement élevés.

3.3.2.2. *Scintillateurs organiques*

Les scintillateurs organiques (plastiques) présentent peu d'intérêt pour des mesures en spectrométrie X ou γ à cause de leur composition essentiellement en carbone et hydrogène qui leur confère un numéro atomique Z trop faible. Ils sont néanmoins largement utilisés car d'une part ils sont disponibles sous des volumes et des surfaces importants et d'autre part ils disposent d'un temps de réponse relativement court (~10 ns).

En effet le mécanisme de scintillation dans les scintillateurs organiques est dû majoritairement au phénomène de fluorescence qui consiste en un retour à l'état fondamental par une transition directe entre niveaux singlets de la molécule. La constante de temps d'une telle transition varie entre 10^{-6} et 10^{-9} s.

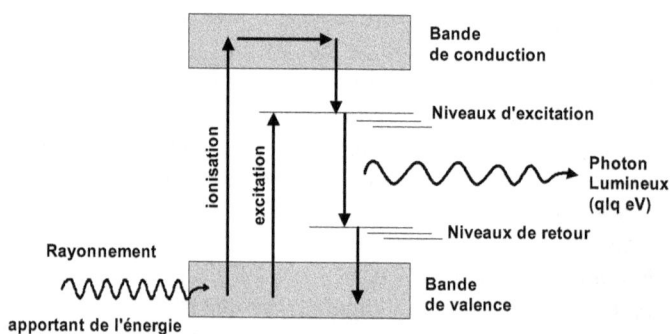

Figure 3.25. Bande d'énergie et mécanisme de scintillation dans un scintillateur organique.

On peut trouver des scintillateurs organiques dans toutes les phases : cristal, plastique et liquide.

Dans une molécule organique, les électrons assurent la cohésion des atomes et ne peuvent être considérés séparément. Le milieu est un oscillateur muni d'états vibrationnels quantifiés et susceptibles d'atteindre des niveaux d'excitation déterminés.

Les scintillateurs organiques solides constitués soit de monocristaux d'anthracène, de stilbène ou de naphtalène généralement utilisés pour la détection des neutrons rapides, soit de composés organiques fluorescents incorporés dans une matière plastique telle que le polystyrène ou le polyvinyltoluène permettent la détection des rayonnements β et γ.

Les scintillateurs liquides sont généralement constitués d'une solution diluée d'un ou de plusieurs composés fluorescents organiques dans un solvant approprié (xylène, dioxone, naphtalène). L'échantillon étant dissous dans le liquide scintillant, ils permettent la détection du rayonnement bêta de faible énergie (tritium, carbone 14).

3.3.3. *Propriétés des scintillateurs*

3.3.3.1. *Rendement de scintillation*

Si E_a représente la quantité d'énergie absorbée par le milieu détecteur et P le nombre de photons d'énergie moyenne $\langle h\nu \rangle$, l'efficacité intrinsèque du scintillateur est donnée par :

$$\eta = \frac{P\langle h\nu \rangle}{E_a} \qquad (3.12)$$

Où $\langle h\nu \rangle$ est l'énergie moyenne de la distribution spectrale des photons émis par le scintillateur. Ce spectre comportant plusieurs raies relatives aux niveaux d'énergie du milieu détecteur doit être adapté au domaine de sensibilité de la photocathode.

Il est généralement caractérisé par la longueur d'onde maximale λ_M de l'émission et par l'étendue à mi-hauteur $\Delta\lambda$ de la bande d'émission.

L'ajout d'activateur permet d'ajuster les spectres d'émission et d'absorption du scintillateur et de la photocathode respectivement en accroissant le nombre de niveaux d'énergie intermédiaires entre les bandes de valence et de conduction. Les photons lumineux émis se décalent ainsi (en moyenne) vers des longueurs d'ondes plus grandes et donc des énergies moins élevées s'accordant ainsi avec le spectre d'absorption de la photocathode (figure 3.26).

3.3.3.2. *Temps de réponse, efficacité et linéarité*

Le temps de réponse du détecteur à scintillation est en général beaucoup plus grand que le temps de ralentissement (arrêt) d'une particule ionisante dans le scintillateur. L'impulsion croît donc très rapidement en un temps fini puis décroît suivant une loi exponentielle de constante de temps τ liée à la probabilité de désexcitation.

Au phénomène de fluorescence, vient s'ajouter un effet de phosphorescence qui augmente le temps de réponse du scintillateur, la phosphorescence présentant une constante de temps plus longue que la fluorescence.

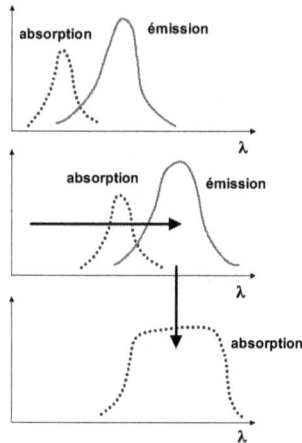

Figure 3.26. Ajustement des longueurs d'ondes d'émission et d'absorption suite à l'action de l'activateur.

3.3.3.2.1. Scintillateurs minéraux

Les scintillateurs minéraux présentent les propriétés suivantes :

- il est possible de réaliser des cristaux de grand volume (donc meilleure efficacité),

- leur temps de réponse est relativement long (de 200 ns à 1 μs),

- leur réponse en énergie est linéaire,

- ils sont parfois hygroscopiques (inconvénient).

3.3.3.2.2. Scintillateurs organiques

Les scintillateurs organiques présentent les propriétés suivantes :

- ils sont très rapides (temps de réponse de l'ordre de 1 ns à 10 ns), ces scintillateurs sont utilisés pour les forts taux de comptage et pour la mesure temporelle,

- ils sont peu coûteux et peuvent être construits sous diverses formes,

- le rendement global des solutions liquides (benzène, etc.) ou des matières plastiques (polystyrène, polyvinyltoluène) est relativement faible,

- la réponse en fonction de l'énergie est pratiquement linéaire notamment pour les électrons pour lesquels ils sont notamment employés pour faire de la spectrométrie.

3.3.4. *Le photomultiplicateur ou PM*

Le photomultiplicateur (PM) a pour rôle de convertir le signal lumineux émis par le scintillateur en un signal électrique suffisamment élevé pour être exploité par une électronique associée appropriée.

Tableau 3.2. Propriétés comparées des scintillateurs organiques et inorganiques.

		Densité (g.cm^{-3})	Lumière (% / NaI (Tl))	τ (ns)	λ (nm)
Organiques	**Anthracène**	1,25	40	30	440
	Polystyrène	1,0	14	5	425
Liquides	**Toluène - PPO**	0,88	20	3,8	365
Minéraux	**Na I (Tl)**	3,67	100	300	410
	Cs I (Tl)	4,51	140	1100	550

Pour cela, il est constitué d'une cellule photoélectrique (photocathode) émettant des électrons arrachés par effet photoélectrique et d'un multiplicateur d'électrons formé d'un certain nombre d'électrodes à émission secondaire appelées dynodes. Les dynodes sont des électrodes portant un revêtement susceptible d'émettre des électrons. Portées à des potentiels croissants, chaque dynode libère 2 à 3 électrons par électron reçu, l'ensemble multipliant ainsi le nombre d'électrons émis par la photocathode (figure 3.27).

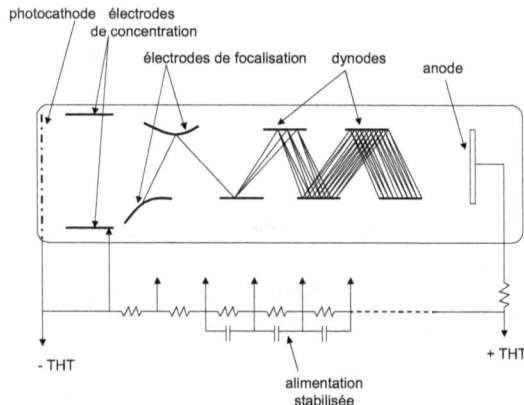

Figure 3.27. Vue éclatée d'un photomultiplicateur.

Il s'agit donc d'une cellule photoélectrique et d'un amplificateur groupés à l'intérieur d'un même tube.

Chaque dynode multiplie le nombre d'électrons incidents par un coefficient K. Les électrons, d'une dynode à l'autre, sont transférés avec une efficacité ξ. Ainsi, le gain d'amplification d'un tube PM de n étages est :

$$G = (\xi.K)^n \tag{3.13}$$

K est fonction du champ électrique, donc de la tension entre les dynodes et par conséquent de la tension totale de polarisation du PM.

K est sensiblement proportionnel à la tension V entre deux étages successifs. Par conséquent, en supposant les variables indépendantes, l'incertitude relative sur le gain est donnée en fonction de celle sur la tension V pour un tube PM à m dynodes par :

$$\frac{\sigma G}{G} = m\frac{\sigma V}{V} \tag{3.14}$$

Exercice d'application

a) Retrouver l'expression (3.14).

b) Pour m = 10 à combien il faudrait stabiliser la tension pour obtenir un gain stable à 1 % ?

Réponse

a) Appliquer la loi de propagation des variances pour des variables indépendantes (cf. § 4.2.2.5).

b) Il faut stabiliser la tension à 0,1 % pour maintenir le gain du PM stable à 1 %.

Cet exercice montre qu'il est primordial de maintenir une tension très stable aux bornes du PM pour minimiser la dérive du gain.

3.3.5. Applications des détecteurs à scintillation

Les scintillateurs sont utilisés aussi bien en laboratoire pour la mesure relativement fine d'énergie (spectrométrie X et γ) que sur le terrain dans les appareils de contrôle et de caractérisation.

Tableau 3.3. Propriétés et domaines d'utilisation des principaux types de détecteurs à scintillation.

Type	Principales Caractéris-tiques	Rayonnements les plus fréquemment détectés	Domaine d'application	Exemples
Scintillateurs minéraux (monocristaux) NaI, CsI	Efficacité de détection élevée pour les γ	X, γ, β	Radioprotection Comptage Spectrométrie γ de terrain Médecine nucléaire	Systèmes de contrôle et de détection (gros détecteurs) Scintiblocs NaI de laboratoire γ caméra pour scintigraphies monophotonique ou par émetteur β+
Scintillateurs organiques (plastiques, liquides)	Temps de réponse court Faible efficacité	Particules chargées (β essentiellement) Détection de neutrons rapides	Spectrométrie β Radioprotection	Scintillation liquide (pour β mous) Sonde de radioprotection pour β (énergie moyenne)

Théoriquement et moyennant certaines adaptations, la majorité des rayonnements nucléaires directement et indirectement ionisants (α, β, γ, X, neutrons, noyaux d'atomes) est potentiellement détectable par des détecteurs à scintillation.

Le tableau 3.4 donne pour chaque type de rayonnements le scintillateur le plus approprié pour sa bonne détection.

Tableau 3.4. Quel scintillateur pour quel rayonnement.

Type de rayonnement	Énergie	Type de scintillateur
X, γ	keV - MeV	NaI(Tl), Cs(Tl)
γ haute énergie	1-10 MeV	BGO
β	1-10 MeV	Scintillateurs plastiques
β mous	10 keV–1 MeV	Scintillateurs liquides
α	1-10 MeV	ZnS, scintillateurs gaz
Neutrons thermiques	0,025 eV	^{10}B + ZnS ou scintillateurs plastiques dopés
Neutrons rapides	100 keV–20 MeV	Zn S + polymère (ou plastique)
Produits de fission	80 MeV	Scintillateurs gaz

3.3.6. *Exercices*

1. Soit un détecteur à scintillation équipé d'un cristal NaI (Tℓ) ayant un rendement énergétique de conversion R égal à 12 %.

$$R = \frac{\text{énergie totale des photons émis}}{\text{énergie incidente absorbée}}$$

L'énergie moyenne des photons lumineux émis par le cristal est de 3 eV et l'efficacité quantique E de la photocathode est de 10 %.

$$E = \frac{\text{nombre d'électrons émis}}{\text{nombre de photons reçus}}$$

a) Calculer l'énergie nécessaire qui doit être absorbée dans le scintillateur pour créer un photoélectron primaire ?

b) Que peut-on dire de cette énergie en comparaison d'un détecteur à gaz ?

Solution

a) L'énergie totale émise par le scintillateur sera, pour une énergie incidente E :

$$E_{\text{totale des photons émis}} = 0,12 \times E$$

Le nombre de photons émis par la scintillation sera :

$$N_{\text{photons émis}} = \frac{0,12 \times E}{3}$$

Le nombre de photoélectrons émis par la photocathode sera :

$$N_{e^-} = \frac{0,12 \times E}{3 \times 10}$$

Soit pour 1 e⁻ émis, une énergie nécessaire déposée égale à :

$$E = \frac{3 \times 10}{0,12} = \underline{250 \text{ eV}}$$

b) Cette énergie est relativement grande par rapport au potentiel d'ionisation des gaz ($\approx$ 30 eV), aussi on peut s'attendre à ce que la résolution d'un tel scintillateur soit moins bonne que celle obtenue dans un détecteur à gaz.

2. *On place une source radioactive ponctuelle S, émettrice de photons gamma d'énergie égale à 600 keV et présentant une activité de 4 MBq, à une distance de 20 cm d'un scintillateur à iodure de sodium (NaI) cylindrique, de 4 cm de diamètre.*

   a) On considère un photon γ de 600 keV qui, traversant le détecteur, subit une diffusion Compton sous un angle de 60° dans le scintillateur avant de s'échapper du cristal de NaI. Déterminer l'énergie enregistrée par le détecteur (autrement dit, l'énergie déposée dans le scintillateur).

   b) Calculer la valeur de l'énergie enregistrée par le détecteur si ce photon γ, après avoir subi l'effet Compton avec un angle de 60°, est absorbé par effet photoélectrique.

   c) Sachant que le coefficient massique d'atténuation de l'iodure de sodium (dont la masse volumique est de 3,67 g.cm⁻³) est égal à 0,09 cm².g⁻¹ pour ces photons de 600 keV, déterminer le pourcentage des photons incidents qui interagissent avec un cristal d'iodure de sodium de 3 cm d'épaisseur.

   d) Quelle serait la résolution en énergie, pour ces mêmes photons γ de 600 keV, d'un détecteur Ge(Li) qui nécessite une énergie de 3 eV pour créer une paire électron-trou ?

Remarque : Dans le cas d'une forme gaussienne de la production statistique des photo-électrons, des paires d'ions ou des paires électron-trou, la largeur à mi-hauteur (FWHM) du pic d'absorption totale est donnée par la formule :

FWHM (en keV) = 2,35 × Incertitude Relative × E_γ(keV)

Solution

a) L'énergie enregistrée par le détecteur correspond à l'énergie (cinétique) T_e déposée par l'électron Compton diffusé et qui est donnée par (cf. § 2.3.1.2) :

$$T_e = \frac{E_\gamma(1 - \cos\theta)}{\frac{m_0 c^2}{E_\gamma} + (1 - \cos\theta)}$$

où E_γ, m_0, et θ sont respectivement l'énergie du photon incident, la masse au repos de l'électron et l'angle d'émission du photon diffusé.

Donc pour $E_{\gamma=600\ keV}$ et $\theta = 60°$ on obtient $T_e \approx 222$ keV.

b) 600 keV aux fluctuations près et à l'énergie de liaison du photoélectron près.

c) La proportion des photons incidents qui a interagi dans le scintillateur est :

$$p = \left(1 - e^{-\left(\frac{\mu}{\rho}\right)\rho.x}\right) \approx 63\ \%.$$

d) La résolution en énergie est définie comme étant (cf. § 3.1.1.1) :

$$R = \frac{\text{largeur du pic à mi-hauteur}}{\text{énergie du pic}} = \frac{\text{FWHM(keV)}}{600\ \text{keV}}$$

avec :

FWHM (en keV) = *2,35* × Incertitude Relative × E_γ (keV) *et*

$$\text{Incertitude Relative} = \frac{\text{Écart-Type}}{\text{Moyenne}} = \frac{\sqrt{\text{nombre de paires e-trous}}}{\text{nombre de paires e-trous}}$$

$$= \frac{1}{\sqrt{\text{nombre de paires e-trous}}} = \frac{1}{\sqrt{N_{e-t}}}$$

avec $\quad N_{e-t} = \dfrac{600 \times 10^3}{3} = 2{\times}10^5$ paires e-trous.

On obtient ainsi : $R = \dfrac{\text{FWHM(keV)}}{600\ \text{keV}} = \dfrac{2{,}35}{\sqrt{N_{e-t}}} \approx 0{,}5\ \%.$

3.4. Détecteurs à semi-conducteurs

3.4.1. Généralités

Dans de nombreuses applications, il est avantageux d'utiliser des détecteurs solides car leurs dimensions sont beaucoup plus faibles que celles des détecteurs gazeux d'efficacité équivalente, du fait de leur densité environ 1 000 fois supérieure. Comme nous l'avons vu, les détecteurs à scintillation présentent des caractéristiques intéressantes pour la détection des rayonnements nucléaires, mais leur résolution en énergie est intrinsèquement limitée par le faible nombre de photoélectrons recueillis dans le photomultiplicateur conduisant à des fluctuations statistiques importantes.

Dans les détecteurs semi-conducteurs les plus couramment utilisés (notamment en silicium et en germanium), le nombre de porteurs créés à chaque interaction est très élevé, ce qui donne la possibilité d'atteindre de bien meilleures résolutions en énergie.

Grâce à leur très faible temps de réponse (< 100 ps), certains autres détecteurs à semi-conducteurs (comme l'arséniure de gallium ou le diamant) permettent d'accéder à la mesure de l'évolution de phénomènes très rapides (caractérisation de flashes de rayonnements, d'impulsions laser).

Pour l'ensemble des détecteurs semi-conducteurs industriels, leur utilisation reste limitée à des détecteurs de petite taille et pour quelques-uns d'entre eux certains inconvénients

restent attachés à leur mise en œuvre qui nécessite la présence d'un système de refroidissement cryogénique (cas du germanium).

Néanmoins, une plus grande disponibilité commerciale de certains matériaux semi-
conducteurs rend attrayante l'utilisation de quelques détecteurs fonctionnant à température ambiante et aptes à des mesures en spectrométrie X et gamma tels que les dispositifs
en tellurure de cadmium ou en iodure de mercure.

3.4.2. *Principe de fonctionnement*

Le fonctionnement des détecteurs à semi-conducteurs peut être assimilé par analogie à
celui de petites chambres d'ionisation solides. Les charges créées par un rayonnement ionisant sont séparées et se déplacent sous l'effet du champ électrique appliqué aux bornes
du détecteur, induisant ainsi un signal électrique amplifié et traité par une chaîne électronique adaptée à l'application visée. Le signal induit provient uniquement des charges
primaires créées par le rayonnement incident.

Dans un réseau cristallin, les atomes ne peuvent être considérés isolément les uns des
autres. Les électrons sont mis en commun pour réaliser les liaisons covalentes du cristal.

Soumis à l'influence du potentiel des atomes voisins, leurs niveaux d'énergie se groupent
en bandes d'énergie continues séparées par des bandes dites « interdites ». Les derniers niveaux d'énergie autorisés pour les électrons des atomes sont contenus dans la bande de
valence. La bande immédiatement supérieure est la bande de conduction.

Dans un semi-conducteur, la largeur (appelée aussi *gap*) de la bande interdite, comprise entre la bande de valence et la bande de conduction est de l'ordre de quelques eV
(0,67 eV pour le germanium et 1,15 eV pour le silicium). Ce gap en énergie est intermédiaire entre celui des conducteurs (0 eV) et celui des isolants ($\approx$ 6 eV).

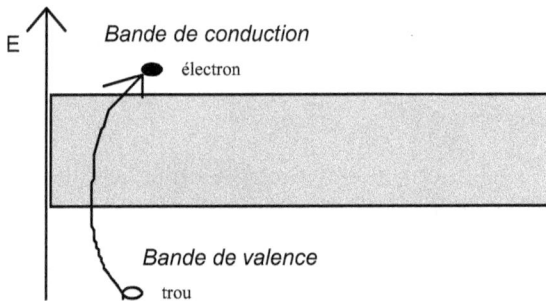

Figure 3.28. Bandes de conduction et de valence dans un matériau semi-conducteur.

Lorsqu'une particule ionisante interagit dans le semi-conducteur, en cédant de l'énergie au milieu, des paires « électrons-trous » sont produites le long de son parcours. Des
électrons sont ainsi arrachés aux atomes du milieu et passent de la bande de valence à la
bande de conduction. Ils deviennent ainsi libres de se déplacer au sein du cristal semi-
conducteur. Les électrons laissent leur place vacante en quittant leur site ou leur empla-
cement dans le cristal. Ces vacances ou absences d'électrons se comportent du point de
vue de la physique du solide comme des trappes ou pièges prêts à « happer » les électrons
qui passeraient à leur proximité. Tout se passe donc comme si ces vacances d'électrons

étaient chargées positivement. On les appelle *trous*. Dans un détecteur *semi-conducteur*, les porteurs de charges sont donc les *électrons et les trous*. Sous l'effet d'un champ électrique, les électrons et les trous se déplacent dans des directions opposées. Les électrons et les trous ont des mobilités du même ordre de grandeur et contribuent donc tous deux à la formation de l'impulsion finale ; contrairement aux détecteurs à gaz où dans la majorité des situations seule la collection des électrons est considérée et ce, à cause de la mobilité des ions qui est environ 1 000 fois inférieure à celle des électrons.

Il existe plus d'une vingtaine de semi-conducteurs susceptibles d'être utilisés pour la détection des particules ionisantes. Les plus couramment utilisés sont incontestablement le silicium (Si) et le germanium (Ge). Le tellurure de cadmium de (CdTe et CdxZn1-xTe alias CZT) et l'arséniure de gallium (GaAs) connaissent un intérêt de plus en plus croissant. On trouve aussi des détecteurs à base d'iodure de mercure (HgI_2). Les potentialités de ces matériaux pour la détection des photons γ dépendent de leur numéro atomique, de la largeur de la bande interdite (gap), de leur résistivité, de l'énergie de création de paires électron-trou ainsi que de la mobilité et du temps de vie des porteurs.

Les propriétés intrinsèques des semi-conducteurs silicium (Si) et germanium (Ge) les plus utilisés sont résumées dans le tableau 3.5.

Tableau 3.5. Propriétés intrinsèques du silicium et du germanium.

Caractéristiques	Si	Ge
Numéro atomique Z	14	32
Nombre de masse A	28,09	72,60
Masse volumique (g.cm^{-3}) à 300 K	2,33	5,32
Constante diélectrique	12	16
Gap en énergie (eV) à 300 K	1,115	0,665
Gap en énergie (eV) à 0 K	1,165	0,746
Densité intrinsèque de porteurs (cm^{-3}) à 300 K	$1,5\ 10^{10}$	$2,4\ 10^{13}$
Résistivité intrinsèque (Ω.cm) à 300 K	$2,3\ 10^5$	47
Mobilité des électrons (cm.s^{-1}/V.cm^{-1}) à 300 K	1350	3900
Mobilité des trous (cm.s^{-1}/V.cm^{-1}) à 300 K	480	1900
Mobilité des électrons (cm.s^{-1}/V.cm^{-1}) à 77 K	$2,1\ 10^4$	$3,6\ 10^4$
Mobilité des trous (cm.s^{-1}/V.cm^{-1}) à 77 K	$1,1\ 10^4$	$4,2\ 10^4$
Énergie de création d'une paire électron-trou (eV) à 300 K	3,62	2,80
Énergie de création d'une paire électron-trou (eV) à 77 K	3,76	2,96

Les porteurs de charges dans un semi-conducteur sont les électrons dans la bande de conduction et les trous dans la bande de valence. Dans un semi-conducteur intrinsèque la concentration d'électrons est égale à la concentration de trous. La présence d'impuretés de substitution, trivalentes ou pentavalentes dans le cristal favorise la création de porteurs ; l'ionisation des impuretés étant plus probable. L'énergie d'ionisation des impuretés est du même ordre que l'énergie d'agitation thermique qui, à température ambiante, est égale à $kT = 0,025$ eV où k désigne la constante de Boltzmann. Les impuretés trivalentes acceptent un électron (et donc créent un trou) alors que les impuretés pentavalentes donnent leur électron. À ces deux types d'impuretés sont associés des niveaux donneurs et accepteurs entre bande de valence et bande de conduction. L'adjonction volontaire d'impuretés dans le cristal (dopage) favorise les porteurs d'un certain type : électrons (dopage N), trous

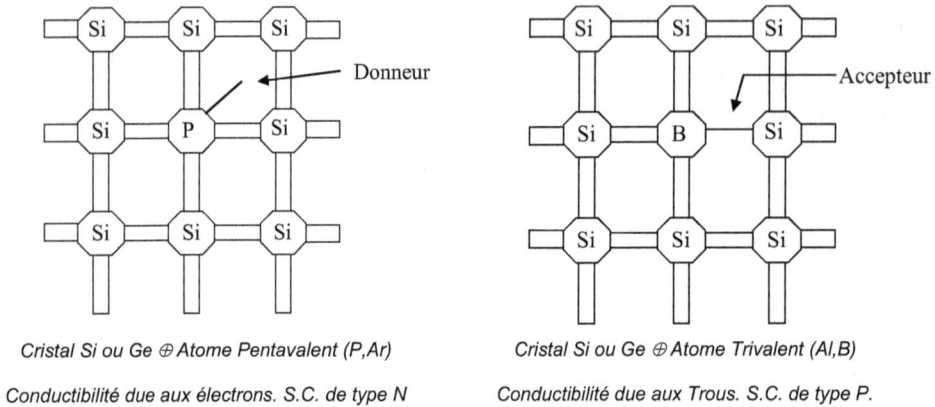

Cristal Si ou Ge ⊕ Atome Pentavalent (P,Ar)   Cristal Si ou Ge ⊕ Atome Trivalent (Al,B)

Conductibilité due aux électrons. S.C. de type N   *Conductibilité due aux Trous. S.C. de type P.*

Figure 3.29. Effet du dopage d'un semi-conducteur sur la conductibilité (type P et type N).

(dopage P). On parle alors de semi-conducteur de type N ou de semi-conducteur de type P respectivement.

Les semi-conducteurs utilisés comme détecteurs contiennent le moins d'impuretés possible : le silicium qualité détecteur ou le germanium hyper pur atteignent la limite de purification, soit 10^{10} impuretés par cm^{-3}, ou encore 10^{-6} ppm.

Le matériau semi-conducteur devient conducteur quand suffisamment d'électrons acquièrent assez d'énergie pour passer de la bande de valence à la bande de conduction, soit par agitation thermique, soit par excitation externe.

Sous l'action des rayonnements ionisants, cédant de l'énergie au milieu, il y a production de paires électron-trous et le cristal devient conducteur. En polarisant le matériau semi-conducteur, les paires électron-trous ainsi créées sont respectivement attirées par les pôles positif et négatif générant une impulsion électrique que l'on peut mesurer.

L'énergie nécessaire pour produire une paire électron-trou est de l'ordre de 3 eV dans le silicium et le germanium, soit dix fois plus faible que dans un détecteur à remplissage gazeux (34 eV dans l'air) et environ cent fois plus faible que dans un scintillateur inorganique (250 eV en moyenne pour un [NaI(Tl) ⊕ PM]). Par conséquent, le nombre de charges collectées sera *a minima* un à deux ordres de grandeur plus élevé que dans une chambre d'ionisation ou dans un détecteur à scintillation. Cela améliore considérablement la qualité de détection dont notamment la résolution en énergie et le seuil de détection. La figure 3.30 montre les spectres gamma comparés d'un échantillon de plutonium obtenus avec un scintillateur et un détecteur semi-conducteur en germanium.

Pour réaliser des détecteurs, on utilise des matériaux semi-conducteurs de haute pureté. En pratique, les impuretés présentes à l'état de traces créent un bruit de fond important à température ambiante dû à l'agitation thermique (transfert d'électrons de la bande de valence à la bande de conduction par agitation thermique). Pour éviter cet inconvénient, on utilise communément des techniques de dopage avec des impuretés déterminées qui permettent de modifier le type de conductivité en formant un dispositif accolant un

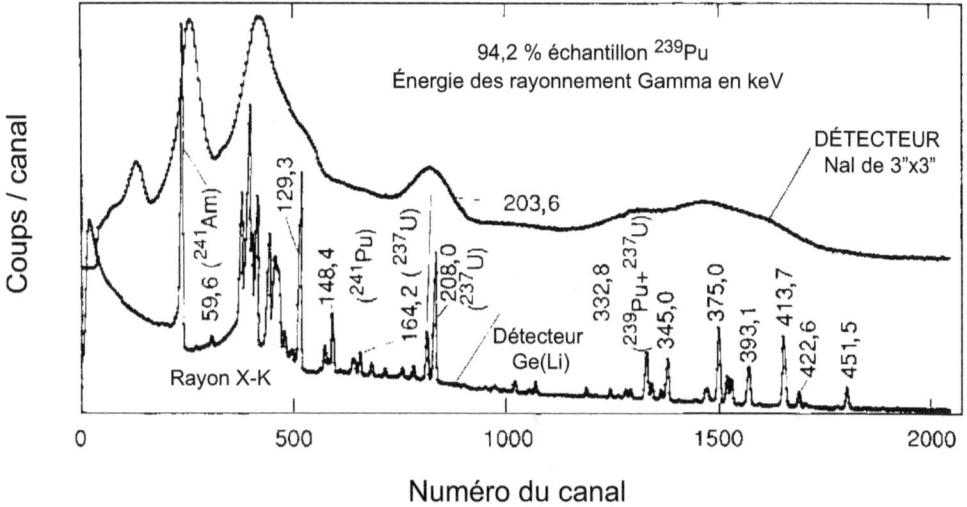

Figure 3.30. Spectres gamma d'un échantillon de plutonium obtenus avec un scintillateur NaI et un semi-conducteur germanium[18].

semi-conducteur de type N (donneur d'électrons) à un semi-conducteur de type P (accepteurs d'électrons).

En l'absence de champ électrique appliqué, les électrons de la zone N diffusent de la zone N vers la zone P, et les trous diffusent en direction opposée, jusqu'à ce qu'un équilibre s'établisse. On crée ainsi au niveau de la jonction une région désertée par les porteurs de charges dans laquelle il apparaît un champ électrique interne ε.

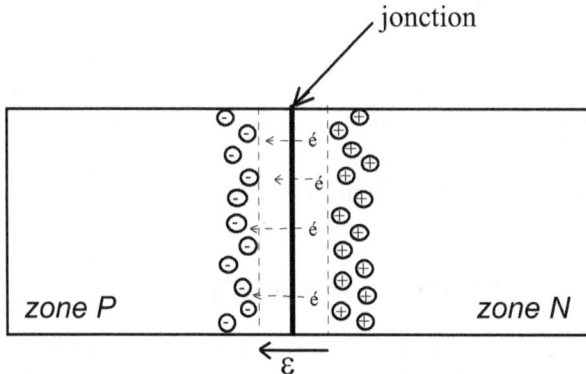

Figure 3.31. Zone déserte (*depletion region*) au niveau d'une jonction PN.

Cette région désertée se comporte comme une chambre d'ionisation (faible quantité de charge en l'absence d'excitation). En effet si on polarise cette jonction en inverse pour

[18] Figure issue de : Passive Non Destructive Assay of Nuclear Materials, Los Alamos National Laboratory, NUREG/CR-5550, March 1991.

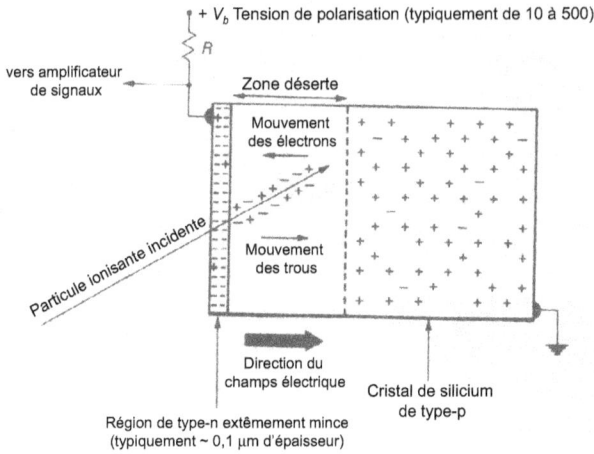

Figure 3.32. Cristal semi-conducteur polarisé en inverse.

accroître l'étendue de la zone désertée et bloquer le déplacement des charges dû à l'agitation thermique, le passage d'une particule ionisante dans cette région génère des paires électron-trous qui, sous l'effet du champ électrique appliqué, produisent une impulsion de courant consécutive au déplacement des charges et à leur collection aux bornes du dispositif. La conversion en impulsion de tension est effectuée au moyen du préamplificateur.

3.4.3. Applications

De par leur excellente résolution en énergie, les détecteurs à semi-conducteurs (principalement Si et Ge) sont essentiellement dédiés à la spectrométrie des rayonnements. Cependant, ils servent aussi à équiper les dosimètres et débitmètres électroniques portatifs utilisés en radioprotection pour les mesures d'expositions.

Il existe trois principales familles de détecteurs décrites ci-après.

3.4.3.1. Détecteurs à barrière de surface

L'oxydation de la surface d'un semi-conducteur de type N conduit à la formation d'une mince couche d'inversion dopée P formant ainsi une jonction à la surface du semi-conducteur. Cette couche est protégée par le dépôt d'un voile d'or ou de platine qui assure le contact électrique permettant de polariser le dispositif.

Ce type de détecteurs est particulièrement adapté à la détection de particules ionisantes lourdes, peu pénétrantes, car les fenêtres d'entrée peuvent être réduites à quelques dixièmes de μm. L'épaisseur de la zone désertée est limitée à quelques centaines de micromètres, ne permettant pas leurs applications pour la spectrométrie de rayonnements bêta de forte énergie ou de rayonnement X et γ, fortement pénétrants.

3.4.3.2. Détecteurs à jonctions PN ou PIN

Ces jonctions sont obtenues en réalisant, au voisinage de la surface du semi-conducteur (type N ou quasi intrinsèque I), un dopage de type P par diffusion thermique ou par implantation. On forme ainsi une jonction avec le reste du cristal. La zone N de la jonction PIN assure un bon contact électrique sur le dispositif.

L'épaisseur des fenêtres d'entrée obtenue est de l'ordre de 0,1 µm et permet la détection de particules chargées lourdes telles que les particules alpha ou les produits de fission. La largeur de la zone désertée (jusqu'à environ 1 mm) reste limitée pour une mesure en énergie de rayonnements bêta de forte énergie (> quelques centaines de keV).

3.4.3.3. Détecteurs hyper-purs et compensés au lithium

Pour la spectrométrie de rayonnements fortement pénétrants, on utilise soit des détecteurs en germanium hyper-pur, soit des détecteurs silicium ou germanium compensés au lithium. Pour ces derniers, les impuretés résiduelles de type P du cristal sont compensées par la diffusion de lithium pour produire une zone quasi intrinsèque.

On peut réaliser ainsi des détecteurs de quelques millimètres à quelques centimètres d'épaisseur pour la mesure des bêta de forte énergie mais aussi principalement pour la spectrométrie γ. On réalise actuellement des détecteurs qui permettent d'obtenir des efficacités relatives excellentes (jusqu'à 90 %)[19].

Deux géométries (plane ou coaxiale) sont réalisées en fonction des applications recherchées.

Les détecteurs germanium hyper-pur peuvent être stockés sans dommage important à température ambiante mais nécessitent d'être refroidis à 77 K ou moins pendant leur utilisation.

Les détecteurs compensés au lithium doivent être maintenus en dessous de 300 K pour le Si et de 220 K pour le Ge pour éviter une diffusion thermique irréversible du lithium dans le cristal. Par conséquent, les détecteurs compensés au Li restent en permanence refroidis à l'azote liquide.

Le détecteur semi-conducteur le plus couramment utilisé en spectrométrie gamma est le cristal de germanium hyper-pur. Son inconvénient principal sous un aspect pratique d'utilisation est la nécessité d'être refroidi à l'azote liquide (77 K) pour réduire le courant de fuite dû à l'agitation thermique.

Les détecteurs au silicium présentent l'avantage de ne pas nécessiter de refroidissement et sont très utilisés pour la spectrométrie en dessous de 50 keV. Le pouvoir d'arrêt du silicium par effet photoélectrique est cependant plus faible que celui du germanium (numéro atomique plus petit) ce qui restreint leur domaine d'application à la spectrométrie X.

D'autres semi-conducteurs sont à l'étude pour s'affranchir de la contrainte de refroidissement tels CdTe, HgI_2, AsGa mais leur résolution est moins bonne et il est actuellement très difficile de produire des cristaux de taille comparable à celle des détecteurs au germanium.

---

[19] Les efficacités relatives sont généralement données en pourcentage de l'efficacité d'un scintillateur NaI cylindrique de 2,4 cm de diamètre et de 2,4 cm de hauteur (1″ × 1″).

Cristaux semi-conducteurs

Refroidissement
Azote (Deware)

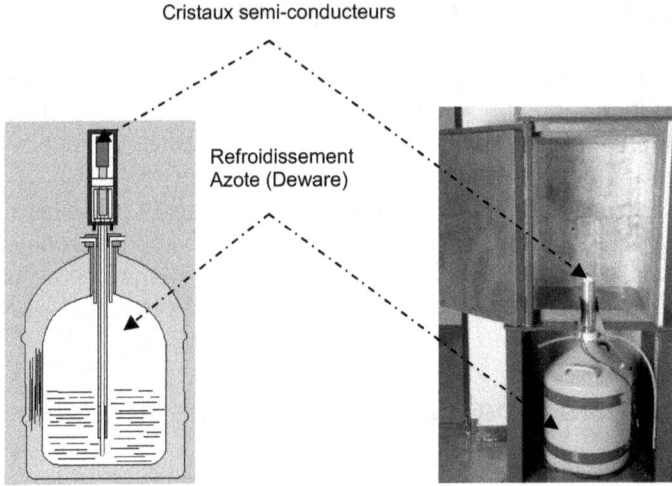

Figure 3.33a. Détecteur semi-conducteur Ge[HP] avec son enceinte de refroidissement d'azote.

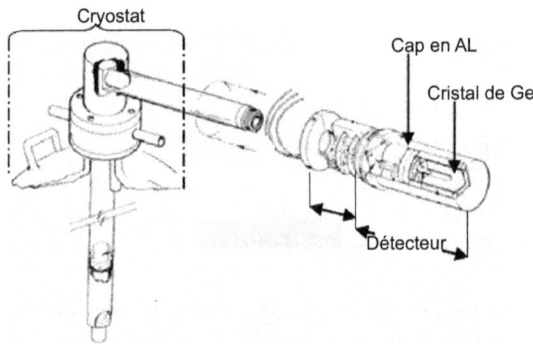

Cryostat

Cap en AL

Cristal de Ge

Détecteur

Figure 3.33b. Détecteur GeHP dédié au rayonnement gamma.

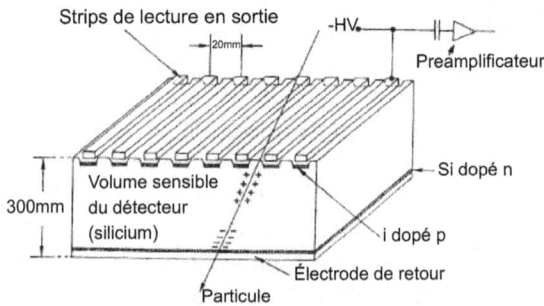

Strips de lecture en sortie

-HV

Préamplificateur

20mm

Volume sensible
du détecteur
(silicium)

300mm

Si dopé n

i dopé p

Électrode de retour

Particule

Figure 3.34. Principaux composants d'un détecteur silicium.

Tableau 3.6. Propriétés et domaines d'utilisation des principaux types de détecteurs à semi-conducteurs.

Type	Principales caractéristiques	Rayonnements les plus fréquemment détectés	Domaine d'application	Exemples
Ge [HP] Si [HP]	Excellente résolution γ Peut être stocké à 300 K (hors utilisation)	X, γ	Spectrométrie fine γ, X (et particules chargées très pénétrantes)	Diode Ge pour spectrométrie de laboratoire fixe ou mobile Dosimètres opérationnels
Diodes PN ou NP À barrières de surface À jonction diffusée	Efficacité γ satisfaisante Bonne résolution pour particules chargées	Particules chargées α, β, p, PF	Comptage et spectrométrie de particules chargées *peu* pénétrantes	Appareils spécifiques pour mesure d'activité en laboratoire

3.5. Détecteurs de neutrons

Comme leur nom l'indique, les neutrons sont des particules électriquement neutres. Elles sont dites *indirectement ionisantes*. Il n'y a donc pas d'interaction des neutrons avec les électrons du milieu traversé pouvant conduire à la formation directe d'un signal électrique. La détection des neutrons passe par une interaction ou réaction nucléaire intermédiaire conduisant à la formation d'une ou plusieurs particules chargées lesquelles sont directement ionisantes. Ces particules secondaires vont ioniser et/ou exciter les atomes du milieu détecteur conduisant ainsi à la production de charges électriques et, *in fine*, à la génération d'un courant électrique.

Deux grandes familles de détecteurs sont principalement utilisées pour la détection neutronique : les détecteurs à remplissage gazeux et les scintillateurs liquides et plastiques.

3.5.1. Détecteurs à remplissage gazeux

3.5.1.1. Principe de base

La détection des neutrons nécessite l'utilisation de réactions nucléaires permettant de convertir les neutrons en particules directement ionisantes. Les matériaux convertisseurs et les réactions associées, utilisés de façon courante dans les détecteurs à remplissage gazeux sont :

– l'hélium 3 (^{3}He), réaction ^{3}He(n,^{1}H)^{3}H avec une quantité d'énergie libérée $Q = 0,76$ MeV :

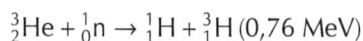

$$_{2}^{3}\text{He} + _{0}^{1}\text{n} \rightarrow _{1}^{1}\text{H} + _{1}^{3}\text{H} \ (0{,}76 \text{ MeV})$$

– le bore 10 (^{10}B), réaction ^{10}B(n, α)^{7}Li, avec $Q = 2{,}79$ MeV :

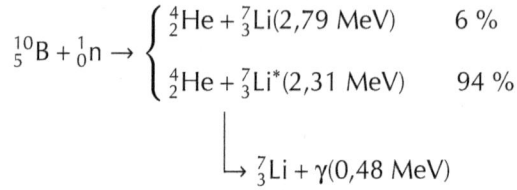

$$_{5}^{10}\text{B} + _{0}^{1}\text{n} \rightarrow \begin{cases} _{2}^{4}\text{He} + _{3}^{7}\text{Li}(2{,}79 \text{ MeV}) & 6\,\% \\[2mm] _{2}^{4}\text{He} + _{3}^{7}\text{Li}^{*}(2{,}31 \text{ MeV}) & 94\,\% \end{cases}$$

$$\longrightarrow \; _{3}^{7}\text{Li} + \gamma(0{,}48 \text{ MeV})$$

– l'uranium 235 (^{235}U), réaction ^{235}U(n, f), avec $Q \approx 200$ MeV :

$$_{92}^{235}\text{U} + _{0}^{1}\text{n} \rightarrow \text{PF1} + \text{PF2} + 2{,}5\,_{0}^{1}\text{n} \,(\approx 200 \text{ MeV})$$

L'énergie libérée par ces réactions est emportée sous forme d'énergie cinétique par les produits de réaction dont les particules chargées (noyaux de ^{1}H, ^{3}H, ^{4}He, ^{7}Li et produits de fission) qui ionisent le gaz, conduisant ainsi à la formation du signal électrique de détection.

Pour l'ensemble des réactions de conversion citées plus haut, la section efficace décroît en $1/\sqrt{E_c}$ en fonction de l'énergie cinétique E_c des neutrons comme le montre la figure 3.35 pour l'^{3}He, le ^{6}Li et le ^{10}B.

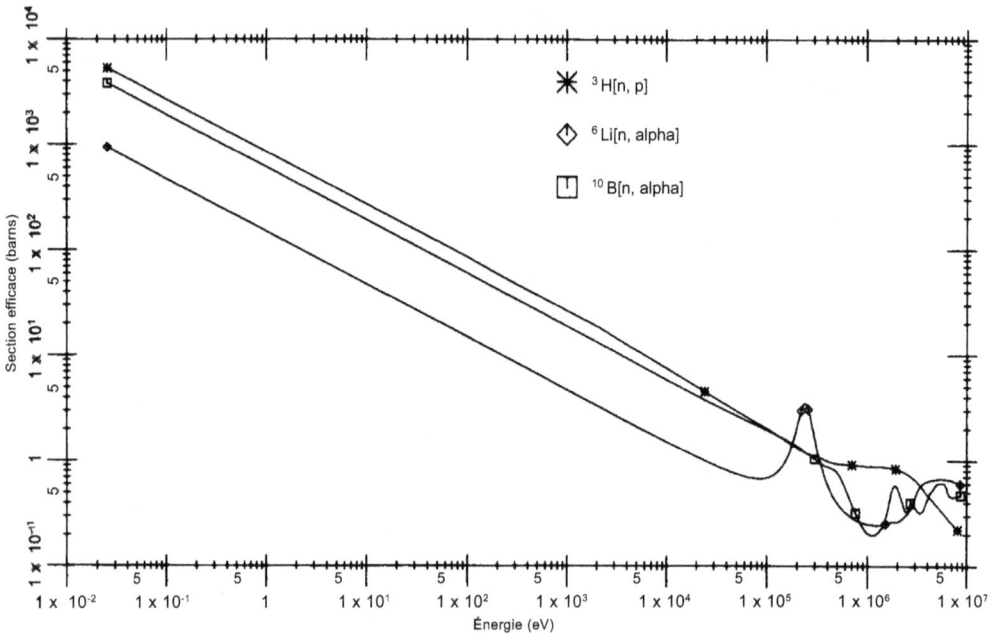

Figure 3.35. Variation de la section efficace des réactions ^{3}He(n, p)^{3}H, ^{10}B(n, α)^{7}Li, ^{6}Li(n, α) ^{3}H en fonction de l'énergie du neutron incident [11].

Les valeurs de section efficace des réactions pour des neutrons thermiques, à 0,025 eV, sont respectivement égales à : 5 330, 3 840 et 580 barns[20] pour l'hélium 3, le bore 10 et l'uranium 235.

---

[20] 1 barn = 10^{-24} cm^2.

On notera que, compte tenu de la forte diminution des valeurs de la section efficace de ces réactions avec l'énergie des neutrons, la conversion des neutrons est environ 10^3 à 10^4 fois moins efficace dans le domaine rapide (1 MeV) que dans le domaine thermique (< 1 eV). De fait, les détecteurs de neutrons ainsi réalisés sont principalement sensibles aux neutrons thermiques. On ralentit les neutrons, le plus souvent avec du polyéthylène $[CH_2]_n$ pour favoriser leur détection.

3.5.1.2. *Domaines d'utilisation*

3.5.1.2.1. Compteurs ^{3}He et BF$_3$

Les détecteurs de neutrons remplis de gaz hélium 3 (^{3}He) ou trifluorure de bore (BF$_3$), enrichi en ^{10}B, fonctionnent en régime compteur proportionnel et sont le plus souvent utilisés en mode impulsion.

Les détecteurs ^{3}He ont une excellente efficacité pour les neutrons thermiques en raison de la grande section efficace d'interaction de ce type de neutrons avec l'^{3}He.

Les détecteurs à ^{3}He sont, de loin, les plus utilisés pour les mesures neutroniques passives et actives dédiées aux contrôles et à la caractérisation. Ils présentent une excellente efficacité de détection tout en étant « relativement » peu sensibles aux rayonnements gamma (§ 6.2).

Les compteurs ^{3}He sont couramment utilisés dans les balises de radioprotection ou dans les dispositifs portables de mesure de débits de dose neutrons. Afin de favoriser la détection des neutrons épithermiques et rapides, ces dispositifs de mesure sont équipés d'une sphère de polyéthylène entourant le détecteur, dédiée à leur thermalisation (figure 3.36).

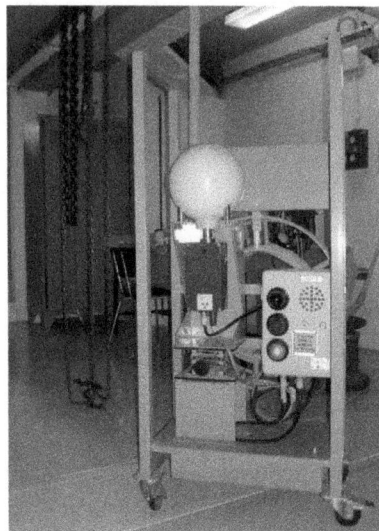

Figure 3.36. Balise de radioprotection et appareil mobile de mesure du débit de dose neutrons équipés d'un compteur ^{3}He entouré d'une sphère de polyéthylène.

3.5.1.2.2. Détecteurs à dépôt de bore

Les détecteurs à dépôt de bore sont des détecteurs remplis de gaz dont les parois internes sont recouvertes d'une fine couche (de l'ordre de 0,2 mg.cm^{-2}) de bore enrichi en ^{10}B. Les produits de la réaction (^{4}He ou ^{7}Li), après être sortis du dépôt, entrent dans le gaz et provoquent son ionisation.

Ces détecteurs présentent une bonne efficacité qui reste néanmoins inférieure à celle des compteurs à BF$_3$ (tableau 3.7). Ils peuvent en contrepartie avoir une très faible sensibilité aux rayonnements gamma, grâce à une faible pression du gaz de remplissage du détecteur.

Les détecteurs à dépôt de bore sont généralement conçus pour fonctionner soit en mode impulsion : compteur proportionnel à dépôt de bore, soit en mode courant : chambre d'ionisation à dépôt de bore.

Les compteurs à dépôt de bore permettent la mesure de faibles flux de neutrons (typiquement < 10^8 neutrons.cm^{-2}.s^{-1}). La limite haute d'utilisation de ces détecteurs est reliée au temps mort du détecteur et du système d'acquisition du signal.

De façon complémentaire, les chambres d'ionisation à dépôt de bore permettent de mesurer des flux de neutrons suffisamment élevés pour générer un courant mesurable aux bornes du détecteur (typiquement, courant > 10 pA).

Les réacteurs du parc EDF sont équipés de trois types de détecteurs basés sur l'utilisation de dépôt de bore pour la conversion des neutrons (voir chapitre 5).

- compteur proportionnel à dépôt de bore pour le démarrage du réacteur,

- chambre d'ionisation à dépôt de bore compensée aux photons gamma (voir ci-après) pour les niveaux intermédiaires de puissance,

- chambre d'ionisation à dépôt de bore (sans compensation gamma) pour les hauts niveaux de puissance.

Aux niveaux intermédiaires de puissance, compte tenu des forts débits de dose gamma par rapport au flux neutronique, le rapport [flux neutronique/flux photonique (gamma)] n'est pas favorable et les photons gamma génèrent un courant significatif dans le détecteur (interaction des gamma dans le gaz de remplissage). De ce fait, il a fallu développer des détecteurs compensés aux gamma qui permettent de par leur conception de retrancher le courant dû aux gamma du courant total produit par les neutrons et les gamma.

Cette compensation du courant dû au rayonnement gamma se fait de la façon suivante. L'électrode de compensation est portée à une tension négative. Entre cette électrode et celle du signal se trouve le volume sensible uniquement au rayonnement gamma puisqu'il n'y a pas de dépôt de bore (figure 3.37). Entre l'électrode délivrant le signal et l'électrode HT se trouve le volume sensible à la fois au rayonnement gamma et aux neutrons. L'électrode HT est alimentée avec une tension positive.

On ne mesure donc sur l'électrode signal que le courant dû aux neutrons : $I = I_{n+\gamma} - I_\gamma$.

Ce type de détecteurs est détaillé dans le chapitre 5.

3.5.1.2.3. Chambres à fission

De façon similaire aux détecteurs à dépôt de bore, les chambres à fission sont des détecteurs remplis de gaz dont les parois internes sont recouvertes d'une fine couche (de l'ordre

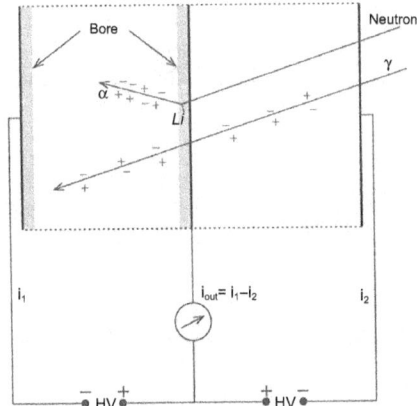

Figure 3.37. Chambre à bore compensée aux rayonnements γ. Le courant i_1 est dû aux neutrons et photons quand le courant i_2 est dû uniquement aux.

du mg.cm^{-2}, au plus) d'uranium enrichi en ^{235}U, en général, ou, plus rarement, d'autres actinides (notamment du plutonium). Le schéma de principe et le plan de réalisation d'une chambre à fission sont donnés en figure 3.38a et b, respectivement.

Les produits de fission générés ont des énergies cinétiques nettement plus élevées (70 à 160 MeV) que celles des produits de réaction avec l'hélium 3 ou le bore 10 (< 2 MeV). De ce fait, les produits de fission produisent une quantité de charges électriques dans le gaz qui est plus importante que les produits de réactions avec l'hélium 3 ou le bore 10. Les amplitudes des signaux électriques correspondant aux interactions neutroniques dans les chambres à fission sont ainsi plus élevées et permettent une bonne discrimination neutron/gamma pour ce type de détecteur. Les chambres à fission peuvent de ce fait être utilisées dans des conditions d'irradiation gamma très sévères, jusqu'à 30 Gy.s^{-1} notamment dans le cœur de réacteurs nucléaires expérimentaux et de puissance.

En revanche les chambres à fission ont généralement une sensibilité réduite par rapport aux détecteurs à hélium 3 et bore 10 en raison des valeurs relatives des sections efficaces de ces convertisseurs ($\sigma_{(\text{nth,fission})}$ ^{235}U ≈ 600 barns).

Les chambres à fission fonctionnent en régime chambre d'ionisation et peuvent être utilisées dans les trois modes de fonctionnement : impulsion, fluctuation et courant. Des détecteurs dits de « grande dynamique » (couvrant plus de 10 décades) ont ainsi été spécifiquement développés pour être utilisés dans ces trois modes de mesure pour le contrôle commande des réacteurs (chapitre 5).

3.5.1.2.4. Détecteurs de neutrons rapides

Remplis de gaz hélium 4 (^{4}He) ou de méthane (CH$_4$) ces détecteurs utilisent le principe de la diffusion élastique des neutrons et l'ionisation du gaz par le noyau de recul (^{4}He ou ^{1}H). La section efficace de cette réaction est de l'ordre d'une dizaine de barns pour des neutrons de 1 MeV, soit deux ordres de grandeur plus faibles que la section efficace

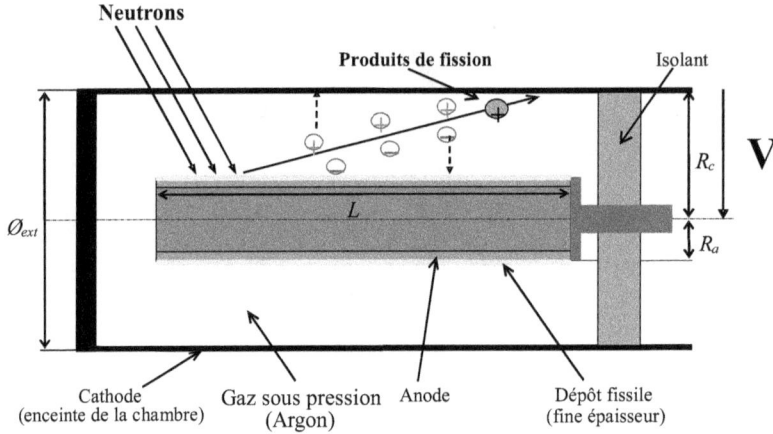

Figure 3.38a. Schéma de principe d'une chambre à fission.

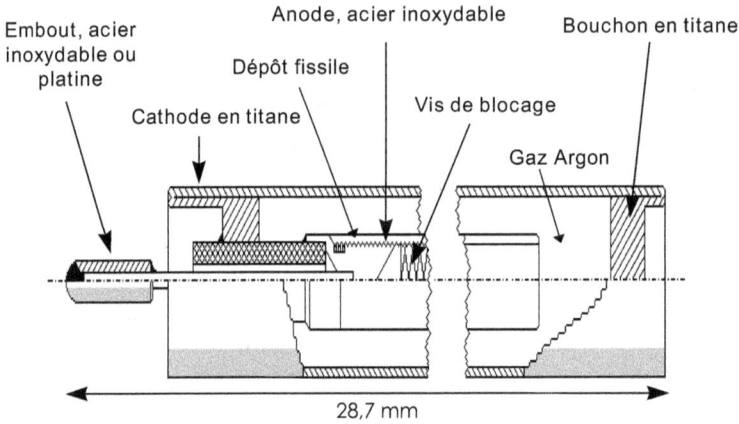

Figure 3.38b. Plan de réalisation d'une chambre à fission.

d'absorption des détecteurs ^{3}He pour les neutrons thermiques. Cela se traduit par une efficacité beaucoup plus faible.

La détection directe de neutrons rapides peut aussi s'opérer au moyen de chambres à fission à base d'isotopes convertisseurs fissionnant préférentiellement voire même exclusivement dans le domaine neutronique rapide. C'est le cas des chambres à fission à ^{238}U, à ^{241}Pu ou encore à ^{242}Pu. On retrouve ce type de détecteurs souvent auprès de réacteurs expérimentaux mais très rarement sur les réacteurs de puissance.

3.5.2. *Scintillateurs*

Les scintillateurs organiques, plastiques ou liquides, sont généralement utilisés pour la détection des neutrons rapides. Leur principe est basé sur la diffusion élastique du neutron.

Le noyau de recul, généralement un proton, excite les molécules du milieu et provoque le phénomène de scintillation qui se traduit par l'émission de photons dans le domaine visible. Ces derniers sont alors transformés en signal électrique par une photocathode, lequel est ensuite amplifié par un photomultiplicateur. Ces détecteurs ont une sensibilité équivalente à celle des détecteurs à hélium 3 (tableau 3.7) mais ne nécessitent pas de ralentir les neutrons. Le temps de réponse de l'ensemble de détection est donc beaucoup plus court et les scintillateurs peuvent être utilisés pour certaines mesures de coïncidences. Par contre, ils sont *extrêmement sensibles aux rayonnements gamma, ce qui limite leur champ d'application*. En effet, l'efficacité de détection et l'amplitude des impulsions sont similaires pour les neutrons et les gamma, d'où une discrimination difficile. Dans certains scintillateurs, il est possible d'opérer une discrimination sur la forme des impulsions, mais cette technique qui limite le taux de comptage admissible, ne s'applique qu'en cas de faible ambiance gamma.

Tableau 3.7. Efficacité intrinsèque et sensibilité aux rayonnements gamma typiques de détecteurs neutroniques courants.

Type de détecteur	Taille	Noyau cible	Énergie du neutron incident	Efficacité de détection[a] (%)	Sensibilité au rayonnement gamma[b] ($rad.h^{-1[c]}$)
Scintillateur plastique	épaisseur 5 cm	^1H	1 MeV	78	0,01
Scintillateur liquide	épaisseur 5 cm	^1H	1 MeV	78	0,1
Scintillateur dopé	épaisseur 1 mm	^6Li	thermique	50	1
CH_4 ($7 \times 10^5 Pa$)	diamètre 5 cm	^1H	1 MeV	1	1
^4He (18×10^5 Pa)	diamètre 5 cm	^4He	1 MeV	1	1
^3He (4×10^5 Pa) + Ar (2×10^5 Pa)	diamètre 2,5 cm	^3He	thermique	77	1
^3He (4×10^5 Pa) + CO_2 (5 %)	diamètre 2,5 cm	^3He	thermique	77	10
BF_3 ($0,66 \times 10^5$ Pa)	diamètre 5 cm	^{10}B	thermique	29	10
BF_3 ($1,18 \times 10^5$ Pa)	diamètre 5 cm	^{10}B	thermique	46	10
Chambre à dépôt de ^{10}B	0,2 $mg.cm^{-2}$	^{10}B	thermique	10	10^3
Chambre à fission	2 $mg.cm^{-2}$	^{235}U	thermique	0,5	10^6 à 10^7

(a) Probabilité de détection d'un neutron d'une énergie donnée arrivant sur le détecteur considéré.

(b) Débit de dose gamma maximal approximatif auquel on peut encore exploiter le signal neutron.

(c) L'unité de dose dans le Système International (SI) est le gray (Gy), mais le rad est encore couramment employé : 1 Gy = 100 rad et 1 $rad.h^{-1}$ = 2,778 $\mu Gy.s^{-1}$ (débit de dose).

3.6. Autres types de détecteurs

Hormis les trois grandes familles de détecteurs présentées ci-dessus, à savoir les détecteurs à gaz, les scintillateurs et les détecteurs semi-conducteurs, il existe d'autres détecteurs de rayonnements.

3.6.1. Détecteurs Cerenkov

En raison de sa faible intensité lumineuse, la lumière Cerenkov est détectable par des photomultiplicateurs qui doivent être particulièrement efficaces. C'est la fameuse lumière bleue visible dans les piscines de réacteurs, usines de retraitement et installations d'irradiation. La figure 2.14 en donne une illustration.

Compte tenu de la nature de l'émission Cerenkov (cf. § 2.2.2.4), on peut fabriquer des spectromètres ou sélecteurs de vitesses des particules : deux particules de même vitesse mais de masses différentes, donc d'énergies cinétiques différentes, donneront le même signal. Les détecteurs réalisés sont à seuil de vitesse (une particule moins rapide que la lumière dans le milieu ne donne aucun signal) ; on choisit des milieux d'indices de réfraction différents en fonction du seuil souhaité.

Ces détecteurs sont des plus rapides (la lumière est émise en quelques picosecondes). Cette lumière est, à la différence de la scintillation, unidirectionnelle (elle est émise le long de la trajectoire de la particule), la résolution n'est donc pas très bonne.

Pour que l'effet Cerenkov apparaisse dans des matériaux d'indice de réfraction d'environ 1,5, il faut des énergies de plusieurs dizaines de MeV pour les particules chargées lourdes, mais quelques centaines de keV suffisent pour les électrons. La détection des rayonnements gamma de haute énergie est donc envisageable mais il est difficile d'obtenir des milieux optiques assez transparents et de numéro atomique suffisamment élevé pour avoir une bonne efficacité. On peut rencontrer une émission lumineuse Cerenkov parasite dans les verres et quartz des faces d'entrée de photomultiplicateurs qui vient perturber les spectres de détection des rayonnements γ de haute énergie.

La mesure Cerenkov est une technique concurrente de la scintillation liquide pour la détection des électrons énergétiques.

3.6.2. Émulsions photographiques

Ce sont les premiers détecteurs mis en œuvre par Roentgen en 1895 et Becquerel en 1896. Ils sont encore activement utilisés à nos jours en radiographie et en dosimétrie.

Une émulsion photographique est formée de grains de bromure d'argent en suspension dans une matrice de gélatine. Elle est déposée sous forme de film mince sur un support plastique. Les grains de Ag-Br contiennent de l'ordre de 10^{-10} atomes et composent de l'ordre de 40 % de la masse totale de l'émulsion. La taille des grains définit la rapidité du film (de 0,3 µm pour les films lents jusqu'à 2 µm pour les films les plus rapides).

La structure en énergie d'un grain d'Ag-Br est donnée sur la figure 3.39. L'interaction d'un rayonnement ionisant produit des paires électron-trou qui diffusent à travers tout le grain en se recombinant très peu. Les électrons finissent par être piégés par des impuretés telles que l'or ou le phosphore et les trous finissent par former des ions Ag^+ avec des atomes d'argent interstitiels qui constituent l'image latente.

L'énergie nécessaire pour rendre un grain développable étant très faible (quelques dizaines d'eV), elle peut être apportée par des effets extérieurs à l'irradiation (électricité statique, effets mécaniques, etc.). Le film est donc particulièrement sensible aux artefacts et comporte un bruit de fond non négligeable. Le développement est effectué grâce à un révélateur chimique qui réduit les ions Ag⁺ en argent métallique en affectant plus rapidement les grains ionisés. Au bout d'un temps adapté, l'image latente est convertie en image visible formée de dépôts noirs d'argent métallique. Les grains de Ag-Br non développés sont ensuite dissous par l'agent fixateur. L'agent de rinçage ôte finalement toute trace de solution sur le film.

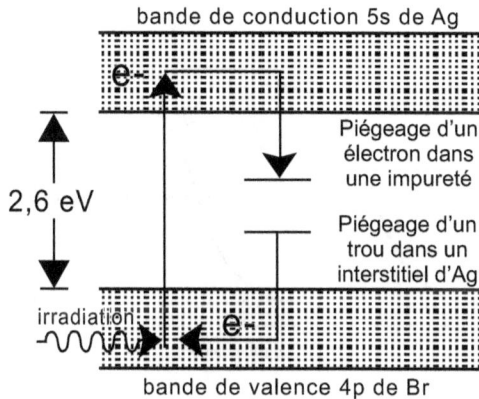

Figure 3.39a. Diagramme en énergie dans un grain de AgBr et action d'un rayonnement ionisant.

Les applications des émulsions photographiques en détection des rayonnements ionisants sont très nombreuses. Elles se répartissent en deux catégories :

– celles où l'on ne recherche que le noircissement, ou les variations de noircissement, dû à l'effet d'accumulation d'interactions individuelles (images radiographiques, dosimétrie),

– celles où l'on enregistre individuellement la trace de chaque interaction en vue de son analyse par microscopie (émulsions nucléaires).

Les films étant sensibles à la lumière visible d'énergie supérieure à 2,6 eV (i.e. au-delà du jaune), ils se présentent donc dans des pochettes ou cassettes opaques.

Afin d'améliorer l'efficacité des films, ces protections contre la lumière sont souvent équipées intérieurement d'écrans renforçateurs, fluorescents ou non, de numéro atomique élevé pour la détection des photons, ou de plaques de convertisseurs en gadolinium par exemple pour la détection des neutrons[21]. L'épaisseur idéale étant égale au parcours des particules chargées mises en mouvement (électrons pour les photons et produits de réaction pour les neutrons). Les écrans renforçateurs, de même que la taille des grains de l'émulsion, dégradent la résolution spatiale des images obtenues, d'où la recherche permanente d'un compromis entre sensibilité de films et qualité d'image obtenue.

---

[21] On peut également ajouter du bore ou du lithium dans l'émulsion elle-même.

La courbe caractéristique d'un film est la densité optique de l'image révélée en fonction de l'exposition aux rayonnements. Elle se décompose en trois parties (figure 3.39b) :

– à faible exposition, trop peu de grains sont transformés et le signal recueilli se confond avec le fond du film ;

– à l'opposé, lorsque le film est trop exposé, on obtient une concentration saturée en grains[22] ;

– seule la zone intermédiaire offre une réponse linéaire utilisable.

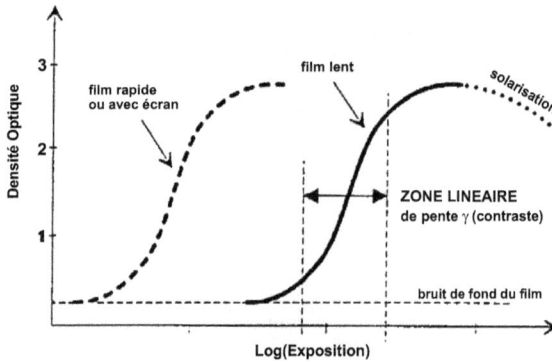

Figure 3.39b. Courbe caractéristique d'une émulsion photographique.

3.6.3. *Détecteurs solides de traces*

Comme les émulsions nucléaires, ces détecteurs permettent d'avoir accès individuellement à chaque interaction.

Le milieu détecteur est constitué d'une feuille mince de diélectrique minéral (mica, verre, quartz, par exemple) ou organique (polyéthylène téréphtalate, polycarbonates, polyméthylméthacrylate, acétate ou nitrate de cellulose).

Le long de sa trajectoire la particule produit des ionisations par chocs mais crée aussi des défauts cristallins (dans les minéraux) et moléculaires (dans les substances organiques). Au total, il se crée une trace latente que l'on peut étudier par microscopie électronique.

En attaquant chimiquement ou électrochimiquement la surface du détecteur, on favorise la progression du réactif chimique le long des traces latentes et on obtient ainsi des traces développées qui sont des canaux cylindriques ou coniques qui sont étudiés par microscopie optique et dénombrés par transmission optique, analyse d'image, ou comptage d'étincelles engendrées entre une ou deux plaques de mylar aluminisé disposées de part et d'autre du film détecteur développé.

Pour qu'une trace puisse se former, la résistivité du matériau doit être suffisamment élevée (de l'ordre de 2 000 Ω.cm) ainsi que l'ionisation spécifique qui doit être supérieure à une valeur caractéristique du matériau détecteur (les particules alpha ne sont pas mesurables au moyen de matériaux minéraux et en général les protons de recul ne peuvent être

---

[22] Au-delà de cette zone de saturation, le phénomène de solarisation survient, pour de très hautes doses de rayonnements, ce qui dégrade la structure des grains d'argent.

détectés, quel que soit le matériau). Enfin l'angle d'incidence des particules a une grande importance dans la mesure où il existe un angle critique au développement du matériau.

La géométrie de la trace et la vitesse d'attaque du réactif le long de celle-ci dépendent de la nature et de l'énergie de la particule incidente. Il existe donc une possibilité intéressante de spectrographie.

Ces détecteurs connaissent un développement récent notamment dans le domaine de la dosimétrie des neutrons où ils sont disposés derrière des convertisseurs (^{6}Li, ^{10}B, matériaux fissiles) ainsi que pour les mesures passives du radon où, associés à des détecteurs radiothermoluminescents, ils constituent depuis quelques années en France le dosimètre réglementaire des mineurs d'uranium.

3.6.4. *Détecteurs à changement de phase*

Ces détecteurs permettent de photographier les traces de trajectoires de particules. Bien qu'utilisables aux énergies qui nous intéressent, ils sont aujourd'hui surtout utilisés en physique des particules. La contribution historique de la chambre de Wilson aux découvertes de phénomènes physiques de base exposés dans cet ouvrage et le développement de dosimètres neutroniques à bulles mérite qu'on y consacre quelques lignes.

L'ionisation créée le long de la trajectoire d'une particule traversant un gaz dans un état de retard à la condensation (vapeur saturée), provoque la formation de gouttelettes le long de cette trajectoire qui se trouve ainsi matérialisée. C'est le principe des chambres à brouillard.

Selon les conditions d'obtention de la vapeur saturée, on parle de chambre de Wilson (détente adiabatique de gaz) ou de chambre à diffusion continue (gradient de température constant).

Dans les chambres à bulles, l'ionisation le long de la trajectoire d'une particule à travers un liquide en état de retard à l'ébullition (liquide surchauffé) favorise la formation d'un chapelet de bulles.

L'interaction de neutrons dans certains gels organiques provoque l'apparition de protons de recul dont l'énergie localement déposée peut être à l'origine de la formation de bulles microscopiques. La mesure optique de la concentration de ces bulles dans le gel peut constituer une information représentative du nombre d'interactions neutroniques dans le milieu et la taille des bulles formées permet d'approcher l'énergie des neutrons incidents. Ce type de détecteur offre des perspectives intéressantes en dosimétrie, notamment dans la mesure où il peut être remis à zéro par simple application d'une pression sur le gel.

3.6.5. *Détecteurs chimiques*

Les ions produits par les rayonnements peuvent réagir chimiquement pour former de nouveaux composés chimiques dont la quantité sera finalement fonction de l'énergie globalement absorbée dans le milieu détecteur. Le rendement radiochimique G caractérise quantitativement l'effet observé : il est défini comme le nombre de transformations chimiques pour 100 eV déposés. G varie classiquement de 0,1 à 20 mais peut valoir plusieurs centaines dans certaines chaînes polymériques.

De façon générale, ces détecteurs sont de faible efficacité. De longues expositions sont nécessaires pour obtenir une modification chimique macroscopique décelable. Leur usage reste donc relativement confiné à la mesure des hautes doses tant en métrologie qu'en irradiation industrielle.

Une grande quantité de réactions chimiques est exploitable en milieu liquide ou solide. Les effets se traduisent par :

- des variations d'absorption optique des matériaux dans l'ultraviolet ou le visible ;

- des variations de pH dans les solutions ;

- des variations électrochimiques ;

- des transformations de propriétés mécaniques mesurées en viscosimétrie ou en élastométrie ;

- des modifications du signal de résonance paramagnétique électronique ;

- des apparitions de chimiluminescence...

3.6.6. *Détecteurs thermoluminescents*

Sous irradiation, certains minéraux emmagasinent de l'énergie sous forme d'électrons de la bande de conduction excités puis piégés dans des défauts cristallins au niveau d'impuretés, qui se comportent comme des activateurs. Trois processus sont particulièrement importants (figure 3.40).

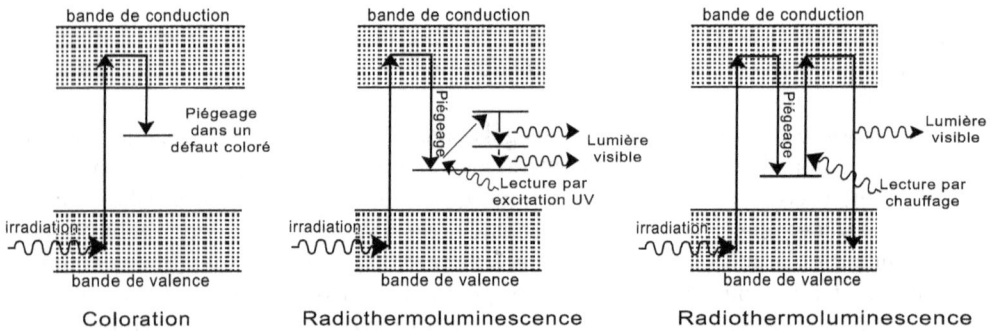

Figure 3.40. Phénomènes dus à l'irradiation dans les solides minéraux.

Dans le cas de la thermoluminescence, les pièges sont souvent suffisamment stables à température ambiante pour que les électrons ne retournent pas spontanément dans la bande de conduction en émettant, comme dans les scintillateurs, une lumière de fluorescence. On « intègre » ainsi un signal de luminescence que l'on peut « libérer » par chauffage et qui permet de déterminer la quantité de rayonnements ayant irradié le matériau (les centres de piégeage sont vidés par la lecture du détecteur qui est ainsi remis à zéro). Les principaux matériaux radiothermoluminescents sont LiF, CaF_2, $CaSO_4$, $Li_2B_4O_7$ auxquels on ajoute des traces de Mn, Dy, Na, Ti, etc. en tant que centres de piégeage.

Ils peuvent être utilisés sous forme de poudre, de pastilles frittées ou enrobées dans du Téflon ou de l'alumine, ou sous des formes adaptées aux contextes de mesure.

La courbe de thermoluminescence caractéristique traduisant la variation de l'intensité de la luminescence en fonction de la température appliquée présente plusieurs pics qui traduisent les différents pièges au sein du matériau. Le cycle de chauffage du détecteur irradié doit être contrôlé avec précision de façon à ce que seuls les pics de thermolumi-nescence exploitables soient pris en considération (ils se situent en général entre 110 et 260 °C, selon les matériaux).

La lecture est effectuée avec un photomultiplicateur adapté aux longueurs d'ondes émises (en général de 350 à 600 nm) et couplé avec le système de chauffage (arc électrique ou un pinceau laser).

Leur gamme de mesure s'étale sur plusieurs ordres de grandeur, tout en conservant une réponse linéaire. Ces détecteurs sont très utilisés en dosimétrie où ils concurrencent les détecteurs à émulsions radiographiques. Ils peuvent aussi être utilisés pour la détection de neutrons grâce à l'utilisation de convertisseurs.

3.6.7. Détecteurs photoluminescents et détecteurs minéraux par coloration

Le rayonnement de fluorescence émis par certains verres et cristaux, contenant des traces d'impuretés, éclairés en lumière ultraviolette, présente des caractéristiques qui se trouvent modifiées sous irradiation. Soit cette photoluminescence est augmentée par création de nouveaux défauts (on parle de radiophotoluminescence), soit elle décroît (on parle alors de déclin de luminescence sous irradiation). L'intensité de la luminescence, mesurée à l'aide d'un photomultiplicateur, traduit la concentration des centres induits sous rayonnement et permet de remonter à la dose d'irradiation. Le détecteur peut être remis à zéro par chauffage.

3.6.8. Détecteurs à activation

Dans les domaines d'énergie qui nous intéressent, ici seuls les neutrons sont capables de provoquer des réactions nucléaires engendrant des noyaux radioactifs.

Un échantillon de matériau pur peut être exposé à un flux de neutrons pendant un temps donné. La mesure du signal intégré que constitue la quantité de radioactivité in-duite permet alors de remonter au nombre et/ou l'énergie des neutrons ayant interagi dans l'échantillon. Un tel échantillon est donc un détecteur à activation.

Ce type de détecteur est mieux adapté pour la mesure des neutrons de basse énergie, les sections efficaces étant plus importantes dans ce domaine. Afin d'avoir des détecteurs de bonne efficacité, on choisit des isotopes de haute section efficace neutronique, qui conduisent à des radioactivités mesurables.

Il convient cependant d'avoir des échantillons détecteurs très peu massifs, soit pour éviter de perturber notablement les flux de neutrons à mesurer, soit pour conserver une mesure facile à interpréter, évitant ainsi le phénomène d'autoprotection.

On a recours à ce type de détecteurs sous la forme de solides en petites feuilles, ou fils car ils sont peu encombrants, insensibles aux autres rayonnements ainsi qu'aux conditions de mesure (température, pression, etc.). Ils sont particulièrement utilisés pour les mesures de flux en réacteur.

Les matériaux choisis sont tels que le produit radioactif de la réaction soit de période suffisamment longue pour être mesurable mais aussi suffisamment courte pour obtenir des activités spécifiques suffisantes et pouvoir réutiliser le détecteur. Une période radioactive de l'ordre de quelques heures est optimale.

On préfère en général les produits émetteurs γ car leur mesure est plus facile à mettre en œuvre (sélection de l'énergie, minimisation de l'auto-absorption dans la source...).

Le tableau 3.8 donne les matériaux principalement utilisés dans la mesure des neutrons de basse énergie où les réactions mises en jeu sont toutes des captures radiatives[23]. Toutefois, d'autres types de réactions neutroniques notamment à seuil en énergie peuvent être mis à profit pour la mesure des neutrons de haute énergie. Une série de corps présentant des seuils de réaction en énergie bien distincts est présentée dans le tableau 3.9.

La mesure de la radioactivité induite dans chaque corps permet de remonter à la fois à la forme du spectre et à la quantité de neutrons. Ce type de détecteurs est utilisé notamment dans les mesures de criticité.

Tableau 3.8. Détecteurs par activation couramment utilisés pour la détection de neutrons de basse énergie.

Élément	Isotope (abondance)	Section efficace thermique de capture radiative (barns)	Produit radioactif engendré	Période associée
Manganèse	^{55}Mn (100 %)	13,2 ± 0,1	^{54}Mn	2,58 heures
Cobalt	^{59}Co (100 %)	16,9 ± 1,5 20,2 ± 1,9	^{60m}Co ^{60}Co	10,4 minutes 5,28 ans
Cuivre	^{63}Cu (69,1 %) ^{65}Cu (30,9 %)	4,4 ± 0,2 1,8 ± 0 4	^{64}Cu ^{66}Cu	12,87 heures 5,14 minutes
Argent	^{107}Ag (51,35 %) ^{109}Ag (49,65 %	45 ± 4 3,2 ± 0,4	^{108}Ag ^{110m}Ag	2,3 minutes 253 jours
Indium	^{113}In (4,23 %) ^{115}In (9,77 %)	56 ± 12 2,0 ± 0,6 160 ± 2 42 ±1	^{114m}In ^{114}In ^{116m}In ^{116}In	49 jours 72 secondes 54,12 minutes 14,1 secondes
Dysprosium	^{164}Dy (28,18 %)	2 000 ± 200 800 ± 100	^{165m}Dy ^{165}Dy	1,3 minute 140 minutes
Or	^{197}Au (100 %)	98,5 ± 0,4	^{198}Au	2,695 jours

---

[23] Les autres types de réactions présentent un seuil en énergie qui se compte en MeV.

Tableau 3.9. Détecteurs d'activation à seuil pour la détection des neutrons épithermiques et rapides.

Réaction	Période	Énergie γ (ou β max) (MeV)	Énergie seuil (MeV)
$*^{115}$In(n, n')^{115m}In	4,5 h	0,336	0,3
$*^{58}$Ni(n, p)^{58}Co	70,7 j	0,811	1
^{31}P(n, p)^{31}Si	2,6 h	β^- : 1,48	1,5
^{27}Al(n, α)^{24}Na	15 h	1,37	6
$*^{63}$Cu(n, α)^{60}Co	5,27 a	1,33	5,7
$*^{93}$Nb(n, n')^{93m}Nb	16,13 a	X : 0,016	0,75
$*^{238}$U(n, f)^{137}Cs	30 a	0,662	0,7

La figure 3.41 montre quelques exemples de détecteurs neutroniques à activation. La mise en place d'une pastille d'activation dans un boîtier en cadmium (équivalent à un filtre passe-haut pour les neutrons de plus de 1 eV d'énergie environ) permet de faire une mesure sélective des neutrons hors domaine thermique.

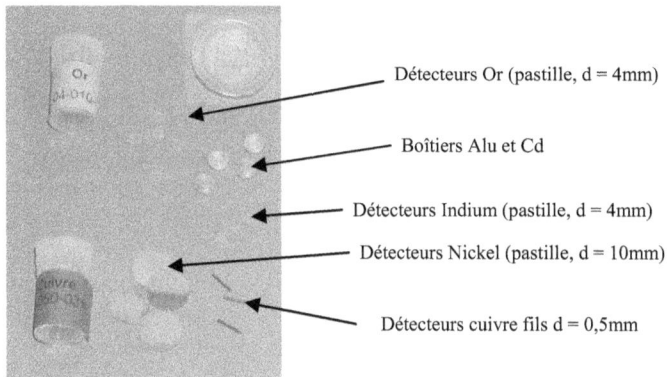

Détecteurs Or (pastille, d = 4mm)

Boîtiers Alu et Cd

Détecteurs Indium (pastille, d = 4mm)

Détecteurs Nickel (pastille, d = 10mm)

Détecteurs cuivre fils d = 0,5mm

Figure 3.41. Exemples de détecteurs à activation.

3.6.9. Calorimètres, bolomètres

Une grande partie de l'énergie cédée par les rayonnements dans la matière est finalement convertie en énergie calorifique. Il suffit donc de mesurer la quantité de chaleur pour connaître directement l'énergie absorbée. Il s'agit de mesures calorimétriques qui sont très précises mais nécessitent tout de même des quantités d'énergie déposées très grandes pour conduire à des quantités de chaleur appréciables.

Les calorimètres les plus simples sont constitués de boîtes de Petri de polystyrène remplies d'eau et incorporant un thermocouple. On trouve également des calorimètres sphériques en graphite pour les mesures de rayonnements provenant des sources isotopiques (irradiation des aliments).

Les bolomètres, ou microcalorimètres cryogéniques, sont utilisés depuis de nombreuses années pour mesurer les flux de rayonnements thermiques et infrarouges sur une cible dont on apprécie l'élévation de température par une thermistance. Pendant longtemps leur application aux rayonnements ionisants a été limitée aux flux intenses d'irradiations.

La sensibilité de ces détecteurs peut être accrue de plusieurs ordres de grandeur si on les maintient à des températures plus basses que 1 degré kelvin (1 K). Cela permet notamment de supprimer tout bruit de fond thermique et d'analyser individuellement chaque interaction avec des résolutions de l'ordre de l'eV (soit un ordre de grandeur de mieux que les semi-conducteurs). En pratique leur faible volume restreint leur utilisation aux rayonnements peu pénétrants et leur mise en œuvre aux très basses températures confine leur emploi aux laboratoires de métrologie.

3.6.10. *Détecteurs à transfert de charges – Collectrons ou Self Powerd Neutron Detectors*

Les collectrons, ou détecteurs à transfert direct de charges (appelés *Self Powered Neutron Detector* dans les pays anglo-saxons), ont été développés pour la mesure précise et en position fixe des distributions de puissance du cœur des réacteurs. Ce type de détecteur est utilisé dans les réacteurs à eau sous pression en Suède et dans certains réacteurs aux États-Unis, ainsi que sur des réacteurs expérimentaux.

Les collectrons ont une structure et un fonctionnement simples. Ils présentent un faible encombrement et ne nécessitent pas de tension de polarisation.

Ce type de détecteurs se compose de deux électrodes isolées l'une de l'autre, l'émetteur et le collecteur, séparées par un isolant. L'émetteur est générateur de particules chargées provenant de la réaction des neutrons avec les atomes du matériau le constituant (figure 3.42). Il est constitué d'un matériau électriquement conducteur dont la section efficace de capture neutronique est relativement élevée.

On notera que cette section efficace de capture peut parfois présenter un pic de résonance, comme pour le rhodium par exemple pour des énergies autour de 1 eV lorsque les mesures en cœur sont réalisées à haute température (effet de durcissement du spectre). Il faut alors corriger la réponse du collectron pour remonter au flux de neutrons.

La création de particules chargées dans l'émetteur est due à trois phénomènes :

– capture radiative (n, γ) donnant naissance à des corps radioactifs émetteurs β⁻,

– capture radiative (n, γ) et interaction des γ de capture par effet photoélectrique ou Compton avec le corps de l'émetteur,

– absorption des γ issus de l'environnement dans l'émetteur et émission d'électrons par effet photoélectrique ou Compton.

Si le parcours des particules chargées est supérieur à la distance inter-électrodes (distance entre émetteur et collecteur), il y a naissance d'un courant i_{total} tel que :

$$i_{total} = i_\beta + i_e + i_{\gamma\,ext}$$

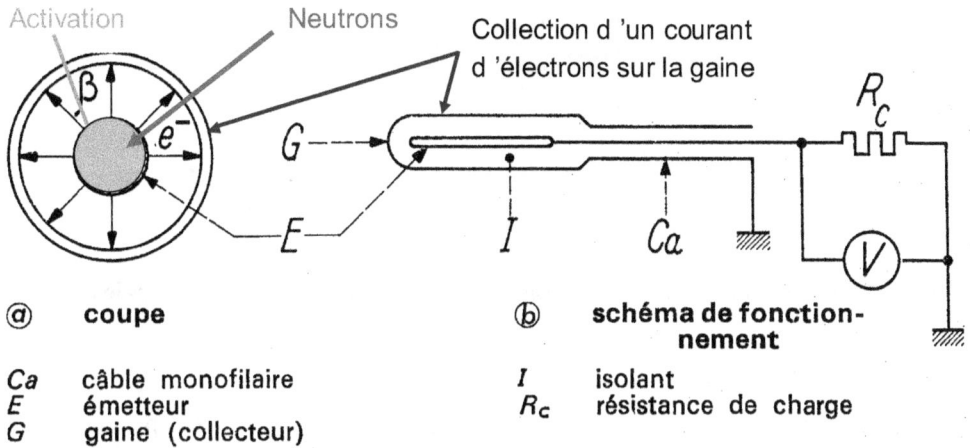

Figure 3.42. Fonctionnement d'un collectron.

Si l'on referme le circuit sur un appareil de mesure, il s'établit un courant électrique proportionnel au nombre de particules émises, c'est-à-dire au flux de neutrons incidents. Quel que soit le type de collectron, les trois composantes de courant sont toujours présentes. Le collectron fonctionne en générateur de courant. Le circuit électrique associé au collectron est schématisé sur la figure 3.43. La figure 3.44 montre la photographie d'un collectron rapide utilisé pour la mesure du flux neutronique thermique dans le réacteur OSIRIS du CEA Saclay.

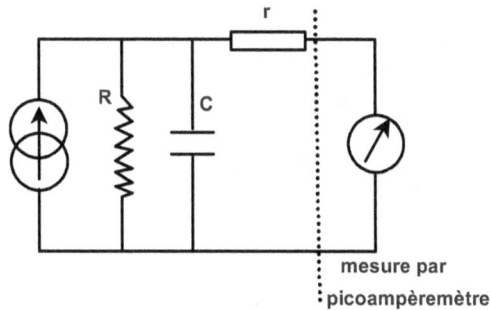

Figure 3.43. Circuit électrique associé au collectron.

3.6.10.1. *Principales réactions utilisées*

Les réactions les plus utilisées pour la détection des neutrons selon le mode collectron sont :

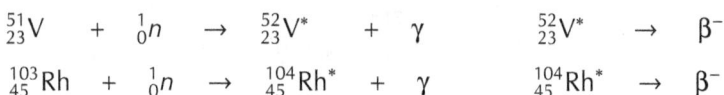

$$^{51}_{23}V \quad + \quad ^{1}_{0}n \quad \rightarrow \quad ^{52}_{23}V^* \quad + \quad \gamma \qquad\qquad ^{52}_{23}V^* \quad \rightarrow \quad \beta^-$$

$$^{103}_{45}Rh \quad + \quad ^{1}_{0}n \quad \rightarrow \quad ^{104}_{45}Rh^* \quad + \quad \gamma \qquad\qquad ^{104}_{45}Rh^* \quad \rightarrow \quad \beta^-$$

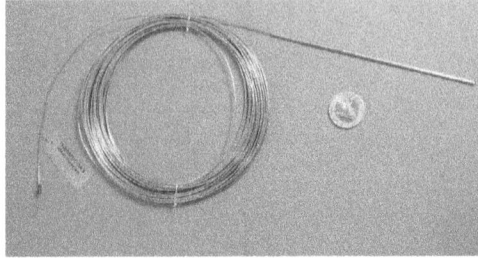

Figure 3.44. Collectron rapide pour la mesure du flux neutronique thermique dans le réacteur OSIRIS.

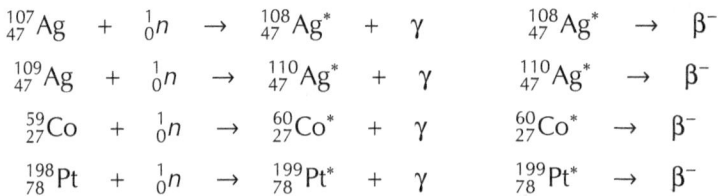

$$^{107}_{47}\text{Ag} + ^{1}_{0}n \rightarrow ^{108}_{47}\text{Ag}^* + \gamma \qquad\qquad ^{108}_{47}\text{Ag}^* \rightarrow \beta^-$$

$$^{109}_{47}\text{Ag} + ^{1}_{0}n \rightarrow ^{110}_{47}\text{Ag}^* + \gamma \qquad\qquad ^{110}_{47}\text{Ag}^* \rightarrow \beta^-$$

$$^{59}_{27}\text{Co} + ^{1}_{0}n \rightarrow ^{60}_{27}\text{Co}^* + \gamma \qquad\qquad ^{60}_{27}\text{Co}^* \rightarrow \beta^-$$

$$^{198}_{78}\text{Pt} + ^{1}_{0}n \rightarrow ^{199}_{78}\text{Pt}^* + \gamma \qquad\qquad ^{199}_{78}\text{Pt}^* \rightarrow \beta^-$$

3.6.10.2. *Types de collectrons*

3.6.10.2.1. Collectrons à réponse lente

La composante prépondérante du signal est due à l'émission β^- des isotopes radioactifs formés. Dans ce cas, l'établissement d'un courant stable doit attendre l'activation à saturation de l'émetteur qui peut dépasser la vingtaine de minutes.

C'est le cas des collectrons argent et vanadium.

Le temps de réponse des collectrons lents dépend de la période des radio-isotopes formés.

Les temps de réponse pour obtenir 99 % de la saturation sont :

- rhodium : 13 min ;

- argent : 12 min ;

- vanadium : 25 min.

3.6.10.2.2. Collectrons à réponse rapide

La composante prépondérante du signal est due aux électrons Compton après interaction des γ de la capture initiale avec l'émetteur. Le courant émis est beaucoup plus faible que pour un collectron lent.

C'est le cas des collectrons cobalt, platine, gadolinium et hafnium.

Le temps de réponse des collectrons rapides est inférieur à 30 ms (du moins pour les collectrons neufs). Cependant, le rapport signal à bruit est beaucoup plus faible que pour les collectrons lents.

3.6.10.3. *Sensibilité des collectrons*

La sensibilité par unité de longueur d'émetteur d'un collectron dépend essentiellement de la section efficace de capture des neutrons dans le domaine thermique ainsi que des intégrales de résonance dans le domaine épithermique. Cette sensibilité peut dépendre de la distribution spectrale des neutrons.

Globalement et pour tous les types de collectrons, la sensibilité neutronique va de 10^{-23} à 10^{-21} A/n.cm^{-2}.s^{-1} par cm d'émetteur.

À diamètre égal, la sensibilité neutronique d'un collectron lent est plus forte que celle d'un collectron rapide.

La sensibilité se divise en 3 termes :

- sensibilité aux neutrons thermiques,

- sensibilité aux neutrons épithermiques,

- sensibilité au rayonnement γ.

Elle dépend des sections efficaces d'absorption des neutrons thermiques, des intégrales de résonances et du numéro atomique Z de l'émetteur.

Par ailleurs, les faibles sections efficaces des réaction (n, p), (n, α), (n, 2n) et (n, n') font que la contribution des neutrons rapides ($E > 0,1$ MeV) reste négligeable.

La sensibilité des collectrons aux neutrons rapides reste marginale.

Le tableau 3.10 donne des exemples de sensibilités en réacteur expérimental aux neutrons thermiques et épithermiques.

Tableau 3.10. Exemples de sensibilités neutroniques mesurées en réacteur expérimental.

Émetteur	Diamètre (mm)	Sensibilité aux neutrons thermiques (A/nv/cm)	Sensibilité aux neutrons épithermiques (A/nv/cm)
Ag	0,5	$4,41 \times 10^{-22}$	$1,78 \times 10^{-21}$
Rh	0,5	$1,04 \times 10^{-21}$	$3,0 \times 10^{-21}$
Co	2	$2,75 \times 10^{-22}$	$3,6 \times 10^{-22}$

La figure 3.45 donne les proportions des réponses dans le cœur du réacteur OSIRIS de trois types de collectrons pour la détection de rayonnement gamma, de neutrons thermiques et de neutrons épithermiques.

Enfin, ce type de détecteur, qui fonctionne en courant sans nécessiter d'alimentation, est très simple et robuste, économique et possède une longue durée de vie. Il nécessite cependant des flux de neutrons importants (typiquement 10^{10} n.cm^{-2}.s^{-1}) pour fournir un signal mesurable sans contrainte particulière. On peut obtenir des courants de l'ordre de quelques μA pour un flux de 10^{14} n.cm^2.s^{-1}.

Du fait de leur « rusticité », les collectrons sont utilisés pour la détection des neutrons dans le cœur des réacteurs nucléaires. Ils produisent une mesure en ligne du flux neutronique en n'occupant qu'un faible encombrement, sans pièces en mouvement et à coût modéré.

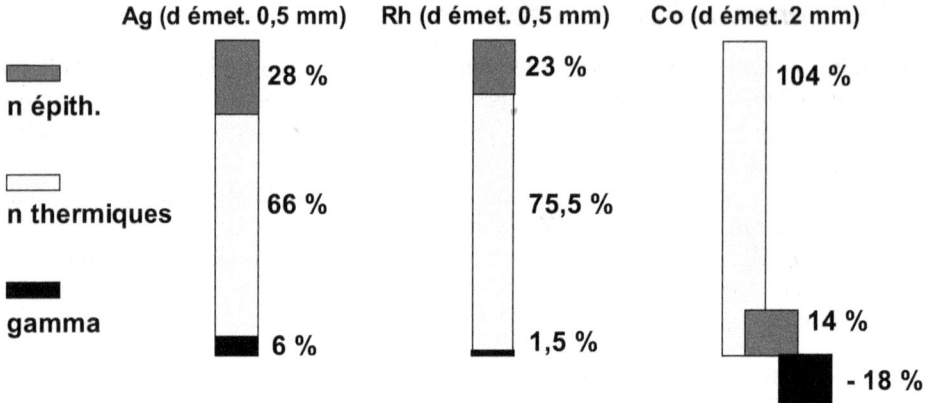

Figure 3.45. Exemples de proportions des réponses dans le cœur du réacteur OSIRIS pour trois types de collectrons et en fonction du rayonnement incident.

Les inconvénients majeurs de ce type de capteur sont :

– de fournir une mesure non sélective,

– d'avoir dans son signal des composantes de bruit non négligeables particulièrement celle due à la longueur du câble,

– de nécessiter une électronique performante (mesure d'un courant très faible, l'extraction du signal du bruit, traitement de la composante rapide).

3.7. Exercices

3.7.1. *Chambre à fission*

On veut réaliser une chambre à fission de forte sensibilité avec un dépôt d'uranium ayant les caractéristiques suivantes :

- *UO_2 avec U enrichi à 93 % de ^{235}U,*

- *masse surfacique du dépôt m = 2 mg.cm^{-2},*

- *section efficace de fission de ^{235}U σ_f = 580 b.*

1. *En admettant que l'on récupère 1 impulsion par fission dans le dépôt, calculer la surface de celui-ci pour obtenir une sensibilité de la chambre de 1 c.s^{-1} pour un flux neutronique de 1 n.cm^{-2}.s^{-1} ? (noté : 1 cps/nv)*

2. *L'impulsion de courant provoquée par chaque fission fait alors en moyenne une hauteur de 6,3 μA, et on admet que celle-ci a la forme d'un demi-triangle isocèle et que le temps de collection des charges τ est de 100 ns.*

Au-delà d'un taux de comptage voisin de 10^6 c.s^{-1}, il ne sera plus possible de travailler en mode impulsions, il sera alors nécessaire de passer à un fonctionnement en mode courant.

En s'aidant de la forme d'impulsion ci-dessous, à quelle sensibilité approximative peut-on s'attendre en mode courant en A/(n.cm^{-2}.s^{-1}) ?

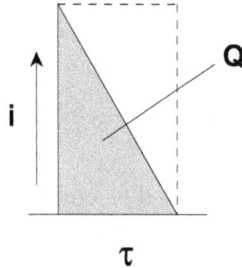

Rappels :

– *nombre d'Avogadro $N_A = 6{,}023 \times 10^{23}$;*

– *nombre de masse $^{235}U = 235$;*

– *nombre de masse $^{16}O = 16$;*

– *relation entre la charge et l'intensité : $Q_{Coulomb} = I_{Ampère} \times T_{sec}$.*

3.7.2. *Compteur proportionnel à triflurure de bore (BF$_3$)*

L'efficacité d'un détecteur représente la probabilité qu'un rayonnement qui le pénètre interagisse et soit comptabilisé par l'appareil. On se propose donc d'estimer quelle peut être l'influence des rayonnements gamma sur un compteur proportionnel à gaz BF$_3$.

1. *Donner l'expression permettant de calculer la proportion d'interactions qui se produisent dans un matériau d'épaisseur x en fonction de son coefficient linéique d'atténuation (μ) exposé à un flux de rayonnements gamma monochromatiques.*

2. *Sachant que le détecteur est un cylindre de 2 cm de diamètre contenant du BF$_3$ et dont la paroi en cuivre est de 1 mm d'épaisseur, estimer l'efficacité de détection du compteur exposé de façon transversale à des rayonnements gamma du ^{137}Cs ($E_\gamma = 662$ keV). Qu'en concluez-vous ?*

   On donne : $\mu_{Cu} = 0{,}51$ cm^{-1} et $\mu_{BF3} = 0{,}0001$ cm^{-1}

3. *Quelle sera alors l'énergie maximum pouvant être déposée dans le gaz de détection suite à l'interaction des photons compte tenu que le pouvoir d'arrêt dans le BF$_3$ des électrons ainsi produits vaut 2,5 keV.cm^{-1} ?*

4. *De quelle façon peut-on discriminer les photons gamma vis-à-vis des neutrons que l'on cherche à détecter ?*

3.7.3. Scintillateur et production de photoélectrons dans le PM

Soit un détecteur à scintillation équipé d'un cristal NaI (Tℓ) ayant un rendement énergétique de conversion R égal à 12 %.

$$R = \frac{\text{énergie totale des photons émis}}{\text{énergie incidente absorbée}}$$

L'énergie moyenne des photons lumineux émis par le cristal est de 3 eV et l'efficacité quantique E de la photocathode est de 10 %.

$$E = \frac{\text{nombre d'électrons émis}}{\text{nombre de photons reçus}}$$

1. *Calculer l'énergie nécessaire qui doit être absorbée dans le scintillateur pour créer un photoélectron primaire.*

2. *Que peut-on dire de cette énergie en comparaison d'un détecteur à gaz ?*

Solutions

3.7.1. Chambre à fission

1. Calcul de la surface S
     Le taux de fissions dans la chambre s'exprime par :

$$\tau_{\text{fission/s}} = N_{235_U} \times \sigma_f \times \phi$$

Dans notre cas, pour une surface de dépôt S et un flux unitaire, on aura :

$$\tau_{\text{fission}} = \frac{S \times m}{A_{UO_2}} \times N_A \times 0,93 \times \sigma_f \times 1$$

Si le taux de comptage est égal au taux de fissions (rendement 100 %), la surface S nécessaire pour avoir 1 c.s^{-1} sera :

$$S = \frac{A_{UO_2}}{m \times N_A \times 0,93 \times \sigma_f} = \frac{267}{2\ 10^{-3} \times 6,023\ 10^{23} \times 0,93 \times 580\ 10^{-24}} = 411 \text{ cm}^2$$

2. Calcul de la sensibilité en courant
     En mode impulsionnel, la largeur de l'impulsion est $\tau = 100$ ns (temps de collection des charges).
     Si l'impulsion physique a la forme d'un demi-triangle isocèle, la charge délivrée dans le détecteur est de :

$$Q = \frac{i \times \tau}{2}$$

Pour un flux unitaire, nous aurons 1 impulsion par seconde donc l'équivalent du courant permanent i_p sur 1 seconde sera :

$$Q = i_p \times 1 \text{ s} = \frac{i \times \tau}{2}$$

$$i_p = \frac{6,3 \ 10^{-6} \times 100 \ 10^{-9}}{2} 3,15 \times 10^{-13} \ A$$

La sensibilité de la chambre sera donc de 3,15 10^{-13} A/nv.

3.7.2. Compteur proportionnel à triflurure de bore (BF₃)

1. $p = 1 - e^{-\mu x}$

2. *Efficacité de détection :* $\varepsilon = e^{-(\mu_{Cu}).0,1}(1 - e^{-(\mu_{BF3}).2}) = 1,9 \times 10^{-4}$. *Elle reste très faible.*

3.7.3. Scintillateur et production de photoélectrons dans le PM

1. *L'énergie totale émise par le scintillateur sera, pour une énergie incidente E :*

$$E_{\text{totale des photons émis}} = 0,12 \times E$$

Le nombre dé photons émis par la scintillation sera :

$$N_{\text{photons émis}} = \frac{0,12 \times E}{3}$$

Le nombre de photoélectrons émis par la photocathode sera :

$$N_{e^-} = \frac{0,12 \times E}{3 \times 10}$$

Soit pour 1 e^- émis, une énergie nécessaire déposée égale à :

$$E = \frac{3 \times 10}{0,12} = 250 \ eV$$

2. *Cette énergie est relativement grande par rapport au potentiel d'ionisation des gaz (≈ 30 eV), aussi on peut s'attendre à ce que la résolution d'un tel scintillateur soit moins bonne que celle obtenue dans un détecteur à gaz.*

Références

[1] S.N. AHMED, *Physics & Engineering of Radiation Detection*, Academic Press in an imprint of Elsevier, UK, 2007.

[2] W. ASSMANN, Ionization Chambers for Materials Analysis with Heavy Ion Beams, *Nuclear Instruments and Methods*, B 64, 267-271, 1992.

[3] G. BERTOLINI, A. COCHE, *Semiconductor Detectors*, Elsevier Science, 1968.

[4] D. BLANC, *Détecteurs de Particules : Compteurs et Scintillateurs*, Masson & Cie Éditeurs, Paris, 1959.

[5] C.F. DELANEY, E.C. FINCH, *Radiation Detectors : Physical Principles and Applications*, Oxford University Press, 1992.

[6] Geoffrey G. EICHHOZ, *Principles of Nuclear Radiation Detection*, Ann Arbor Science Publishers, Inc 1979.

[7] E. FENYVES, O. HAIMAN, *The Physical Principles of Nuclear Radiation Measurements*, Akademiai Kiado, Budapest and Academic Press, New York, Budapest, 1969.

[8] A.E.S. GREEN, *Nuclear Physics*, MacGraw-Hill Book Company, Inc, New-York, 1955.

[9] D. GREEN, *The Physics of Particle Detectors*, Cambridge University Press, 2000.

[10] J.H. HUBBEL, Photon Mass Attenuation and Energy-absorption Coefficients from 1 keV to 20 MeV, *Int. J. Appl. Radiat. Isot.*, 33, 1269-1290, 1982.

[11] G.F. KNOLL, *Radiation detection and measurement*, 3rd Edition, John Wiley & Sons, New-York, 2000.

[12] A. NACHAB, *Expérience et modélisation Monte-Carlo de l'auto-absorption gamma et de la dosimétrie active par capteurs CMOS*, Thèse de Doctorat en Physique sub-atomique de l'Université Chouaïb Doukkali, El Jadida, Maroc.

[13] A. NGUYEN *et al.*, *Détection de rayonnements et Instrumentation Nucléaire*, Support de cours de Génie Atomique, 2001.

[14] B. ROSSI, H. STAUB, *Ionization Chambers and Counters : Experimental Techiques*, McGraw-Hill Book Compagny, Inc., New-York, 1949.

[15] F. SAULI, *Principles of Operation of Multiwire Proportional and Drift Chambers*, CERN, 77-09, 1977.

[16] R. SWANK, *Characterization of Scintillators*, Annual Review of Nuclear Science, Vol. 4, 1954.

[17] C.J. TAYLOR *et al.*, Response of Some Scintillation Crystals to Charged Particles, *Physical Review*, Vol. 84, N° 5, 1951.

[18] J.M. TAYLOR, *Semiconductor Particle Detectors*, Butterworths, 1963.

[19] N. TSOULFANIDIS, *Measurement and Detection of Radiation*, Taylor & Francis, Washington DC, 1983.

[20] R.K. WILLARSON, E.R. WEBER, *Semiconductors for Room Temperature : Nuclear Detector Applications*, Academic Press, 1995.

[21] D.H. WILKINSON, *Ionisation Chambers and Counters*, Cambridge University Press, 1950.

Statistiques appliquées
aux mesures
de rayonnements

4.1. Généralités sur les incertitudes de mesure

Toutes les mesures aussi méticuleuses, soigneuses et scientifiques soient-elles sont indubitablement entachées d'incertitudes. L'identification, l'étude et l'évaluation de ces incertitudes permet au scientifique d'en estimer le niveau dans le but de les réduire si nécessaire. L'analyse et le traitement des incertitudes constituent ainsi une part essentielle de toute expérience scientifique.

L'objectif de la grande partie des expériences en physique consiste à essayer de comprendre un phénomène et le modéliser correctement. Cette compréhension passe par des mesures aussi précises que possible et surtout des mieux maîtrisées. D'où la question pertinente et fondamentale que se pose constamment un expérimentateur : « Que vaut la précision de ma mesure de telle ou telle grandeur ? ». S'il utilise des appareils suffisamment précis il s'aperçoit que des mesures répétées de la même grandeur donnent souvent des résultats « légèrement » différents. Ce phénomène est général que les mesures soient simples et basiques ou élaborées. Même les mesures répétées de la longueur d'une tige métallique peuvent donner des résultats différents. Dans la pluspart des cas, on reste proche d'une certaine valeur moyenne avec de temps à autre des valeurs (rares) qui en sont éloignées.

Cette dispersion ou variation peut être due à plusieurs raisons dont une relativement triviale : *les conditions de déroulement et de répétition d'une expérience ne sont jamais rigoureusement identiques*. Elles varient toujours légèrement ; ce qui modifie la valeur de la grandeur mesurée. Typiquement, quand on mesure plusieurs fois la longueur d'une tige métallique, celle-ci peut varier à cause de la simple variation de la température (dilatation). Ainsi, cette modification des conditions « extérieures » peut être plus ou moins importante mais reste incontournable et, dans les conditions réelles d'une expérience physique, on ne peut s'en affranchir.

Par conséquent, les résultats des mesures que nous effectuons ne sont jamais constants. C'est pourquoi la démarche même de chercher à connaître la valeur d'une grandeur n'est pas rigoureusement correcte. Trouver des moyens et des outils adéquats pour décrire les grandeurs physiques sous l'angle de la mesure et de ses particularités s'avère donc indispensable. Ces outils doivent refléter le fait que la valeur physique varie toujours, mais que ses variations se regroupent autour d'une *valeur moyenne*.

Une grandeur physique sera ainsi caractérisée non par une valeur, mais par *la probabilité* de trouver lors d'une campagne de mesure telle ou telle valeur. On introduit donc une fonction appelée *distribution de probabilité* de détection ou d'obtention d'une valeur physique ou tout simplement la distribution d'une valeur physique. Cette fonction montre la fréquence d'apparition ou d'occurrence d'une valeur plutôt qu'une autre ; autrement dit elle montre quelles sont les valeurs les plus fréquentes ou les plus rares.

Le but des mesures physiques est la détermination de cette fonction de distribution, ou au moins de ses deux paramètres majeurs : *la moyenne et la largeur*. Expérimentalement parlant, pour accéder précisément et finement à une distribution, on doit répéter plusieurs fois la même mesure pour connaître la fréquence d'apparition des valeurs. Pour obtenir la totalité des valeurs possibles ainsi que leurs probabilités d'apparition, un nombre infini de mesures est nécessaire. Ce qui est dans la pratique quasi impossible.

On se limite donc à un nombre fini de mesures. Cela introduit une incertitude supplémentaire. *Cette incertitude, due à l'impossibilité de mesurer avec une précision absolue la distribution initiale s'appelle incertitude statistique*[1].

En théorie il est assez facile de diminuer cette incertitude ; il « suffit » d'augmenter le nombre de mesures. En principe, on peut la rendre négligeable devant l'incertitude initiale de la grandeur physique.

Toutefois, dans chaque expérience physique existe un appareil ou un ensemble d'appareils plus ou moins compliqué(s) entre l'expérimentateur et l'objet mesurable. Cet appareil induit inévitablement une distorsion ou une modification de la distribution initiale. Typiquement, ces déformations peuvent être de deux types : l'appareil peut décaler la valeur moyenne et il peut élargir la distribution initiale. Ce décalage de la valeur moyenne est un exemple de ce qu'on appelle *incertitudes systématiques*. Comme leur appellation le laisse supposer, ces incertitudes ont tendance à apparaître à chaque mesure. Le dispositif de mesure donne *systématiquement* une valeur qui est différente de la valeur « réelle »[2]. Mesurer avec un appareil dont le zéro est mal réglé est le *cas d'école* le plus fréquent de ce genre d'erreurs. Il est cependant très laborieux de remédier ou d'éviter ce type d'incertitudes car il s'agit dans un premier temps de les déceler pour ensuite les corriger. Il n'y a pas d'approche ou de méthode générale ; cela se fait au cas par cas.

4.2. Statistiques et mesure de rayonnements

Les grandeurs physiques associées aux phénomènes atomiques et nucléaires ne sont accessibles et donc mesurables qu'aux fluctuations statistiques près.

En effet, de par leur définition même, des grandeurs telles que la période, la section efficace ou encore la perte moyenne d'énergie rencontrées respectivement dans les phénomènes de désintégration radioactive, d'interaction et de ralentissement des particules dans la matière sont indissociables des aspects statistiques et probabilistes.

Le caractère aléatoire de la décroissance radioactive (désintégration nucléaire, désexcitation nucléaire et atomique...) fait que toute mesure ou détection de rayonnement ou particule associée [α, β, γ, X, e^-, e^+, n, p, noyaux lourds...] est assujettie indéniablement aux incertitudes statistiques.

Ainsi, dans le cas d'un comptage de rayonnements nucléaires, les mesures successives en conditions identiques ne donnent pas forcément les mêmes résultats. Les différences sont dues aux incertitudes statistiques (cf. § 4.1) qui constituent souvent la principale

---

[1] Par abus de langage, on l'appelle aussi « erreur statistique » en sachant que la notion d'erreur correspond à l'écart par rapport à la valeur vraie qui est par définition quasi impossible à déterminer dans l'absolu.

[2] Il s'agit bien de la valeur réelle et non de la valeur vraie.

source d'erreur sur ce type de mesures. Ces fluctuations obéissent à certains modèles statistiques qui sont couramment utilisés pour le traitement et l'analyse des données expérimentales issues des mesures et de la détection de rayonnements que nous présentons dans la suite de ce chapitre.

4.2.1. *Notions élémentaires de statistique*

Quelques définitions et expressions analytiques nécessaires pour caractériser un ensemble de résultats de mesure sont rappelées dans ce qui suit.

4.2.1.1. *Caractéristiques d'un ensemble de résultats*

Supposons que l'on dispose d'un nombre n de résultats de mesure (dénommés mesurages en statistique) obtenus par la même méthode sur une même grandeur physique. Le premier paramètre caractérisant cette série de n résultats est la moyenne arithmétique $\bar{x}$:

$$\bar{x} = \frac{\sum x_i}{n} = \frac{x_1 + x_2 + ... + x_n}{n} \tag{4.1}$$

La moyenne arithmétique $\bar{x}$ caractérise la position de l'ensemble des résultats sur l'échelle des x. Elle est particulièrement sensible à l'existence d'effets systématiques appelés aussi biais.

  L'existence d'effets aléatoires correspond à la dispersion des résultats x_i autour de la moyenne $\bar{x}$. Elle est caractérisée par l'ensemble des écarts algébriques :

$$d_i = x_i - \bar{x}$$

Comme la moyenne de ces écarts est nulle, la dispersion est caractérisée par un écart quadratique moyen noté d_q :

$$d_q = \sqrt{\frac{\sum (x_i - \bar{x})^2}{n}} \tag{4.2}$$

Lorsque la série de n mesurages est recommencée, d'autres valeurs de $\bar{x}$ et d_q, différentes des précédentes, sont obtenues. Ce sont des variables aléatoires. Il faut donc introduire de nouveaux paramètres, non aléatoires, pour caractériser la mesure. Ces paramètres sont définis en considérant tous les résultats qu'il serait théoriquement possible d'obtenir en multipliant à l'infini le nombre n des mesurages. Un tel ensemble infini de résultats de la même grandeur obtenus dans les mêmes conditions est appelé *population statistique*.

4.2.1.2. *Fréquence et probabilité*

La série des résultats peut être représentée par un graphique appelé histogramme des effectifs. Les valeurs particulières des mesurages sont portées sur l'axe des abscisses, en général partagé en intervalles égaux. Sur chaque intervalle est construit un rectangle dont la surface est proportionnelle au nombre de résultats compris à l'intérieur. Chaque intervalle est appelé classe et le nombre de résultats est appelé effectif de la classe correspondante. La surface totale de l'histogramme est proportionnelle au nombre total des résultats n.

Pour faciliter les comparaisons entre histogrammes, ceux-ci sont normalisés : pour chaque classe de limites A et B, la surface du rectangle est choisie égale à :

$$\frac{n_{AB}}{n} = \frac{\text{effectif de la classe AB}}{\text{nombre total de résultats}}$$

Ce rapport s'appelle fréquence des résultats compris entre A et B. L'histogramme obtenu s'appelle histogramme des fréquences. Sa surface totale est égale à 1 quel que soit le nombre n de mesures.

La moyenne arithmétique $\bar{x}$ caractérise la position de l'histogramme par rapport à l'axe des abscisses et l'écart quadratique moyen son étalement le long de cet axe.

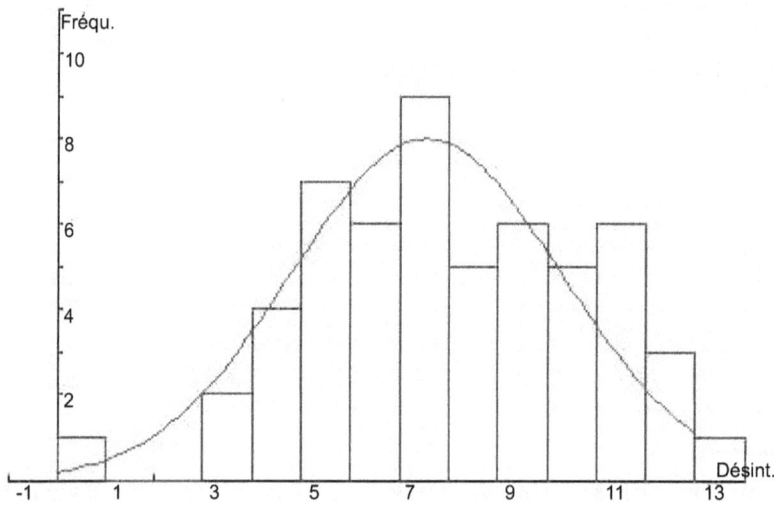

Figure 4.1. Exemple d'histogramme des fréquences pour une mesure de rayonnements issus d'une décroissance radioactive.

Pour n tendant vers l'infini, l'ensemble des résultats représente une population statistique et la fréquence tend vers une valeur parfaitement définie dans chaque classe.

L'histogramme a donc une limite qui est l'histogramme de la population. Si le nombre de classes tend vers l'infini (B tend vers A), celui-ci est alors représenté par une courbe continue appelée courbe de distribution de X (ou fonction de distribution de probabilité, notée $f(X)$), où X est la variable aléatoire décrivant le phénomène observé.

Néanmoins, cette courbe correspond uniquement à un cas théorique pour lequel, on a :

– un nombre infini de mesurages,

– une sensibilité très grande de l'appareil de mesure.

Dans la pratique, il n'est pas possible de tracer l'histogramme de la population, car on ne peut procéder à un nombre infini de mesurages. L'objet des statistiques est donc d'estimer ses caractéristiques (forme et position) à partir de séries limitées de résultats de mesure.

La définition de l'histogramme de la population comme limite de l'histogramme des fréquences permet de définir les probabilités :

- lorsque *n* est fini, la surface du rectangle construit sur l'intervalle AB est égale à la fréquence $\frac{n_{AB}}{n}$,

- lorsque *n* augmente indéfiniment, cette surface tend vers la limite bien définie de la fréquence $\frac{n_{AB}}{n}$, elle est appelée probabilité pour qu'un résultat soit compris entre A et B.

Ainsi, la probabilité *P* de trouver une valeur dans l'intervalle compris entre A et B, s'écrit, dans le cas d'une fonction continue :

$$P = \mathrm{Prob}(A < x \leq B) = \int_A^B f(x)dx \tag{4.3}$$

Quand B tend vers A (B = A + dx), la probabilité de trouver la variable aléatoire *X* dans l'intervalle [A ; A + dx] est *f*(A).*dx*.
De plus :

$$\int_{-\infty}^{+\infty} f(x)dx = 1$$

ce qui se traduit par la *probabilité de trouver n'importe quelle valeur de x est égale à 1.*

Remarque : Pour une distribution discrète, si chaque intervalle contient une seule valeur possible x_i de X, la probabilité correspondante, désignée par p_i, est appelée probabilité de la valeur $x_i(p_i = P(X = x_i)$ et $\sum_{i=1}^{\infty} P(x_i) = 1$).
Lorsque la distribution des résultats tend vers une fonction continue, l'ordonnée y de la courbe de distribution s'appelle densité de probabilité.

La probabilité d'avoir un résultat inférieur ou égal à *k* est décrite par la fonction de répartition ($p(X \leq k) = F_X(k)$) :

$$F_X(k) = \int_{-\infty}^{k} f(x)dx$$

Lorsque *k* tend vers l'infini, F_X tend vers la surface totale de l'histogramme qui est égale à 1.

4.2.1.3. *Caractéristiques de la population*

Les caractéristiques de la population sont définies comme les valeurs limites pour *n* infini des caractéristiques d'une série de *n* résultats. Cette série est appelée *échantillon de la population.*
Quand *n* augmente indéfiniment, on admet que x̄ tend vers une limite, désignée par μ, qui est appelée *moyenne de la population*, ou *espérance mathématique* de *X*. Elle est souvent désignée par *E*(*X*) :

$$\mu = E(X) = \lim_{n \to \infty} \frac{\sum_{i=1}^{n} x_i}{n} \tag{4.4}$$

Si la distribution est continue et si la courbe de distribution est symétrique, μ correspond à un extremum.

μ est calculée par

- $\mu = \int_{-\infty}^{+\infty} x \cdot f(x)dx$ pour une distribution continue,

- $\mu = \sum_{i=1}^{\infty} x_i \cdot p_i$ pour une distribution discrète.

La dispersion des résultats est caractérisée par la variance σ^2, qui est définie comme l'espérance mathématique de la variable $(X - \mu)^2$:

$$\sigma^2 = E\left((X - \mu)^2\right) = \lim_{n \to \infty} \frac{\sum_{i=1}^{n} (x_i - \mu)^2}{n} \qquad (4.5)$$

La racine carrée de la variance (σ) est appelée écart type de la population. C'est une grandeur de même nature que X, qui s'exprime avec les mêmes unités. C'est l'incertitude statistique sur X.

Le rapport sans dimension $IR = \frac{\sigma}{\mu}$ est appelé coefficient de variation ou écart type relatif ou encore incertitude relative de X.

4.2.1.4. *Fonction de distribution de plusieurs variables*

On s'intéresse ici au cas d'un résultat dépendant de plusieurs grandeurs (N variables aléatoires) qui peuvent être des grandeurs physiques différentes ou plusieurs mesures indépendantes d'une même grandeur. De façon similaire au cas d'une seule variable, on introduit la fonction de distribution de probabilité qui dépend de N variables $f(x_1, x_2, ..., x_N)$. Ainsi, la probabilité de trouver chacune des variables x_j dans l'intervalle compris entre x_j et $x_j + dx_j$ est :

$$P = f(x_1, x_2, ..., x_N)\, dx_1\, dx_2 ... dx_N$$

Avec la condition de normalisation :

$$\int_{-\infty}^{+\infty} \int_{-\infty}^{+\infty} ... \int_{-\infty}^{+\infty} f(x_1, x_2, ..., x_N)dx_1\, dx_2 ... dx_N = 1$$

Parmi toutes les fonctions $f(x_1, x_2, ..., x_N)$, il existe un cas particulier, couramment rencontré en physique. Il s'agit d'un cas où les variables x_j sont indépendantes les unes par rapport aux autres (i.e. les variations de x_j n'affectent pas les autres variables). La fonction $f(x_1, x_2, ..., x_N)$ se sépare alors en un produit de fonctions :

$$f(x_1, x_2, ..., x_N) = \prod_{j=1}^{N} f_j(x_j)$$

où chaque f_j représente la fonction de distribution de probabilité de la variable correspondante x_j.

4.2.2. Lois de distribution de probabilité dans les mesures de rayonnements

Sous certaines conditions, la fonction de distribution décrivant les résultats attendus d'une série de mesures répétitives peut être prédite ou préétablie. La mesure est alors définie comme étant le nombre de succès, de réussite ou encore d'occurrence à l'issue d'un nombre donné d'essais ou de tentatives. Chaque essai est supposé suivre un processus binaire de telle manière que seules deux possibilités peuvent être envisagées. Ou le résultat est celui attendu i.e. un succès ou n'est pas celui attendu donc un non-succès.

Dans ce qui suit on supposera que la probabilité de réussite ou de succès est identique pour tous les tirages ; typiquement pour un lancé de dé (non pipé), la probabilité d'obtenir n'importe quelle face est identique (égale à 1/6).

Le tableau 4.1 donne des exemples concrets montrant comment ou sous quelles conditions ce genre de situations peut être rencontré.

Tableau 4.1. Exemple de processus dits binaires [3].

Événement, processus ou tirage	Définition du succès ou de la réussite	Probabilité de réussite P
Lancé de pièce de monnaie (Pile ou Face)	Face	1/2
Lancé de dé	Le six	1/6
Observation d'un noyau radioactif à l'instant t	Réaction de désintégration durant l'observation	$(1 - e^{-\lambda t})$

Pour le troisième exemple, il s'agit d'observer un radionucléide donné durant une durée t. Le nombre de possibilités est équivalent au nombre de noyaux dans l'échantillon à mesurer et la mesure consiste à compter le nombre de noyaux qui ont subi une décroissance i.e. qui se sont désintégrés. La probabilité de détection d'un noyau quelconque issu de cette décroissance est $p = (1 - e^{-\lambda t})$ où λ est la constante de décroissance radioactive.

Les lois de distributions de probabilité les plus utilisées dans le contexte des mesures de rayonnements sont au nombre de trois : la loi binomiale, la loi dite de Poisson et la loi normale appelée aussi gaussienne.

4.2.2.1. Loi binomiale

C'est la loi de distribution la plus largement appliquée notamment à tous les processus décrits plus haut et dont la probabilité p est constante. Elle reste cependant très peu utilisée en détection et mesure de rayonnements nucléaires où le nombre de radionucléides est souvent très grand et la probabilité p trop petite. Toutefois, un exemple en mesure de rayonnements où la loi binomiale doit être utilisée est la vérification de la validité des résultats acquis lors du comptage d'un radio-isotope de très faible période au moyen d'un dispositif de détection de forte sensibilité. Dans ce cas, les critères d'application d'une distribution de Poisson ou de Gauss décrites plus bas ne sont pas remplis.

Si n est le nombre d'épreuves et p la probabilité de réalisation (succès) pour chaque épreuve, alors la probabilité de compter exactement x succès parmi les n épreuves est :

$$P(x) = \frac{n!}{(n-x)!x!} p^x (1-p)^{n-x} \tag{4.6}$$

$P(x)$ est la fonction de distribution de probabilité selon une loi binomiale et est définie uniquement pour des valeurs entières de n et x.

Certaines propriétés de la distribution binomiale sont importantes et méritent d'être précisées.

a) La distribution est normalisée : $\sum\limits_{x=0}^{n} P(x) = 1$.

b) La valeur moyenne de la distribution : $\bar{x} = \sum\limits_{x=0}^{n} xP(x) = pn$.

c) La variance σ^2 définie comme l'écart quadratique par rapport à la moyenne :

$$\sigma^2 = \sum\limits_{x=0}^{n} (x-\bar{x})^2 P(x) = np(1-np) \tag{4.7}$$

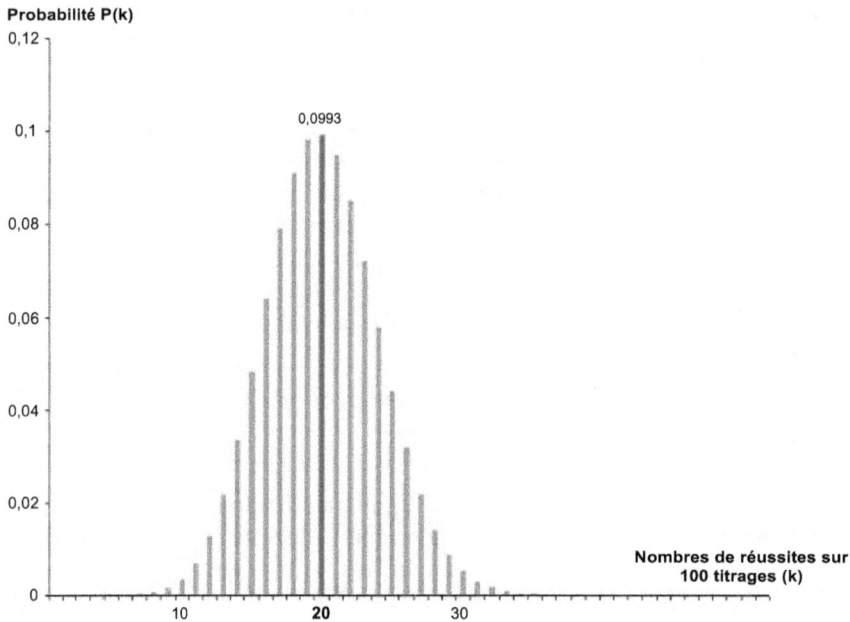

Figure 4.2. Exemple graphique d'une distribution binomiale.

4.2.2.2. Loi de Poisson

Les conditions nécessaires pour appliquer la loi de Poisson dans le cadre de mesures nucléaires, reposant sur la détection de particules émises suite à une désintégration radio-active, sont les suivantes :

- le nombre d'atomes (n) doit être élevé, $n \gg 1$,

- le nombre d'atomes, k, susceptibles de subir une décroissance radioactive pendant la durée de la mesure doit être faible devant n (la probabilité de désintégration est petite), $k \ll n$.

Autrement dit, les mesures portent sur un émetteur ayant un grand nombre de noyaux, durant un temps très court par rapport à sa période. On peut alors montrer que la distribution binomiale dans ce cas est réduite à la loi de Poisson donnée par la relation suivante et qui décrit ce phénomène :

$$P(X = k) = \frac{a^k}{k!}e^{-a} \tag{4.8}$$

où :

X : variable aléatoire représentant le phénomène de désintégration radioactive,
P : probabilité qu'on observe k événements pendant la durée de la mesure.

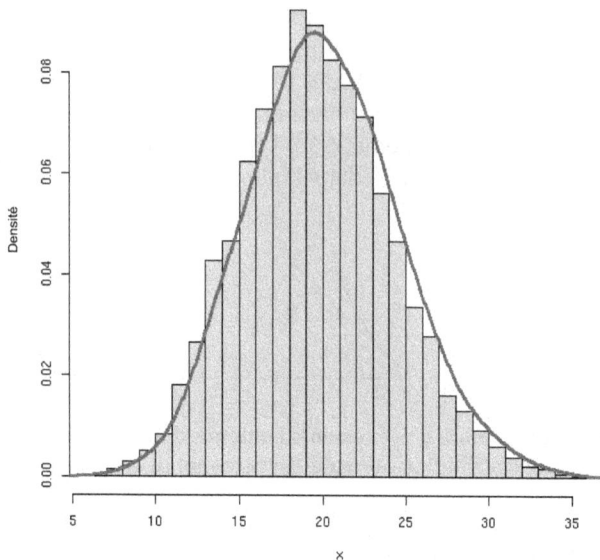

Figure 4.3. Exemple d'une représentation graphique d'une distribution de Poisson .

La loi de Poisson est une loi discrète, de moyenne μ et de variance σ^2 telles que :

$$\mu = \sigma^2 = a.$$

Une des caractéristiques principales de la loi de Poisson est que la variance est égale à la moyenne. Par conséquent, l'écart-type, racine carrée de la variance, est égal à la racine carrée de la moyenne de la distribution.

$$\sigma = \sqrt{\mu}$$

Dans le cas de la décroissance radioactive, on montre que le paramètre *a* est égal à *np* (*p* est la probabilité qu'a chaque atome de subir une désintégration pendant la durée de mesure).

4.2.2.3. *Loi normale ou gaussienne*

En plus des conditions indiquées pour l'application de la loi de Poisson, si la moyenne (*a*) de la distribution est grande (i.e. supérieure à 100), de nouvelles simplifications conduisent à la loi normale appelée aussi distribution gaussienne, de moyenne et de variance *a*. Si *X* suit la loi normale (ou est une variable normale), sa densité de probabilité est de la forme :

$$f(x) = \frac{1}{\sigma\sqrt{2\pi}} \exp\left[-\frac{(x-\mu)^2}{2\sigma^2}\right] \tag{4.9}$$

σ et μ sont des constantes.

Cette loi est définie pour toutes les valeurs de *X*, de $-\infty$ à $+\infty$. Elle est symétrique autour de la valeur μ. Le paramètre μ est la moyenne de la population. Par ailleurs, l'écart type est égal à σ. L'équation de la courbe de distribution ne dépendant que des deux paramètres μ et σ, elle est représentée par le symbole : $N(\mu, \sigma)$.

Si *X* est une variable normale, 68,26 % des valeurs de *X* sont comprises dans l'intervalle $[\mu - \sigma, \mu + \sigma]$. Donc, un mesurage fait au hasard a une probabilité de 68,26 % de donner un résultat dans cet intervalle. De même, 95,44 % des valeurs de *X* sont comprises dans l'intervalle $[\mu - 2\sigma, \mu + 2\sigma]$. et 99,73 % dans l'intervalle $[\mu - 3\sigma, \mu + 3\sigma]$.

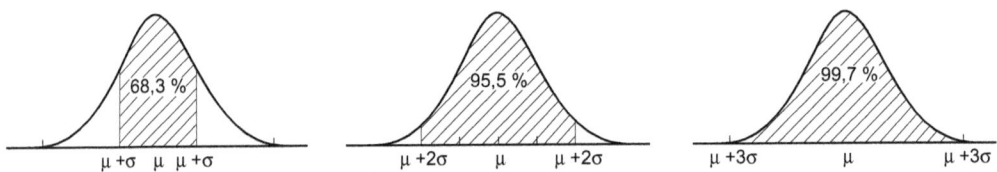

Figure 4.4. Les surfaces ou nombre d'événements contenus dans les intervalles $\mu \pm \sigma$, $\mu \pm 2\sigma$ et $\mu \pm 3\sigma$ dans le cas d'une distribution normale (gaussienne) de moyenne μ et d'écart-type σ.

Enfin, on peut considérer qu'un résultat de mesure suit une loi normale si les conditions suivantes sont réalisées simultanément (théorème central limite) :

- les causes d'erreur sont nombreuses,

- les erreurs sont du même ordre de grandeur,

- les fluctuations liées aux différentes causes d'erreur sont indépendantes et additives.

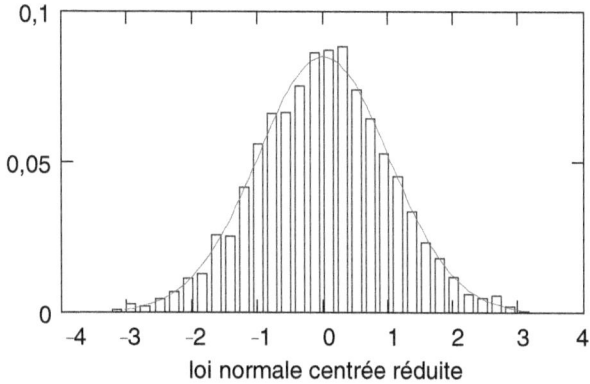

Figure 4.5. Histogramme d'une distribution suivant une loi normale (en trait continu est représentée la courbe théorique de la loi normale).

Les conditions nécessaires à l'application de la loi normale sont très souvent réunies lors du comptage d'événements issus d'une source radioactive (désintégration, désexcitation).

Cette distribution statistique est également très répandue en physique pour décrire la dispersion d'un résultat de mesure quel qu'il soit pourvu qu'il possède une variance finie (application du théorème central limite).

4.2.2.4. Loi équiprobable

Dans d'autres cas, on peut seulement estimer des limites (inférieure et supérieure) de la grandeur mesurée, en particulier pour énoncer que la probabilité que la valeur de la grandeur soit située dans l'intervalle compris entre a et b est égale à 1 et est essentiellement égale à zéro en dehors de cet intervalle. Si on ne possède aucune connaissance spécifique sur les valeurs possibles de la grandeur à l'intérieur de l'intervalle, on peut seulement supposer que cette grandeur se situe d'une manière également probable en tout point de l'intervalle. Cette loi de distribution de probabilité est appelée loi rectangulaire ou équiprobable. Elle peut s'exprimer sous la forme :

$$f(x) = \begin{cases} 1 & \text{si} \quad a \leq x \leq b \\ 0 & \text{sinon} \end{cases} \tag{4.10}$$

La variance d'une distribution équiprobable vaut :

$$\sigma^2 = \frac{(b-a)^2}{12}$$

où $(b - a)$ est appelée « étendue » de la distribution.

Remarque importante : dans les mesures de décroissance radioactive ou plus généralement en détection et mesure de rayonnements nucléaires, on ne peut directement appliquer la relation $\sigma = \sqrt{N}$ que si N correspond à un nombre d'événements effectivement

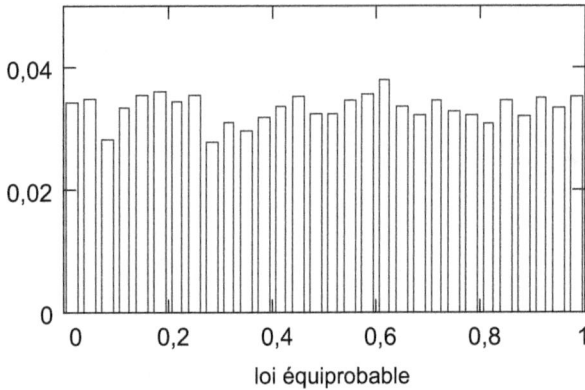

Figure 4.6. Histogramme d'une distribution suivant une loi équiprobable.

comptés par un dispositif de détection dans un intervalle de temps donné. L'utilisation inappropriée de la relation ci-dessus est souvent rencontrée.

Il est donc primordial de ne pas appliquer cette formulation quand N ne représente pas le nombre de coups intégrés sur une durée. Typiquement, cette relation n'est pas à utiliser pour :

- les taux de comptage (coups par unité de temps),

- les sommes ou les différences de comptage (signal brut-bruit de fond),

- les moyennes de comptages indépendants,

- toute grandeur ou quantité dérivée des mesures initiales.

Les incertitudes ou écart-types associés à de telles « situations » doivent être estimés conformément à des règles précises de propagation de variances présentées dans la section suivante.

4.2.2.5. *Propagation des incertitudes*

En détection nucléaire, en plus des mesures directes et classiques de rayonnements conduisant à un nombre de coups intégré sur une durée, très souvent les résultats obtenus sont ensuite injectés dans des expressions qui mettent en jeu des additions, multiplications, divisions ou autres opérations ou fonctions pour permettre d'accéder à la grandeur finale recherchée. C'est le cas par exemple de la détermination de l'activité (ou de l'émission) d'une source radioactive lors d'une mesure par spectrométrie gamma (cf. § 5.1) ou encore de la détermination de la masse d'un radionucléide par la mesure de son émission neutronique et/ou photonique (cf. § 5.3).

La qualité, la validité voire la crédibilité de telles mesures reposent fondamentalement sur la détermination juste et aussi rigoureuse que possible de l'incertitude finale entachant la grandeur recherchée. C'est un enjeu crucial dans toute mesure et encore plus en mesure nucléaire.

On note G la grandeur recherchée. G est donc une fonction ou une combinaison de résultats de mesures directs de comptages ou d'autres variables ou paramètres indépendants $x, y, z...$

Si on connaît les écarts-types σ_x, σ_y σ_z... de ces paramètres, la variance de G s'obtient à partir de l'expression suivante :

$$\sigma_G^2 = \left(\frac{\partial G}{\partial x}\right)^2 \sigma_x^2 + \left(\frac{\partial G}{\partial y}\right)^2 \sigma_y^2 + \left(\frac{\partial G}{\partial z}\right)^2 \sigma_z^2 + ... \qquad (4.11)$$

Où $G \equiv G(x, y, z, ...)$ et $(x, y, z, ...)$ indépendants.

Cette règle de propagation des variances est applicable dans presque toutes les situations en mesures nucléaires. Il faut cependant que les variables $x, y, z, ...$ soient réellement indépendantes pour éviter tout effet de corrélation.

4.2.2.5.1. Somme ou différence de comptages

Si G est une somme ou une différence de comptages indépendants :

$$G = x + y \quad \text{ou} \quad G = x - y$$

L'application de l'expression (5.11) conduit à :

$$\sigma_G = \sqrt{\sigma_x^2 + \sigma_y^2}$$

4.2.2.5.2. Multiplication ou division par une constante

Si on considère :

$$G = A.x$$

Où A est une constante entachée d'aucune incertitude alors, la loi de propagation des variances donne :

$$\sigma_G = A\sigma_x$$

De manière similaire, si $G = x/B$ où B est une constante entachée d'aucune incertitude, la loi de propagation des variances donne :

$$\sigma_G = \frac{B}{\sigma_x}$$

4.2.2.5.3. Produit ou quotient de comptages

Dans le cas d'un produit de comptages indépendants :

$$G = x.y$$

La loi de propagation des variances donne alors :

$$\sigma_G^2 = y^2\sigma_x^2 + x^2\sigma_y^2$$

Que l'on peut écrire sous la forme :

$$\left(\frac{\sigma_G}{G}\right)^2 = \left(\frac{\sigma_x}{x}\right)^2 + \left(\frac{\sigma_y}{y}\right)^2$$

Dans le cas d'un quotient de comptages indépendants :

$$G = \frac{x}{y}$$

La loi de propagation des variances donne alors :

$$\sigma_G^2 = \left(\frac{1}{y}\right)^2 \sigma_x^2 + \left(-\frac{x}{y^2}\right)^2 \sigma_y^2$$

Que l'on peut écrire sous la forme :

$$\left(\frac{\sigma_G}{G}\right)^2 = \left(\frac{\sigma_x}{x}\right)^2 + \left(\frac{\sigma_y}{y}\right)^2$$

On remarquera que pour les deux cas, i.e. produit et quotient de comptages indépendants, les incertitudes relatives $\frac{\sigma_x}{x}$ et $\frac{\sigma_y}{y}$ se somment quadratiquement pour conduire au carré de l'incertitude relative de G : $\frac{\sigma_G}{G}$.

Exercice d'application de la règle de combinaison des variances :

On cherche à réaliser la mesure de l'épaisseur x en cm d'un écran au moyen de la transmission d'un faisceau de photons collimatés et monochromatiques.

On mesure le nombre de photons N transmis pendant une certaine durée à travers l'épaisseur x.

On note N_0 le nombre de ces mêmes photons reçus en l'absence de l'écran.

Toutes les variables peuvent être assimilées à des variables normales.

1) *Donner l'expression de l'épaisseur x de l'écran en fonction du coefficient linéique d'atténuation μ (cm^{-1}), de N et de N_0.*

2) *Exprimer l'incertitude type relative sur x que l'on notera $(u_c(x)/x)$ en fonction des incertitudes types relatives sur μ, N et N_0 et du produit (μx).*

3) *Exprimer le biais (écart relatif par rapport à la moyenne) que l'on notera $\Delta x/x$.*

4) *Comparer.*

On donne $\mu x = 0,5$, $N_0 = 10^6$, $N = 10^4$ et $\left(\frac{u(\mu)}{\mu}\right) = 2$ %. La variance est notée u^2.

Solution

1) *La loi d'atténuation en ligne droite d'un pinceau de photons monochromatiques permet d'écrire : $N = N_0\, e^{-\mu x}$.*

L'épaisseur x de l'écran est donc : $x = \frac{1}{\mu} \ln\left[\frac{\partial x}{\partial N_0}\right]$.

2) *La règle de combinaison des variances pour une grandeur fonction de plusieurs variables indépendantes (non corrélées) appliquée à l'épaisseur x de l'écran permet d'écrire :*

$$u_c^2(x) = u^2(\mu)\left(\frac{\partial x}{\partial \mu}\right)^2 + u^2(N)\left(\frac{\partial x}{\partial N}\right)^2 + u^2(N_0)\left(\frac{\partial x}{\partial N_0}\right)^2$$

Le calcul des dérivées secondes partielles donne :

$$\frac{\partial x}{\partial \mu} = -\frac{1}{\mu^2}\ln\left[\frac{N_0}{N}\right] = -\frac{x}{\mu} \implies \frac{\partial^2 x}{\partial \mu^2} = \frac{\partial}{\partial \mu}\left(\frac{\partial x}{\partial \mu}\right) = \frac{2}{\mu^3}\ln\left[\frac{N_0}{N}\right] = \frac{2x}{\mu^2}$$

$$\frac{\partial x}{\partial N} = -\frac{1}{\mu N} \implies \frac{\partial^2 x}{\partial N^2} = \frac{\partial}{\partial N}\left(\frac{\partial x}{\partial N}\right) = \frac{1}{\mu N^2}$$

$$\frac{\partial x}{\partial N_0} = \frac{1}{\mu N_0} \implies \frac{\partial^2 x}{\partial N_0^2} = \frac{\partial}{\partial N_0}\left(\frac{\partial x}{\partial N_0}\right) = -\frac{1}{\mu N_0^2}$$

On en déduit :

$$\left(\frac{u_c(x)}{x}\right)^2 = \left(\frac{u(\mu)}{\mu}\right)^2 + \frac{1}{(\mu x)^2}\left(\left(\frac{u(N)}{N}\right)^2 + \left(\frac{u(N_0)}{N_0}\right)^2\right)$$

Sachant que les comptages suivent des distributions de Poisson, on peut écrire :

$$\frac{u(N)}{N} = \frac{1}{\sqrt{N}} = 1\ \%$$

$$\frac{u(N_0)}{N_0} = \frac{1}{\sqrt{N_0}} = 0,1\ \%$$

et donc $\dfrac{u_c(x)}{x} = 2,8\ \%$

3) *En ce qui concerne le biais relatif ou encore l'écart par rapport à la moyenne qui peut s'écrire en première approximation dans son expression générale pour une grandeur y de plusieurs variables x_i :*

$$\Delta y = \overline{y(x_i)} - y(\overline{x_i}) \cong \frac{1}{2}\sum_i \frac{\partial^2 y}{\partial x_i^2}\sigma_{x_i}^2$$

En appliquant cela à l'épaisseur x, le biais relatif sera donc égal à :

$$\frac{\Delta x}{x} = \left(\frac{u(\mu)}{\mu}\right)^2 + \frac{1}{2\mu x}\left[\left(\frac{u(N)}{N}\right)^2 + \left(\frac{u(N_0)}{N_0}\right)^2\right]$$

L'application numérique donne : $\frac{\Delta x}{x} = 0,05\% \lll \frac{u_c(x)}{x}$

4) *Le biais est négligeable comparé à l'incertitude relative.*

Références

[1] S.N. AHMED, *Physics & Engineering of Radiation Detection*, Academic Press in an imprint of Elsevier, UK, 2007.

[2] A.G. FRODESEN, *Probability and statistics in Particle Physics*, Oxford, Univ. Press, 1979.

[3] Glenn F. KNOLL, *Radiation Detection and Measurement*, Third Edition John Wiley & Sons, New-York, 2000.

[4] M. NEUILLY, CETAMA, *Contrôle des performances des mesures industrielles*, Édition Lavoisier, TEC & DOC, Paris, 1998.

[5] K. PROTASSOV, *Probabilités et incertitudes dans l'analyse des données expérimentales*, Ed. PUG, Grenoble Sciences, 1999.

[6] A.C. RAOUX, *Interprétation de mesures nucléaires non destructives combinées pour la caractérisation de colis de déchets radioactifs*, Thèse Université Blaise Pascal – Clermont-Ferrand II, préparée au Commissariat à l'Énergie Atomique. Soutenue le 15 septembre 2000.

[7] B.P. ROSE, *Probability and statistics in Experimental Physics*, Springer, 1992.

[8] J. TAYLOR, *incertitudes et analyses des erreurs dans les mesures physiques*, Édition Dunod, Paris, 2000.

Instrumentation
neutronique
pour le contrôle
commande des réacteurs
nucléaires

5

5.1. Introduction

Le système de contrôle commande des réacteurs assure deux fonctions essentielles à l'exploitation :

- la *fonction de conduite* qui consiste à faire évoluer la puissance du réacteur suivant les besoins d'exploitation,

- la *fonction de protection* du personnel et des équipements qui a pour rôle de détecter les défauts de fonctionnement induisant notamment la mise en œuvre d'actions correctrices.

L'instrumentation associée au réacteur nucléaire intègre deux types de mesures : des mesures classiques de thermohydraulique (débit, pression, niveau, température, etc.) et des mesures des rayonnements nucléaires (flux, débit de dose, etc.).

Pour la conduite du réacteur, les mesures de thermohydraulique présentent une réponse lente et ne permettent pas de contrôler le réacteur à basse puissance, notamment dans la phase de démarrage.

Pour assurer à tout moment les fonctions de conduite et de protection de l'installation, les mesures neutroniques sont primordiales. Elles permettent de contrôler, en permanence et en temps réel, l'état et l'évolution de la densité de neutrons dans le cœur du réacteur sur toute sa dynamique de puissance, depuis le démarrage jusqu'au fonctionnement à pleine puissance.

Ceci conduit à des dynamiques de mesure élevées (de dix décades) qui nécessitent l'utilisation de différents types de détecteurs et de dispositifs de traitement du signal.

Les détecteurs neutroniques peuvent par ailleurs être placés à différents endroits du réacteur pour obtenir une cartographie de la densité de neutrons et/ou de la puissance :

- à l'extérieur du cœur. On parle alors d'instrumentation externe ou « *ex-core* »,

- à l'intérieur du cœur. On parle d'instrumentation interne ou « *in-core* ».

Les fonctions de conduite et de protection (arrêt automatique) du réacteur sont généralement assurées à partir des mesures externes.

Les mesures internes permettent de mesurer précisément le flux neutronique au cœur
du réacteur afin de réaliser des cartes de flux et d'optimiser la gestion du combustible.

Ce chapitre décrit l'instrumentation neutronique couramment utilisée pour le contrôle
commande des réacteurs de puissance (REP) et des réacteurs expérimentaux. Pour une description plus exhaustive, le lecteur est invité à consulter les documents dont les références
bibliographiques figurent à la fin de ce chapitre.

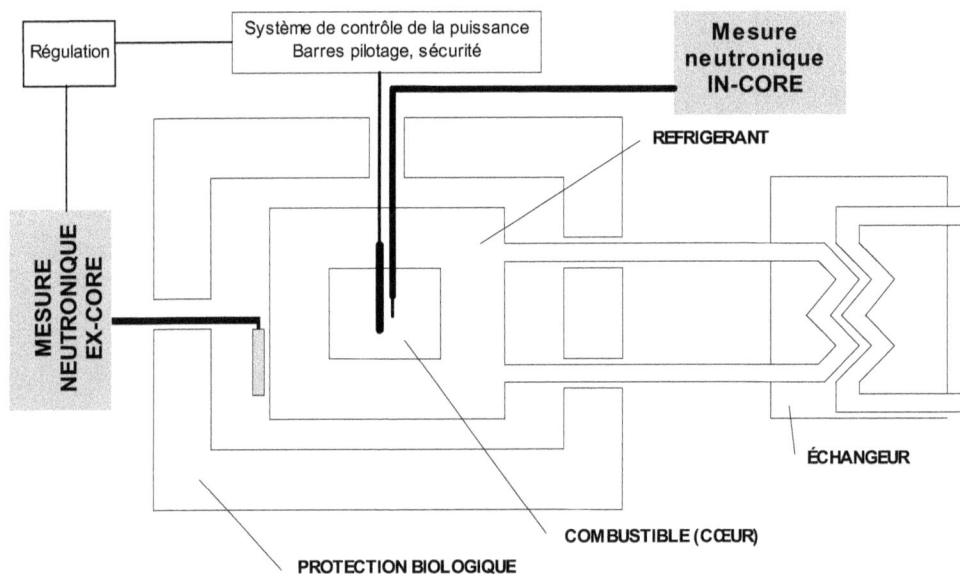

**Figure 5.1. Synoptique de l'instrumentation neutronique pour le contrôle commande d'un
réacteur.**

5.2. Détecteurs de neutrons appliqués
à l'exploitation des réacteurs

Quatre types de détecteurs de neutrons sont couramment utilisés en France pour le contrôle
commande des réacteurs à eau pressurisée EDF et des réacteurs expérimentaux :

- les compteurs proportionnels à dépôt de bore,

- les chambres d'ionisation à dépôt fissile appelées chambres à fission,

- les chambres d'ionisation à dépôt de bore,

- les chambres d'ionisation à dépôt de bore compensées aux rayonnements gamma.

Le principe physique et les modes de fonctionnement des détecteurs de neutrons sont
développés dans le chapitre 3.

Les principales caractéristiques des détecteurs utilisés pour le contrôle commande des réacteurs sont données ci-après.

5.2.1. Compteur proportionnel à dépôt de bore

Les compteurs à dépôt de bore sont utilisés pour le contrôle à bas niveau de puissance (démarrage) des réacteurs à eau pressurisée en France.

La figure 5.2 présente la structure type d'un compteur à dépôt de bore. C'est un cylindre en aluminium comportant sur ses parois internes un dépôt de bore enrichi en isotope ^{10}B. Un fil généralement de tungstène (diamètre 25 µm) est disposée entre deux céramiques assurant l'isolation électrique avec le cylindre connecté à la masse. À l'extrémité gauche du détecteur, on trouve le dispositif d'étuvage et de remplissage en gaz du cylindre, scellé lors de la fabrication. Ce dispositif est protégé par un capot. À l'extrémité droite se trouve le connecteur permettant de polariser le détecteur et d'en extraire le signal électrique.

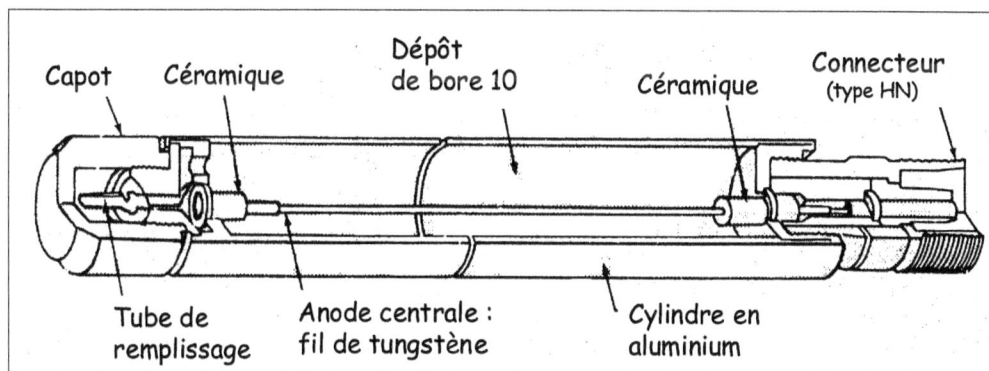

Figure 5.2. Compteur proportionnel à dèpôt de bore enrichi en bore 10 [5].

5.2.2. Chambre d'ionisation à dépôt de bore

Les chambres d'ionisation à dépôt de bore sont de conception similaire aux compteurs à dépôt de bore ; un second cylindre intérieur composant l'anode. Les surfaces en regard des deux électrodes sont recouvertes d'un dépôt de bore enrichi en ^{10}B. Ces détecteurs fonctionnent en mode courant.

Ce type de détecteurs est notamment utilisé en France pour les hauts niveaux de puissance dans les REP. Pour cette application, des chambres longues multisections ont été développées. Elles sont constituées de six chambres élémentaires réparties dans une même enveloppe étanche. Elles permettent de reconstituer la distribution axiale de puissance dans le cœur, chacune des sections mesurant le flux neutronique en provenance de la tranche horizontale équivalente à un sixième de cœur (figure 5.3).

Le tableau 5.1 donne les caractéristiques des détecteurs de type CBL 60 qui équipent les REP 1300 MW.

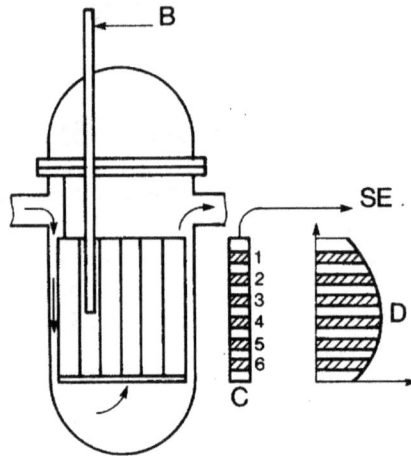

B   barre de commande
C   chambre d'ionisation six-sections
D   courbe de distribution axiale
SE   vers la salle d'électronique

Figure 5.3. Instrumentation externe. Chambre d'ionisation du niveau de puissance des REP [6].

Tableau 5.1. Caractéristiques de la chambre à dépôt de bore CBL 60 qui équipe les REP 1 300 MW.

Encombrement	longueur 3853 mm ; diamètre 80 mm
Nombre de sorties signal	6
Gaz de remplissage	Ar + He (1 %) à 1 atm
Tension de fonctionnement	+ 600 V
Sensibilité aux neutrons thermiques	$2,8 \times 10^{-14}$ A/n.cm^{-2}.s^{-1} par section
Étendue de mesure	5×10^{2} à 5×10^{10} n.cm^{-2}.s^{-1}
Fluence maximale (perte de 10 %)	2×10^{19} n.cm^{-2}
T maximale de fonctionnement	120 °C
Sensibilité aux gamma	$1,1 \times 10^{-9}$ A/Gy.h^{-1} par section
Débit de dose gamma tolérable	10^{9} Gy.h^{-1}

5.2.3. *Chambre d'ionisation à dépôt de bore compensée gamma*

En mode courant, le courant moyen mesuré est la somme des charges électriques produites essentiellement par les neutrons et les photons gamma ayant interagi dans le détecteur. Il n'est ainsi pas possible d'obtenir une discrimination neutron/gamma de façon directe.

Lorsque le courant produit par l'interaction des photons gamma n'est pas négligeable par rapport à celui produit par les neutrons, situation rencontrée à niveau de puissance intermédiaire sur les REP, il devient nécessaire d'utiliser un détecteur compensé gamma.

Celui-ci est constitué de trois électrodes cylindriques constituant deux volumes de détection (figure 5.4). Une première sous-chambre contient le convertisseur enrichi en bore 10 déposé sur la surface des deux électrodes la délimitant. Elle est sensible à la fois aux neutrons et aux photons gamma. La seconde sous-chambre, sans dépôt de bore, est sensible seulement aux photons gamma.

La discrimination neutron/gamma se fait par un procédé dit de compensation. Les courants induits sur l'électrode centrale se retranchent grâce à la polarisation opposée des deux sous-chambres. Avec un réglage adéquat des tensions de polarisation des deux sous-chambres, le courant induit par le flux gamma est identique dans les deux sous-chambres.

Dans ce cas, le courant sur l'électrode centrale est représentatif du seul flux neutronique, car : $I_{n+\gamma} - I_\gamma = I_n$ (figure 5.4).

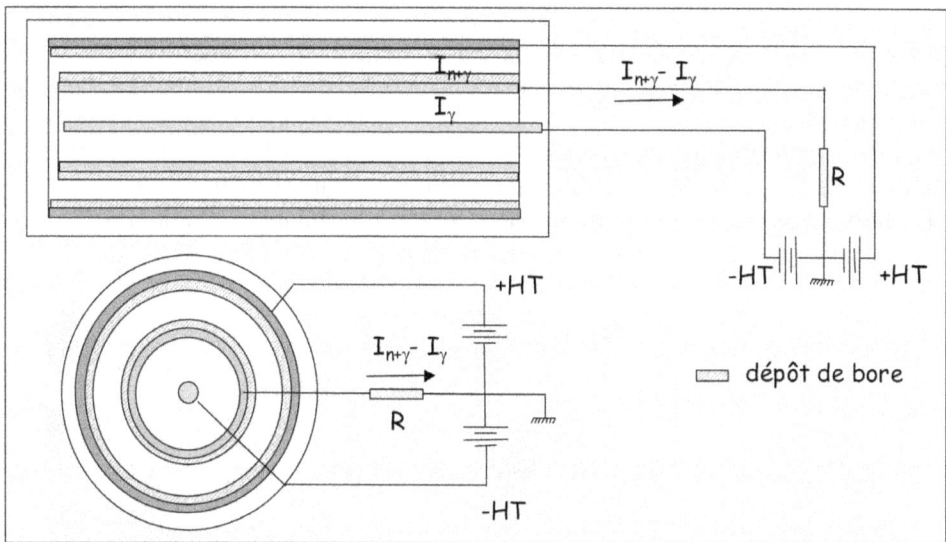

Figure 5.4. Schéma d'une chambre d'ionisation à dépôt de bore compensée gamma.

5.2.4. *Chambre à fission*

Selon leur mode de fonctionnement (impulsion, courant, fluctuation), les chambres à fission peuvent être utilisées à tous les niveaux de puissance d'un réacteur.

Elles sont en pratique utilisées pour la cartographie de flux dans le cœur des réacteurs EDF et pour le suivi de la puissance des réacteurs expérimentaux.

Sur les réacteurs EDF, des chambres à fission miniatures permettent de faire des relevés périodiques de cartes de flux dans le cœur. Les chambres à fission de type CFUF 43 P, de petites dimensions (ϕ = 4,7 mm, longueur = 66 mm), mobiles, sont injectées dans des canaux depuis le bas de la cuve. Elles opèrent en mode courant et permettent notamment le recalibrage des détecteurs hors cœur.

Sur les réacteurs expérimentaux, les chambres à fission (type CFUL 01 par exemple) sont principalement utilisées en mode comptage pour le suivi de puissance au démarrage du réacteur. Sur d'autres réacteurs, ce même type de chambre est utilisé en mode courant pour le suivi des niveaux de puissance les plus hauts.

Les nouvelles générations de réacteurs expérimentaux commencent à être équipées de chambres dites à « grande dynamique » qui permettent le suivi de puissance du démarrage jusqu'à la puissance nominale en utilisant les trois modes de fonctionnement.

La sensibilité d'une chambre à fission peut être calculée à partir de ses caractéristiques intrinsèques (masse du dépôt et enrichissement).

En effet, le nombre théorique de fissions par seconde est donné par la relation suivante :

$$N = \sigma_F \frac{N_A}{A} m T s \phi$$

où σ_F est la section efficace de fission du dépôt fissile, N_A le nombre d'Avogadro, A la masse atomique du dépôt fissile, m la masse surfacique du dépôt fissile, T le taux d'enrichissement en matière fissile, s la surface du dépôt et ϕ le flux neutronique thermique au voisinage de la chambre.

En mode impulsion, les chambres à fission ont des sensibilités de l'ordre de 10^{-4} c.s^{-1} à quelques c.s^{-1} pour un flux neutronique thermique unitaire (1 n.cm^{-2}.s^{-1}).

En mode courant, les chambres à fission ont des sensibilités de l'ordre de 10^{-18} A à 10^{-13} A pour un flux neutronique thermique unitaire (1 n.cm^{-2}.s^{-1}).

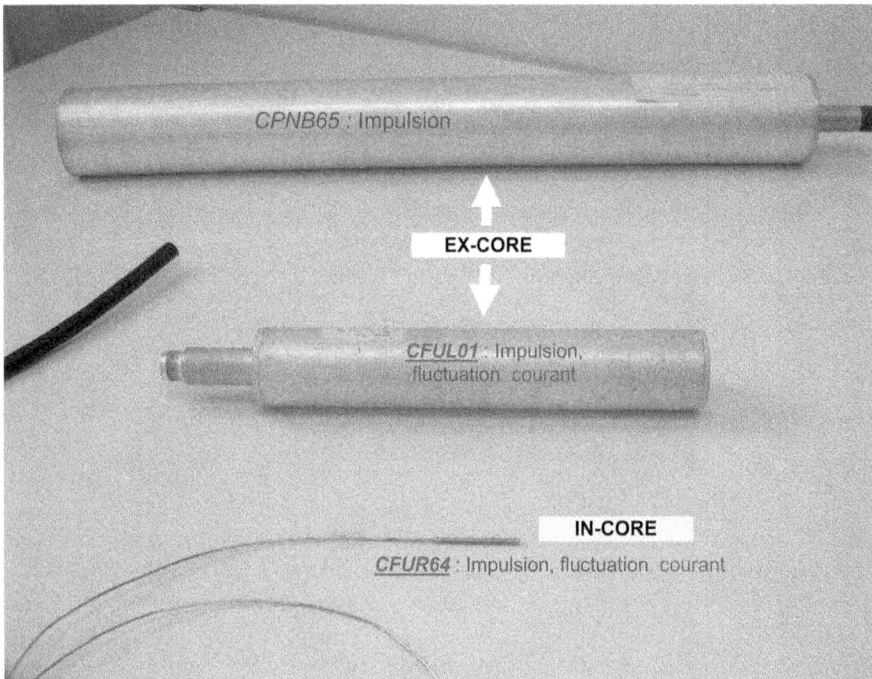

Figure 5.5. Exemple de détecteurs de neutrons : Compteur proportionnel à dépôt de bore et chambre à fission pour les mesures *ex-core* puis chambre à fission miniature pour les mesures *in-core*.

En mode fluctuation, les chambres à fission ont des sensibilités de l'ordre de 10^{-26} A à 10^{-33} $A^2.Hz^{-1}$ pour un flux neutronique thermique unitaire (1 $n.cm^{-2}.s^{-1}$).

5.3. Chaînes de mesure

Pour le contrôle commande des réacteurs, trois modes de mesure sont utilisés :

- le mode impulsion,

- le mode courant,

- le mode fluctuation.

Les modes couramment usités sont le mode impulsion à basse puissance et le mode courant à haute puissance. Le mode fluctuation, en addition aux deux précédents, est utilisé sur les nouveaux réacteurs expérimentaux et sur certains réacteurs embarqués (sous-marins à propulsion nucléaire).

Les principales caractéristiques de ces trois modes de mesure et des chaînes de mesure qui y sont associées sont développées ci-après.

5.3.1. Mode impulsion

Le mode impulsion permet de compter chaque événement se produisant dans le détecteur, c'est-à-dire l'interaction d'un neutron dans le cas de la détection neutronique.

Chaque neutron qui interagit dans le détecteur produit indirectement une impulsion électrique. Le taux de comptage des impulsions est donc proportionnel au flux neutronique et donc à la densité de neutrons et par conséquent à la puissance du réacteur.

Le nombre moyen d'impulsions par seconde $\bar{N}$ est donné par :

$$\bar{N} = K_N.\phi$$

avec :

$\bar{N}$, le nombre moyen d'impulsions par seconde ($c.s^{-1}$),

K_N, la sensibilité du détecteur pour les neutrons thermiques[1] en en ($c.s^{-1}$) par ($n.cm^{-2}.s^{-1}$),

Φ, le flux neutronique ($n.cm^{-2}.s^{-1}$).

La sensibilité du détecteur est une caractéristique de fabrication. Elle est donnée, en nombre d'impulsions (ou nombre de coups ou chocs) par seconde, pour un flux neutronique unitaire thermique dans la plupart des cas (1 $neutron.cm^{-2}.s^{-1}$) incident sur l'ensemble de la zone de détection. La sensibilité d'un détecteur dépend donc de la taille de la zone sensible. La sensibilité des détecteurs s'étend typiquement de 20 $c.s^{-1}$ à 10^{-4} $c.s^{-1}$ pour un flux neutronique thermique unitaire.

Le mode impulsion est limité à des taux de comptage typiquement inférieurs à 10^6 $impulsions.s^{-1}$. Il est bien adapté aux bas niveaux de puissance des réacteurs et donc principalement aux phases de démarrage du réacteur.

---

[1] La sensibilité des détecteurs neutroniques est généralement donnée pour des neutrons thermiques.

Dans le mode impulsion, il est possible d'éliminer les signaux non représentatifs du flux neutronique incident (impulsions dues au bruit électronique ou aux photons gamma) au moyen d'un discriminateur d'amplitude (figure 5.7).

La figure 5.6 décrit le fonctionnement de la chaîne de mesure en mode impulsion.

Le détecteur est placé à proximité du cœur du réacteur et est soumis à un flux de neutrons Φ. Chaque neutron qui interagit dans le détecteur produit une impulsion électrique en courant à la sortie du détecteur.

À l'entrée de la chaîne de mesure, le signal est amplifié par un amplificateur de courant qui conduit à une conversion courant – tension de l'impulsion.

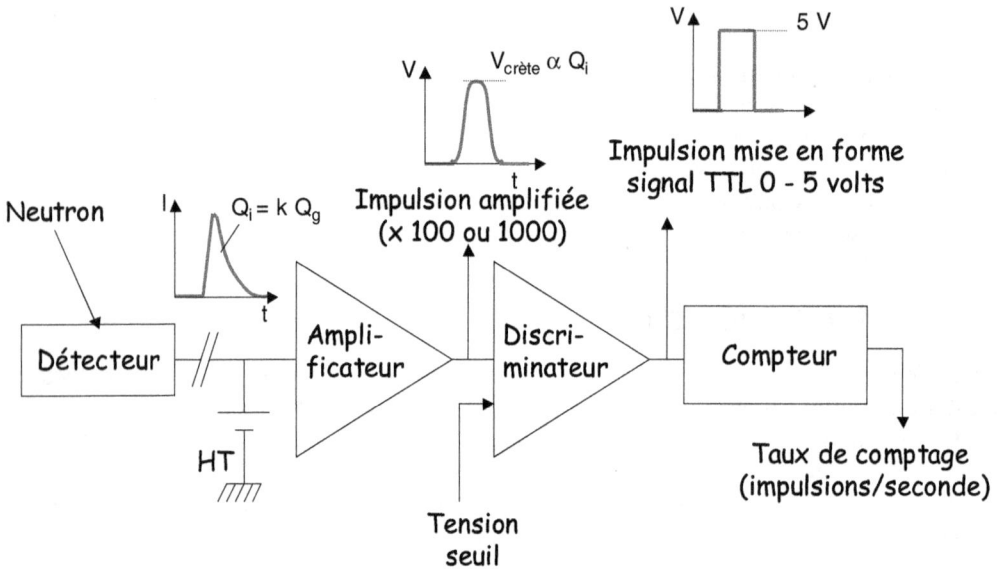

Figure 5.6. Synoptique d'une chaîne de mesure en mode impulsion.

Le signal électrique à la sortie de l'amplificateur (figure 5.7) contient en plus des impulsions générées par les neutrons un grand nombre d'impulsions électriques de faible amplitude dues au bruit électronique et à des impulsions provenant de l'interaction des photons gamma et X dans le détecteur.

Il est donc nécessaire de discriminer les impulsions à la sortie de l'amplificateur afin de ne conserver que les impulsions dues aux neutrons, en s'affranchissant des impulsions de faibles amplitudes dues au bruit électronique et aux photons gamma et X.

C'est le rôle du discriminateur. Celui-ci se comporte comme un comparateur : il compare l'amplitude des impulsions en sortie d'amplificateur à une tension seuil, V_{seuil}, dont la valeur est réglée de manière à être supérieure à l'amplitude maximum des impulsions non utiles à la mesure. Si l'amplitude de l'impulsion est inférieure à V_{seuil}, le signal n'est pas transmis à la sortie du discriminateur. Si l'amplitude de l'impulsion est supérieure à V_{seuil}, le discriminateur produit un signal calibré en sortie, c'est-à-dire généralement une impulsion carrée de type TTL, 0–5 V.

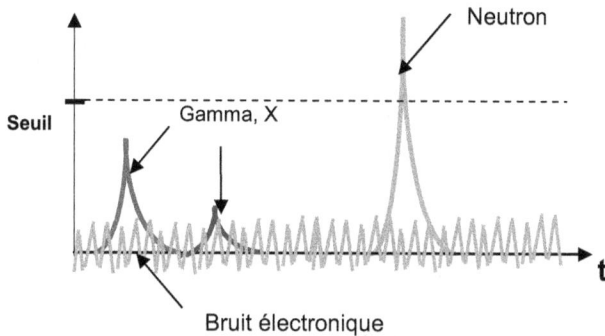

Figure 5.7. Allure générique du signal électrique à la sortie de l'amplificateur.

Le taux de comptage mesuré à la sortie du discriminateur est alors proportionnel au flux de neutrons incidents sur le détecteur, à la densité de neutrons dans le cœur et à la puissance du réacteur.

Pour une description plus détaillée du mode impulsion, le lecteur pourra se référer aux documents [2, 12, 13].

5.3.2. *Mode courant*

Lorsque le flux neutronique est suffisamment élevé, le courant électrique généré à la sortie du détecteur est composé de deux parties, une partie continue et une partie avec des variations (ou fluctuations) autour de cette valeur continue.

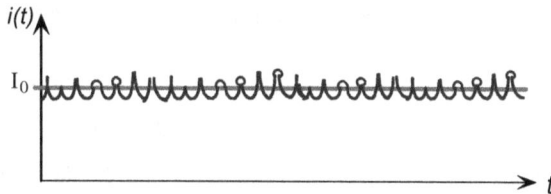

Figure 5.8. Représentation du courant et de ses fluctuations.

Les systèmes fonctionnant en mode courant consistent à mesurer, uniquement, la valeur continue. On démontre, à l'aide du premier théorème de Campbell [12, 13], que le courant continu (ou moyen) créé est proportionnel au flux neutronique incident :

$$\bar{I} = K_I \cdot \phi$$

Avec :

$\bar{I}$, courant continu moyen.

K_I, sensibilité du détecteur en courant, exprimée en ampères pour un flux neutronique unitaire thermique.

Φ, flux neutronique en $n.cm^{-2}.s^{-1}$.

Pour une description plus exhaustive, le lecteur pourra se référer aux documents [2,12,13].

L'étendue des courants à mesurer va de 10^{-11} à 10^{-3} ampère. Ce mode de mesure est utilisé pour les niveaux intermédiaires et hauts niveaux de puissance sur les réacteurs nucléaires.

Dans ce mode de mesure, il n'est pas possible de discriminer la part du signal de courant induite par le bruit de fond gamma (et X) du signal courant total *neutron + gamma* (et X) car toutes les charges, quelles que soient leurs origines, contribuent à la création du signal.

La chaîne de mesure est constituée du détecteur polarisé par une alimentation haute tension et d'un dispositif, équivalant à un ampèremètre, permettant de mesurer la moyenne du signal continu du courant. Le courant continu moyen est proportionnel au nombre de neutrons ayant interagi dans le détecteur, et donc à la densité de neutrons dans le cœur et par conséquent à la puissance du réacteur.

5.3.3. *Mode fluctuation*

Le courant délivré par le détecteur étant constitué d'une composante variable autour de la valeur continue moyenne, les systèmes de mesure en mode fluctuation consistent à traiter uniquement la partie variations ou fluctuations (figure 5.8) du signal.

On démontre, à l'aide du deuxième théorème de Campbell, que la variance du courant (représentative des fluctuations) est proportionnelle au flux neutronique incident :

$$\text{var}(i) = K_F \cdot C^{te} \cdot \Phi$$

Avec :

Var(i), la variance du courant i, égale au carré de l'écart-type du courant,

K_F, la sensibilité du détecteur en mode fluctuation, exprimée en $A^2.s$ ou $A^2.Hz^{-1}$ pour un flux neutronique unitaire thermique,

Φ, le flux neutronique en $n.cm^{-2}.s^{-1}$,

Cte, constante liée à la réponse impulsionnelle du détecteur en s^{-1}.

Pour une description plus exhaustive, le lecteur pourra se référer aux documents [2,12,13].

Ce mode de mesure permet de disposer de façon intrinsèque d'un pouvoir de sélectivité neutron/gamma meilleur que dans le mode courant. En effet, la variance s'obtient en élevant le signal au carré. Cette élévation au carré amplifie la contribution du signal dû aux neutrons par rapport au signal dû au rayonnement gamma.

Ce mode de mesure basé sur les fluctuations du courant est aussi appelé mode variance, mode *Campbelling* ou mode MSV (*Mean Square Voltage*).

La chaîne de mesure est constituée du détecteur polarisé par une alimentation haute tension et d'un système permettant de mesurer la variance du signal. De façon courante, on numérise le signal pour en extraire par traitement numérique la variance qui est proportionnelle au nombre de neutrons ayant interagi dans le détecteur.

5.3.4. *Modes et régime de fonctionnement des détecteurs*

En mode impulsion, deux régimes de fonctionnement (voir chapitre 3) sont utilisés pour la détection des neutrons : le régime chambre d'ionisation pour les chambres à fission ou les chambres d'ionisation à dépôt de bore ; le régime de proportionnalité vraie pour les compteurs proportionnels à dépôt de bore.

En mode courant, on utilise le régime chambre d'ionisation quel que soit le type de convertisseur utilisé.

L'utilisation potentielle des trois modes successifs, impulsion-fluctuation-courant, nécessite l'utilisation de chambres à fission qui sont les seules capables de fonctionner dans ces trois modes.

Le tableau 5.2 donne le mode de mesure fréquemment utilisé en fonction du régime de fonctionnement et du type de matériau convertisseur.

Tableau 5.2. Modes de mesure fréquemment utilisés en fonction du régime de fonctionnement et du matériau convertisseur.

	Régime de fonctionnement (type de détecteur)	Compteur proportionnel	Chambre d'ionisation	
	Convertisseur	Dépôt de bore enrichi en bore 10	Dépôt de bore enrichi en bore 10	Dépôt d'uranium enrichi en ^{235}U
Mode	Impulsion	√		√
de	Fluctuation			√
mesure	Courant		√	√

5.3.5. Vérification périodique des chaînes de mesure

Dans le cadre de l'exploitation des réacteurs, il est nécessaire de s'assurer de façon périodique du bon fonctionnement des chaînes neutroniques qui sont utilisées pour la conduite de l'installation.

Les contrôles et essais périodiques permettent :

– de s'assurer du bon fonctionnement des détecteurs et de leur électronique associée,

– de régler les paramètres de fonctionnement des chaînes (tension de polarisation, seuil de discrimination, tension de compensation gamma),

– d'anticiper le remplacement d'équipements (détecteurs, câbles, . . .) en fonction des contrôles réalisés.

5.4. Chaînes neutroniques utilisées sur les REP

Sur les réacteurs EDF, le contrôle commande est assuré par trois types de chaînes neutroniques en fonction du niveau de puissance du réacteur.

La figure 5.9 montre l'étendue des dynamiques de mesure de ces trois types de chaînes pour chaque niveau de fonctionnement.

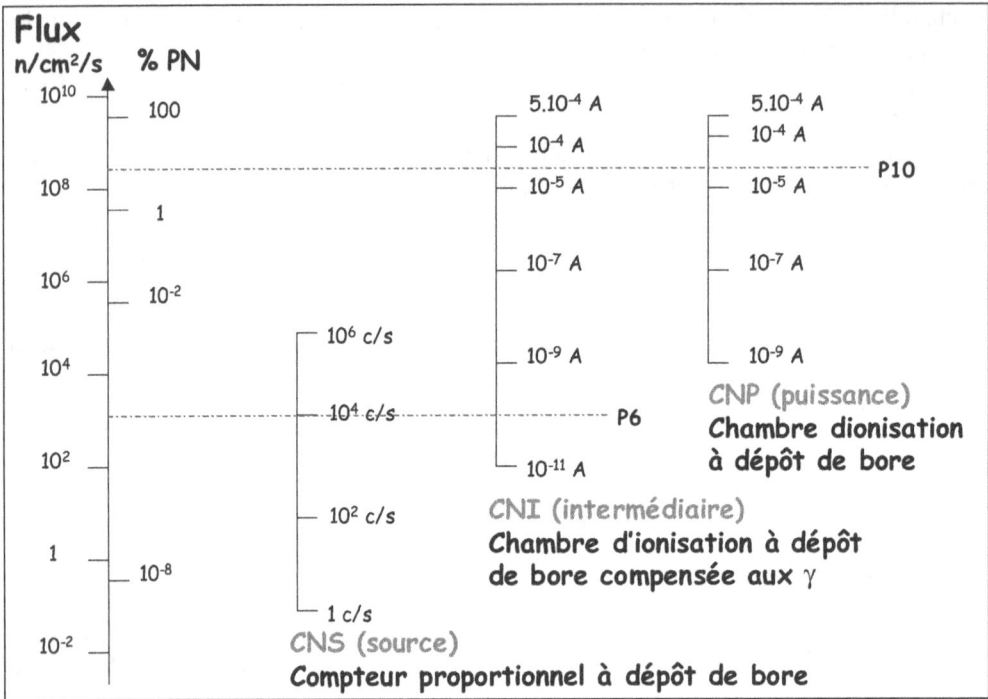

Figure 5.9. Dynamique de fonctionnement des chaînes de mesure neutronique ex-core des REP EDF.

5.4.1. *Chaîne niveau source*

Pour le niveau source, des compteurs proportionnels à dépôt de bore, de type CPNB44P, sont utilisés pour un fonctionnement de 10^{-9} % à 10^{-3} % de la puissance nominale.

Les débits de fluence neutronique sont faibles et s'étendent de 10^{-1} à 10^5 n.cm^{-2}.s^{-1}.

L'intensité du rayonnement gamma n'est pas négligeable, sauf pour le premier démarrage réalisé uniquement avec des éléments combustibles neufs.

La chaîne fonctionne en mode impulsion avec un seul câble (signal + HT). La contribution au signal des photons gamma est éliminée par le discriminateur de la chaîne de mesure.

La chaîne « niveau source » est utilisée pendant les périodes d'arrêt ou durant la phase initiale de démarrage.

Pour les REP 900 MWe et 1 300 MWe, l'électronique est entièrement analogique (figure 5.10). Pour les REP 1 450 MWe, dont les équipements de traitement du signal sont de technologie plus récente, une partie du traitement du signal est effectuée en numérique.

5.4.2. *Chaîne niveau intermédiaire*

Pour le niveau intermédiaire, des chambres d'ionisation à dépôt de bore, compensées au rayonnement gamma, de type CC80, sont utilisées pour un fonctionnement de 10^{-5} % à 100 % de la puissance nominale.

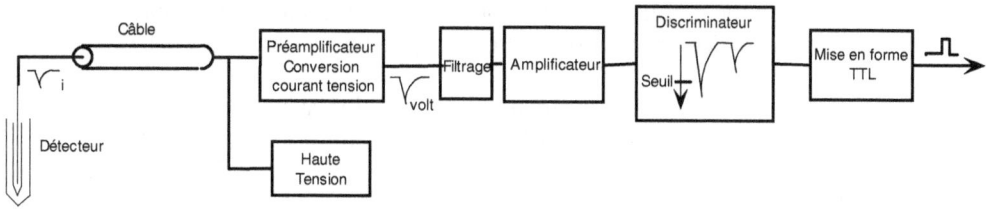

Figure 5.10. Chaîne niveau source des REP 900 MWe et 1 300 MWe (Multiblocs).

Les débits de fluence neutronique correspondants s'étendent de 10^2 à 10^{10} n.cm^{-2}.s^{-1}.

L'intensité du rayonnement gamma étant relativement élevée, l'utilisation d'une chambre compensée au rayonnement gamma est nécessaire afin d'assurer une bonne discrimination neutrons/gamma.

Le réglage de compensation gamma doit être adapté au débit de dose gamma engendré dans le réacteur.

La chaîne de mesure pour le niveau intermédiaire est utilisée au cours de la divergence du réacteur.

La chaîne fonctionne en mode courant où l'électronique est reliée au détecteur à l'aide de trois câbles (un pour le signal, un deuxième pour la haute tension positive et un troisième pour la haute tension négative).

Pour les REP 900 MWe et 1 300 MWe, l'électronique est entièrement analogique (figure 5.11). Pour les REP 1 450 MWe, une partie du traitement du signal est numérique.

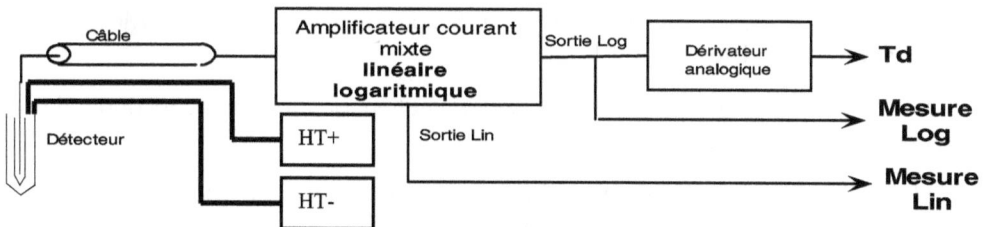

Figure 5.11. Chaîne niveau intermédiaire des REP 900 MWe et 1 300 MWe (Multiblocs).

5.4.3. Chaîne niveau puissance

Pour le niveau puissance, des chambres d'ionisation à bore, non compensées au rayonnement gamma, de type CBL10, CBL15, CBL60, sont utilisées pour un fonctionnement de 5×10^{-2} % à 100 % de la puissance nominale.

Les débits de fluence neutronique sont élevés et s'étendent de 10^7 à 10^{10} n.cm^{-2}.s^{-1}. L'intensité du rayonnement gamma est très élevée mais sa contribution au signal devient négligeable par rapport à celle du flux neutronique.

Par ailleurs, en régime établi, le rayonnement gamma instantané émis lors de la réaction de fission est proportionnel au flux neutronique, ne nécessitant alors pas de discrimination neutrons/gamma.

La chaîne fonctionne en mode courant avec deux câbles (signal, HT).

Pour les REP 900 MWe et 1 300 MWe, l'électronique est entièrement analogique (figure 5.12). Pour les REP 1 450 MWe, une partie du traitement du signal est numérique.

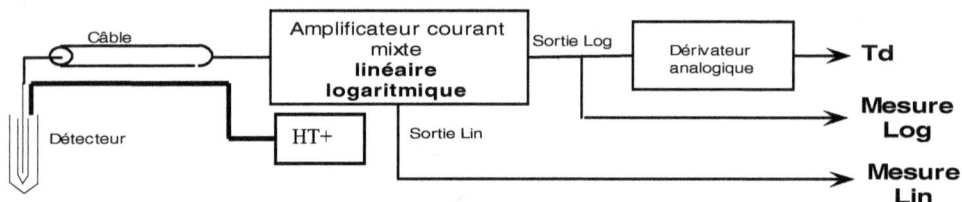

Figure 5.12. Chaîne niveau puissance des REP 900 MWe et 1 300 MWe (Multiblocs).

Références

[1] G.G. EICHHOLZ, J.W. POSTON, *Principles of nuclear radiation detection*, Chelsea, Lewi Publishers INC, 1985.

[2] G.F. KNOLL, *Radiation detection and measurement*, Third edition, New York, John Wiley & Sons, 2000.

[3] W.J. PRICE, *Nuclear radiation detection*, Second edition, New York, McGraw-Hill Book Company, 1964.

[4] N. TSOULFANIDIS, *Measurement and detection of radiations*, Second edition, Washington, Taylor & Francis, 1995.

[5] J.F. MECH, *Nuclear power reactor instrumentation systems handbook*, HARRER J.M. and BECKERLEY J.G., 1973, Vol. 1, p 22-41.

[6] P. JOVER, *Instrumentation nucléaire dans les réacteurs*, Génie Nucléaire, B3410. Paris, Techniques de l'ingénieur, 1993.

[7] G. SENGLER, J.L. MOURLEVAT, Average incore axial power distribution mesurement by a multi excore detector, *New instrumentation of water cooled reactors*, 1985, p 33-54.

[8] J. DUCHÊNE, A. ROGUIN, *Détecteurs de rayonnements : alpha, gamma, neutrons*, Génie Nucléaire, B3420. Paris, Techniques de l'ingénieur, 1993.

[9] P. DOUET, J. DUCHÊNE, P. DUMESNIL, P. JOVER, Y. PLAIGE, R. VERDANT, Etudes et réalisations en instrumentation pour le contrôle et la commande des chaudières nucléaires, Paris, *Bulletin d'informations scientifiques et techniques*, 1976, n° 213, p 79-86.

[10] J. DUCHÊNE, *Détecteurs pour le contrôle des réacteurs : chambres à fission et compteurs à dépôt de bore*, Saclay, 1974, SES/PUB/SAI/74-122.

[11] J. DUCHÊNE, *Détecteurs de rayonnements pour le contrôle commande des chaudières nucléaires PWR*. Belgrade, Meeting French-Yugoslav, 1977.

[12] J. BUISSON, Y. PLAIGE, *Amplification et traitement des signaux issus des détecteurs*, Génie Nucléaire, B3430. Paris, Techniques de l'ingénieur, 1978.

[13] H. FANET, *Électronique associée aux détecteurs de rayonnements*, Génie Nucléaire, B3430. Paris, Techniques de l'ingénieur.

6

Exemples de méthodes de mesures photoniques et neutroniques dans l'industrie nucléaire

Le développement des techniques de mesure pour les besoins de suivi, de contrôle, de caractérisation et d'analyse d'installations ou de matières radioactives a commencé avec la naissance de la science et des technologies nucléaires. En effet, la propriété qu'a un matériau dit nucléaire, d'émettre dans la majorité des cas des rayonnements caractéristiques spontanés ou provoqués a fait de sa détection et de sa quantification, via certaines de ses émissions, une démarche naturelle.

Cependant, l'établissement et l'utilisation des méthodes de mesure non destructive sont restés limités jusqu'aux années 1960 ; début de la montée en puissance de l'industrie nucléaire.

Le contrôle, la surveillance et le suivi, aussi bien des matières radioactives que du bon fonctionnement des installations nucléaires se sont alors avérés essentiels et primordiaux pour les principales nations concernées.

C'est ainsi que les méthodes de mesures nucléaires et l'instrumentation associée ont connu leur première réelle impulsion à partir des années 1970 et n'ont cessé, depuis, d'être constamment améliorées et adaptées. Elles concernent l'ensemble du cycle du combustible depuis son extraction jusqu'à son retraitement et recyclage en passant par son utilisation en réacteur. À ce propos, il est important aussi de noter que le pilotage, le suivi du bon fonctionnement des réacteurs nucléaires tant de puissance qu'expérimentaux passe indubitablement par le choix et la maîtrise des techniques de mesure utilisées et de l'instrumentation associée.

Enfin, la mesure, la détection de rayonnement et l'instrumentation nucléaire sont maintenant largement utilisées dans de très nombreux secteurs (datation, climatologie, médecine, environnement...). Ces aspects, abordés dans bien d'autres ouvrages ou publications, ne sont pas traités ici.

Dans ce chapitre, nous présenterons les principes physiques, les performances, les limitations et les domaines d'application de la mesure par spectrométrie γ et de la mesure neutronique passive.

6.1. Spectrométrie gamma et X

6.1.1. Principe physique

Il s'agit de l'analyse de l'énergie et de l'intensité des rayonnements gamma émanant spontanément de l'objet à caractériser. Ces photons accompagnent la plupart des modes de désintégration radioactive et ont des énergies précises, caractéristiques des transitions qui ont lieu lors de la désexcitation et du retour vers l'état fondamental d'un isomère. Plusieurs transitions peuvent se produire dans un même noyau avec des probabilités différentes et conduire ainsi à l'émission de photons d'énergies différentes. Chaque isotope possède son propre spectre.

La mesure de ces rayonnements au moyen d'un dispositif permettant de les classer en fonction de leur énergie (raies gamma) et l'analyse du spectre obtenu permettent d'identifier et de quantifier, étalonnage à l'appui, les radionucléides présents dans l'objet mesuré.

En effet, le nombre de photons émis à une énergie donnée est représentatif de la quantité de l'émetteur gamma. Ce nombre est proportionnel à l'aire sous le pic à cette énergie. Le spectre gamma est généralement constitué de plusieurs pics superposés à une distribution continue (diffusion Compton, rayonnement de freinage, rayonnements parasites externes, créations de paires...). Il s'agit du type de spectre présenté dans la figure 6.1.

La détection des photons gamma met en jeu différents modes d'interaction. Le spectre des photons gamma allant d'environ 20 keV à quelques MeV, les principaux phénomènes d'interaction avec la matière sont l'effet photoélectrique, l'effet Compton et la création de paires. Ces interactions se produisent à l'intérieur du détecteur conduisant à la production de charges électriques et, *in fine*, à un courant électrique.

La taille du détecteur est un facteur important dans la détection de ces photons. En effet, plus le détecteur est de volume important, plus on a de chances que le photon y dépose complètement son énergie après une ou plusieurs interactions (production de paires, effet Compton, effet photoélectrique, diffusions multiples). Cela dépend également de l'énergie du photon. Plus son énergie est faible, plus la probabilité d'une absorption complète par effet photoélectrique est grande. En pratique, le détecteur a une taille finie, donc certains photons subiront des diffusions multiples mais ne déposeront pas toute leur énergie. Le spectre gamma ainsi obtenu, sera donc divisé en plusieurs composantes (figure 6.1) :

- Pics d'absorption totale.

- Fond Compton.

- Fond des diffusions multiples.

- Pics de simple et double échappement (respectivement lorsqu'un ou les deux photons d'annihilation sortent du détecteur sans interagir).

- Matérialisation ou création de paires (électron, positron).

- Empilement ou *Pile-Up* (au-delà du pic d'absorption totale, cela provient de coïncidences fortuites de plusieurs gamma arrivés en même temps sur le détecteur).

- Bremsstrahlung ou rayonnement de freinage (décélération d'un électron dans le détecteur ou son environnement).

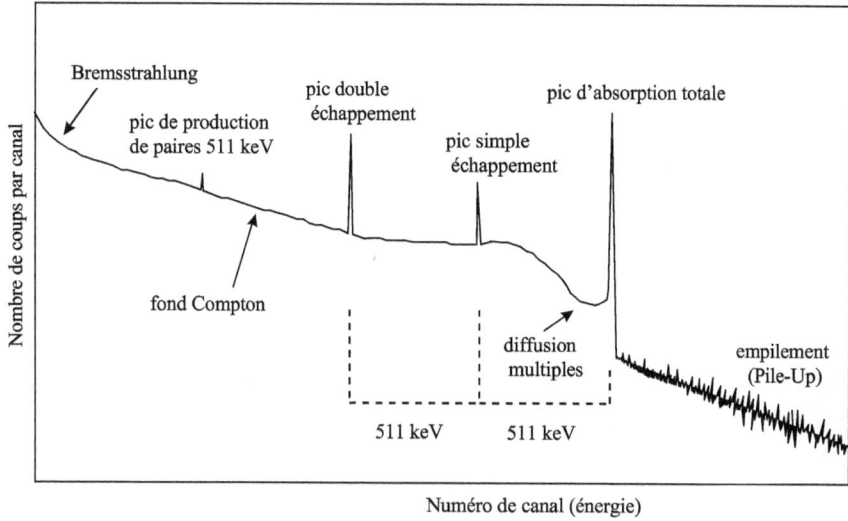

Figure 6.1. Spectre gamma type.

On peut également trouver d'autres types de perturbation du spectre gamma. Elles sont gé-néralement dues à l'environnement du détecteur et/ou à l'utilisation d'écrans. Les photons sources i.e. issus de l'objet à caractériser peuvent diffuser avant d'atteindre le détecteur. D'une façon générale, il est possible de calculer (dans le cas d'écrans), ou d'estimer (pour une géométrie complexe), l'atténuation des photons à partir de la loi de transmission en ligne droite corrigée des photons diffusés, et ce pour une énergie donnée :

$$I = I_o\, e^{-\mu x} \times B$$

I_o : intensité du flux de photons incidents à une énergie donnée,

I : intensité du flux de photons à une énergie donnée, après atténuation par l'épaisseur x (cm),

μ : coefficient linéique d'atténuation dans la matière (cm^{-1}) qui n'est autre que le nombre moyen d'interactions par cm parcouru,

B : facteur correctif de reconstruction appelé *Build-Up* prenant en compte les gamma diffusés.

6.1.2. Les détecteurs

Deux types de détecteurs sont généralement utilisés en spectrométrie gamma : les détec-teurs à scintillation (scintillateurs) et les détecteurs à semi-conducteurs.

La description de ces types de détecteurs, leurs principes physiques de fonctionnement, leurs performances et leurs limitations sont présentés en détails dans le chapitre 3.

Toutefois pour rappel, le tableau 6.1 dresse un comparatif des principales caractéris-tiques des détecteurs NaI et Ge[HP].

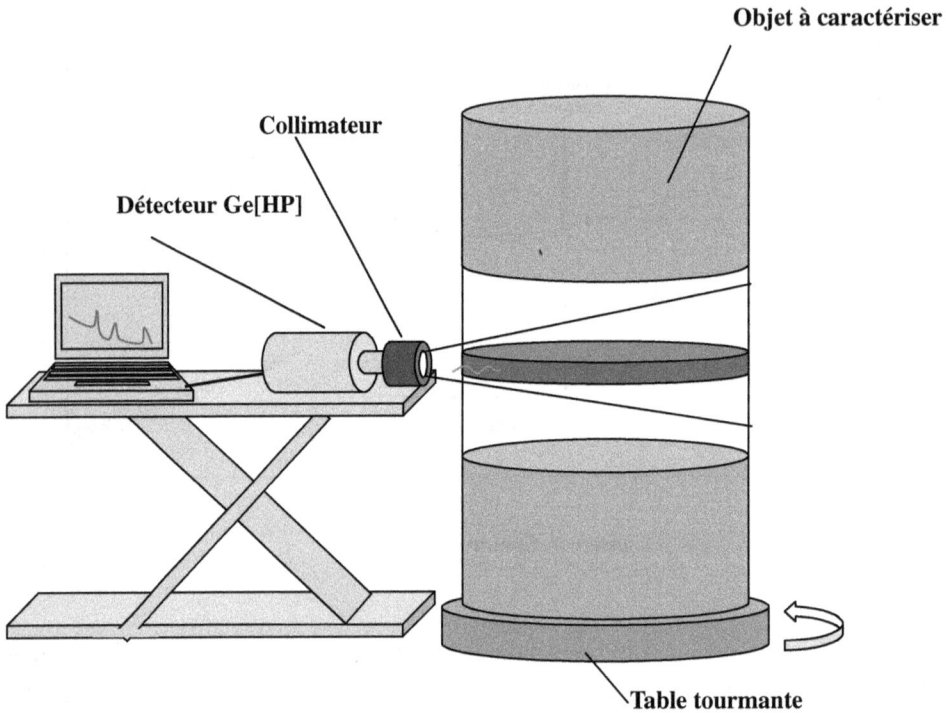

Figure 6.2a. Exemple de dispositif de mesure non destructive par spectrométrie gamma.

Tableau 6.1. Caractéristiques typiques d'un détecteur NaI et d'un détecteur Ge[HP].

NaI(Tl)	Ge[HP]
- Bon marché (× 10)	- Fonctionnement à basse température (77 K)
- Meilleure efficacité (× 10)	
- Possibilité de fabriquer de grands volumes	- Insensible aux variations de température
- Fonctionnement à température ambiante	
- Sensible aux variations de température	- Insensible aux variations de la haute tension
- Sensible aux variations de l'alimentation de l'anode	
- Résolution en énergie	- Très bonne résolution en énergie
(6 %, soit 80 keV à 1332 keV)	**(0,15 %, soit 2 keV à 1332 keV)**

D'une façon générale, si on désire réaliser une spectrométrie gamma, le détecteur le plus approprié est le Ge[HP]. Dans le cas où on désire identifier un ou deux noyaux, et si la résolution en énergie n'est pas un paramètre important, on peut alors utiliser un scintillateur. Néanmoins, les détecteurs au germanium ayant une bonne résolution en énergie, la limite de détection sera d'autant plus basse. De plus, sur un spectre obtenu avec un

Figure 6.2b. Dispositif de spectrométrie gamma Ge[HP] portable pour les mesures *in situ* (Photos Canberra).

détecteur au germanium, les pics sont plus facilement identifiables qu'avec un scintilla-teur. Le seuil de décision en sera d'autant plus faible. Enfin, même si l'environnement n'est pas favorable à l'utilisation d'un détecteur au germanium, sa faible taille permet une adaptation relativement aisée.

Afin de limiter l'encombrement résultant du refroidissement, de nouveaux détecteurs miniatures intégrant des composants semi-conducteurs fonctionnant à température am-biante, ont été étudiés, notamment ceux de type CdTe qui pourraient trouver des applica-tions grâce à leur faible encombrement. De plus, leur résolution, bien qu'inférieure à celle d'un germanium, reste intéressante (largeur à mi-hauteur de 7,2 keV à 662 keV).

6.1.3. *Électronique associée*

Comme pour tout détecteur de rayonnement en spectrométrie, l'amplitude du signal en sortie d'un détecteur de photons gamma est proportionnelle à l'énergie du rayonnement absorbée par le détecteur. Le rôle de l'électronique est de collecter cette charge, d'en déterminer l'intégrale (la somme) et de stocker l'information (figure 6.3).

6.1.3.1. *Alimentation du détecteur*

Le module d'alimentation du détecteur (Detector Bias) produit le champ électrique per-mettant aux charges créées (électrons-trous notamment) d'être collectées, engendrant ainsi un signal de sortie envoyé au préamplificateur.

6.1.3.2. *Préamplificateur*

Il se situe en amont de l'amplificateur, donc en amont de l'amplification du signal. Il applique une impédance d'entrée élevée (i.e. du côté du détecteur), et une impédance

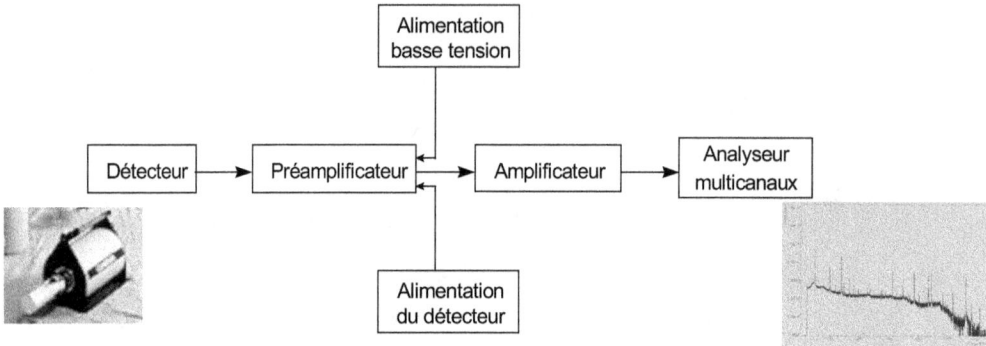

Figure 6.3. Chaîne de mesure de spectrométrie gamma.

de sortie faible (i.e. du côté de l'amplificateur). Les préamplificateurs peuvent être de différents types : préamplificateurs de courant ou de charges. En spectrométrie gamma de haute résolution, on utilise un préamplificateur de charge, car il induit un facteur bruit plus faible que le préamplificateur de courant d'une part, et parce que, dans cette configuration, le gain est indépendant de la capacité du détecteur d'autre part.

6.1.3.3. Amplificateur

L'amplificateur linéaire modifie la forme de l'impulsion et augmente sa taille. En effet, le signal sortant du préamplificateur ne peut être utilisé tel quel pour une mesure directe de hauteur de pic. L'amplificateur réalise une mise en forme du signal afin de le rendre exploitable par la chaîne de mesure. Quant à l'amplification, elle doit être réalisée le plus tôt possible afin de ne pas amplifier également le bruit électronique introduit par les modules de mise en forme.

6.1.3.4. Analyseur multicanaux

L'analyseur multicanaux (MCA pour *Multi Channel Analyser*) trie et range les impulsions en fonction de leur hauteur, et compte le nombre d'impulsions accumulées dans chacun des canaux (un canal est un intervalle de hauteur d'impulsion). Rappelons que la hauteur de l'impulsion (ΔH) correspond à l'énergie déposée dans le détecteur.

Pour une question de rapidité, il est plus intéressant de travailler avec des signaux logiques plutôt qu'analogiques. C'est le convertisseur analogique-numérique (ADC pour *Analog Digital Converter*) qui permet cette transformation. En effet, le signal qui était caractérisé par une variation en amplitude à l'entrée du convertisseur est alors caractérisé par une variation en durée à sa sortie. Ainsi, tous les signaux ont la même forme, seule leur durée varie (Δt). De ce fait $\Delta H = k_1 \, \Delta t = k_2 \, n_c$ où n_c est le numéro du canal correspondant à la hauteur de l'impulsion détectée, donc à l'énergie déposée dans le détecteur et k_1, k_2 sont des coefficients de proportionnalité.

Le spectre ainsi obtenu n'est pas une fonction continue, mais un histogramme. On l'appelle couramment spectre différentiel de hauteur d'impulsion. Il existe également des analyseurs multicanaux à spectre intégral. De nombreux paramètres peuvent être ajustés afin d'obtenir un fonctionnement optimal de la chaîne d'acquisition (ex. : la correspondance canal-énergie...). Actuellement, les analyseurs multicanaux sont équipés de mémoires permettant le stockage et la transmission en ligne des informations vers un ordinateur type PC. Il existe également des logiciels de traitement des spectres gamma permettant d'effectuer une analyse qualitative et/ou quantitative des spectres acquis. Les différentes informations accessibles sont généralement :

- une calibration en énergie,

- une sélection de la région d'intérêt ou une recherche automatique de pic,

- un calcul d'aire sous le pic (avec soustraction de bruit de fond),

- un calcul de la position centrale du pic en canal ou en énergie,

- une identification de l'élément correspondant au pic, à partir d'une bibliothèque contenant des valeurs de raies caractéristiques,

- la largeur totale à mi-hauteur (LMTH) notée souvent FWHM pour *Full Width at Half Maximum*.

6.1.4. Acquisition et traitement du signal

L'exploitation d'un spectre gamma permet d'obtenir des informations qualitatives (identification des radionucléides), et quantitatives (activité de ces radionucléides à partir du comptage des événements dans les pics d'absorption totale).

6.1.4.1. Identification des radionucléides

La première tâche à effectuer consiste à repérer les pics d'absorption totale. Une fois ceux-ci repérés, l'analyse qualitative et quantitative peut être effectuée. Actuellement, les logiciels de spectrométrie gamma réalisent ces différentes fonctions. Ils permettent dans une certaine mesure de séparer deux pics qui se chevauchent (déconvolution des pics).

L'identification des radionucléides est faite à partir de la mesure des énergies des raies présentes. Une fois les énergies connues, le logiciel parcourt une bibliothèque de correspondances entre énergies et radionucléides qui lui permet d'associer les énergies trouvées à des radionucléides connus.

Pour connaître l'énergie des pics détectés, il est nécessaire de disposer d'une relation reliant la valeur numérique codée de la mémoire de l'analyseur à une énergie. Pour cela, un étalonnage préalable en énergie est nécessaire.

Cet étalonnage est réalisé au moyen de sources étalons dont les raies énergétiques sont connues avec précision.

De nombreuses sources étalons sont aujourd'hui disponibles. Le choix est effectué en fonction du spectre des radionucléides que l'on s'attend à mesurer. On choisira des étalons qui définissent au mieux la courbe d'étalonnage dans la gamme d'énergies attendues.

Il est possible d'étalonner correctement une chaîne de mesure d'une centaine de keV à 3,5 MeV au moyen des radioéléments suivants : ^{154}Eu, ^{56}Co, ^{133}Ba. Ces trois radioéléments font partie des références multigamma, appelées ainsi en raison du nombre important de raies gamma sur leur spectre. Cette caractéristique est très intéressante, car elle permet d'effectuer un étalonnage de qualité avec un nombre limité de sources.

Les logiciels permettent d'automatiser partiellement l'étalonnage en énergie des chaînes de mesure. À l'issue de l'étalonnage en énergie, l'axe des abscisses n'est plus gradué en canaux mais en unités d'énergie (keV par exemple).

6.1.4.2. *Activité des radionucléides*

L'activité des radionucléides est déterminée à partir du nombre d'événements présents dans les pics d'absorption totale. Ce nombre reflète, à un facteur multiplicatif près, l'activité du radionucléide mesuré. Le nombre d'événements dans le pic d'absorption totale dépend de :

- l'énergie des photons incidents,
- la probabilité d'émission de la raie,
- la durée de la mesure,
- la distance entre le détecteur et la source,
- la matrice,
- la quantité d'éléments à mesurer (activité).

Notons également que l'isotropie de la source fait que seule une partie des photons atteint le détecteur. De plus, le phénomène d'absorption des photons par la matrice diminue leur probabilité de détection. Enfin, tous les photons atteignant le détecteur ne participent pas au pic d'absorption totale.

La forme d'un pic d'absorption totale d'un photon gamma est très proche d'une gaussienne caractérisée par sa largeur totale à mi-hauteur qui dépend des performances du détecteur (résolution en énergie). En général, les pics sont situés sur un fond continu composé par les événements dus aux diffusions Compton des photons aux énergies supérieures vers les énergies plus basses et par le bruit de fond environnant.

Pour obtenir le nombre d'événements uniquement dus à l'absorption totale des photons issus du radionucléide que l'on souhaite mesurer, il faut soustraire ce fond continu : c'est-à-dire calculer l'aire nette du pic d'absorption totale. L'extraction du fond continu est généralement réalisée à l'aide d'un logiciel de spectrométrie gamma.

L'activité d'un radionucléide est obtenue au moyen de l'expression suivante :

$$C = \frac{A}{FT(E) \times R(E) \times I(E) \times t}$$

avec :

C : activité du radionucléide (Bq),

A : surface nette du pic d'absorption totale (en coups),

$FT(E)$: valeur de la fonction de transfert à l'énergie E,

$R(E)$: rendement d'absorption totale (ou efficacité absolue) à l'énergie E,

I(E) : probabilité d'émission de la raie gamma d'énergie *E*,

t : durée de la mesure (s).

Le rendement d'absorption totale (ou efficacité absolue) est défini comme le rapport du nombre d'événements présent dans le pic d'absorption totale à l'énergie *E*, au nombre de photons de même énergie émis par la source. Il dépend de l'énergie des photons : généralement plus l'énergie est élevée, moins les photons ont de chances d'interagir dans le détecteur. Pour un détecteur donné, on établit une courbe expérimentale, point par point, en fonction de l'énergie, en utilisant plusieurs sources étalons. Le rendement est propre à un détecteur. De plus, la courbe obtenue est valable pour une configuration matérielle donnée, et pour une géométrie de mesure précise.

La fonction de transfert traduit la relation entre l'activité apparente mesurée, biaisée par certains phénomènes (absorption, autoabsorption, etc.), et l'activité réelle de la source. Il s'agit d'une fonction dépendant de l'énergie. Si les conditions le permettent, cette fonction peut être intégrée dans la courbe d'étalonnage en rendement. Si les différents paramètres (géométrie des objets, dispositif de mesure, éléments constituant la matrice, etc.) sont connus avec suffisamment de précision, la fonction de transfert peut être déterminée par des simulations de type Monte-Carlo reproduisant la configuration. La fonction de transfert est calculée point par point, puis tabulée.

6.1.5. Domaines d'application

La spectrométrie gamma est largement appliquée et utilisée dans différents domaines tels les sciences médicales, environnementales et nucléaires.

Dans le milieu nucléaire tant industriel que de recherche, les applications principales de la spectrométrie gamma concernent notamment l'estimation de compositions isotopiques (uranium et plutonium), la caractérisation radiologique de matériaux irradiés (combustibles irradiés, détecteurs à activation), de colis de déchets irradiants.

Elles peuvent se répertorier comme suit :

- la mesure de la quantité d'uranium 235 (raie d'énergie à 185,7 keV), et d'uranium 238 par l'intermédiaire d'un de ses descendants à l'équilibre, le protactinium 234 métastable (raie d'énergie à 1 001 keV). La détermination de l'enrichissement (ou de l'appauvrissement) de l'uranium peut se faire par le biais des rapports de surfaces des raies de ^{235}U et ^{238}U ;

- l'analyse de groupes multiples i.e. composés de plusieurs raies énergétiques voisines. Cette application ne nécessite pas d'étalonnage préalable. Elle utilise des données physiques des isotopes concernés et des algorithmes de déconvolution spectrale pour extraire le maximum d'informations du seul spectre ; celui de l'échantillon inconnu. Plusieurs actinides peuvent ainsi être caractérisés : les isotopes du plutonium ^{238,239,240,241}Pu, ^{241}Am, ^{235}U, ^{238}U, ^{237}Np et ^{233}Pa ;

- la mesure des activités de certains produits de fission, dont les principaux sont les isotopes 134 et 137 du césium (respectivement raies à 796 et 661,6 keV), l'isotope 144 du praséodyme (raie à 2 186 keV) et l'isotope 154 de l'europium (raie à 1 274 keV) ;

- la mesure des activités de certains produits d'activation notamment le ^{60}Co (raies à 1 173 keV et 1 332 keV).

Enfin, certains isotopes (^{134}Cs, ^{137}Cs, ^{144}Pr, ^{154}Eu, ...) peuvent également être utilisés comme traceurs de paramètres caractéristiques du combustible irradié : le taux de combustion et le temps de refroidissement d'un assemblage, la puissance en fin de cycle d'un assemblage ou d'un crayon, la localisation d'une rupture de gaine. Certains produits de fission et produits d'activation, principalement ^{137}Cs et ^{60}Co, sont également utilisés pour évaluer l'activité d'isotopes difficilement mesurables voire inaccessibles par une technique de mesure non destructive (^{63}Ni, ^{94}Nb, ^{90}Sr...).

6.1.6. *Principales limitations*

La mesure par spectrométrie gamma rencontre des limitations dues à plusieurs phénomènes.

Tout d'abord l'atténuation des rayonnements gamma utiles dans le contaminant lui-même (auto-absorption) et dans la matrice qui l'entoure (absorption). Cette atténuation est directement liée à la densité du contaminant et à celle de sa matrice. À titre d'illustration, si on suppose que l'épaisseur à traverser par le rayonnement gamma est de Dc (cm) dans le contaminant et de Dm (cm) dans la matrice, en première approximation celui-ci verra, pour une énergie gamma donnée E, son intensité atténuée à la sortie de l'objet d'un facteur Exp-($\mu_{c,m}\rho_c Dc + \mu_{m,m}\rho_m Dm$) où $\mu_{c,m}$ et $\mu_{m,m}$ représentent les coefficients massiques d'atténuation photonique (en cm^2.g^{-1}) à l'énergie E pour le contaminant et pour la matrice respectivement. ρ_c, et ρ_m sont respectivement les masses volumiques (en g.cm^{-3}) du contaminant et de sa matrice. Par conséquent, la mesure de certains radionucléides peut s'avérer impossible au-dessus d'une certaine masse volumique et/ou d'une épaisseur d'écran (de matrice) à traverser. De plus, la mesure est très sensible à la répartition des émetteurs dans l'objet, à l'homogénéité et au volume de la matrice.

La présence de certains émetteurs gamma peut perturber la mesure. À titre d'exemple, l'américium 241 (raie à 662,4 keV) est facilement interféré par le césium 137 (raie à 661,6 keV). De même, le sodium 22 (raie à 1 274,5 keV) produit à la suite de réactions (α, n) sur le fluor 19 (pour les composés fluorés) risque d'interférer avec l'europium 154 (raie à 1 274 keV).

Certains produits de fission ou d'activation émettent des photons à des énergies de l'ordre du MeV avec des intensités importantes. Cela peut induire un bruit de fond très élevé (fond et front Compton) lorsqu'ils sont présents en grande quantité. Il est alors très difficile, voire impossible dans le cas de combustible irradié par exemple, d'exploiter les raies gamma se trouvant à des énergies plus basses comme celles de l'uranium, du plutonium ou de l'américium.

Enfin, la présence de rayons cosmiques, de radioactivité naturelle, de rayonnement de freinage (bremsstrahlung) de particules bêta ou d'électrons de conversion interne, contribue à augmenter le bruit de fond sous les pics et réduit également la sensibilité de la méthode.

C'est pour pallier notamment ce handicap que les mesures neutroniques ont vu le jour et connaissent un réel développement.

6.2. Mesure neutronique passive

Le contrôle et/ou la caractérisation d'objets irradiants et/ou de forte densité sont souvent confrontés aux interférences de certaines raies énergétiques ou de leurs photons diffusés (front et fond Compton) provenant de radioéléments tels les produits de fission ou les produits d'activation avec des raies utiles. Cela rend la mesure et l'identification des isotopes d'intérêt délicates voire impossibles. C'est typiquement le cas lors de la mesure de l'uranium ou du plutonium contenus dans des déchets irradiants. Or, environ 80 % des déchets radioactifs issus de l'industrie nucléaire et contenant des éléments lourds (uranium, plutonium, américium) sont plus ou moins irradiants.

L'avantage majeur des mesures neutroniques, notamment passives, est de pouvoir être utilisées pour le contrôle non destructif d'objets radioactifs irradiants et/ou de forte densité à la seule condition que les radio-isotopes d'intérêt aient un taux d'émission de neutrons suffisamment élevé pour être mesurable.

En comptage neutronique passif, il s'agit de détecter les neutrons émis spontanément par les radioéléments présents dans l'objet à contrôler. Ces neutrons peuvent avoir deux voire trois origines :

- le matériau fissible[1] lui-même : il s'agit alors de neutrons de fission spontanée. Seuls certains isotopes lourds ayant un excès de neutrons possèdent cette particularité. Parmi eux, seule une minorité possède un taux de fission spontanée suffisant pour pouvoir être détecté. Il s'agit, pour la plupart, d'isotopes à nombre de masse pair. Les principaux sont : ^{238}Pu, ^{240}Pu, ^{242}Pu, ^{242}Cm, ^{244}Cm et ^{252}Cf,

- d'autres matériaux constituant les composés considérés ou la matrice qui les accueille. Les neutrons seront alors issus de réactions (α, n) entre les particules α émises par les noyaux lourds (^{234}U, ^{238,240}Pu, ^{241}Am...) et certains noyaux légers tels l'oxygène, le fluor, le bore, le lithium, le béryllium...,

- les gamma émis par le contaminant ou produits par réactions (n, γ), ainsi que les neutrons produits par fissions spontanées ou réactions (α, n) peuvent, à leur tour, être précurseurs de neutrons secondaires. Toutefois, ce sont des réactions à seuil et leur contribution au sein d'un colis de déchets reste très inférieure à celle de la fission spontanée et des réactions (α, n).

Généralement, deux types de mesure peuvent être effectués : le comptage total et le comptage des coïncidences. La mesure des multiplicités neutroniques est aussi une variante de la mesure neutronique passive, mais elle demeure encore peu utilisée en routine.

6.2.1. Comptage neutronique total

6.2.1.1. Principe physique

Il s'agit de la détection de l'ensemble des neutrons émis par le contaminant indépendamment de leur origine : fissions spontanées, réactions (α, n)...

---

[1] Par élément fissible nous désignons les noyaux susceptibles de subir des fissions spontanées.

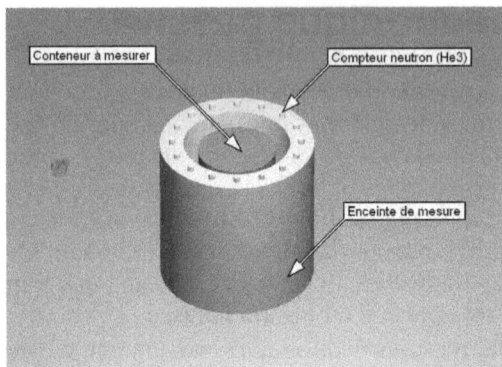

Figure 6.4. Dispositif de mesure neutronique passive.

L'énergie moyenne des neutrons de fission spontanée est de 2 MeV (spectre de Maxwell). Celle des neutrons issus des réactions (α, n) dépend de la nature chimique du contaminant. Elle est égale à 1,9 MeV pour la forme oxyde du plutonium i.e. pour les neutrons issus de l'interaction des émissions α du plutonium avec les noyaux d'oxygène.

Le dispositif de mesure type utilisé pour le comptage neutronique total est constitué simplement de détecteurs neutroniques connectés à des amplificateurs-discriminateurs et d'une échelle de comptage. Une illustration du dispositif de mesure type pour le comptage neutronique passif est présentée dans la figure 6.4.

Le principal avantage du comptage neutronique total reste sa simplicité de mise en œuvre. On peut ainsi disposer d'une technique élémentaire permettant d'effectuer, de manière simple, un « détrompage » quant à l'existence de noyaux lourds et donc d'émetteurs alpha potentiels au sein de l'objet à contrôler ou à caractériser.

Le comptage donne une information globale sur l'émission neutronique de l'échantillon. Aucune information n'est donnée sur la nature des noyaux à l'origine de l'émission ni sur l'énergie des neutrons émis.

Enfin, étant donné les fortes probabilités d'interaction neutronique à basse énergie voire à très basse énergie avec les milieux détecteurs, les neutrons sont ralentis vers le domaine dit thermique. Cela est effectué au moyen de matériaux ralentisseurs entourant les détecteurs neutrons (polyéthylène, paraffine...).

6.2.1.2. *Acquisition et interprétation du signal*

Les impulsions issues de l'amplificateur sont comptées par une simple échelle de comptage. Les signaux sont constitués de deux composantes : le bruit de fond et le signal utile.

Le bruit de fond (B) comprend tous les signaux indépendants de la quantité de noyaux émetteurs neutroniques présents dans l'objet à caractériser. Ces signaux proviennent :

- des sources neutroniques extérieures à la mesure,

- du bruit de fond électronique,

- des neutrons issus du rayonnement cosmique,

- du rayonnement gamma.

Il est estimé par une mesure effectuée en l'absence de l'objet ou avec un objet inactif si nécessaire.

Le signal utile (S) comprend tous les neutrons émis par le contaminant i.e. les neutrons de fission spontanée et les neutrons de réaction (α, n).

La mesure de l'objet donne le signal utile superposé au bruit de fond. On parle de signal brut $S_b = S + B$.

La soustraction du bruit de fond donne le signal utile : $S = S_b - B$.

6.2.1.2.1. Étalonnage

L'étalonnage consiste à établir une relation entre le nombre d'impulsions délivré par les détecteurs et le nombre de neutrons réellement émis par les noyaux du contaminant. On parle de détermination de rendement de détection noté généralement ε.

Cet étalonnage est obtenu à l'aide d'un ou plusieurs objets calibrés (émission neutronique connue) ou d'un objet inactif identique à ceux à mesurer dans lequel on introduit une ou plusieurs sources connues.

Les principales sources utilisées pour l'étalonnage sont le ^{252}Cf (fissions spontanées, T ½ = 2,64 ans) et Am-Be (réactions (α, n), T ½ (^{241}Am) = 433,6 ans, durée légale d'utilisation de 10 ans).

6.2.1.2.2. Interprétation

Les caractéristiques des principaux isotopes émetteurs de neutrons sont résumées dans le tableau 6.2 :

Tableau 6.2. Principaux isotopes émetteurs de neutrons.

Élément	Période (années)	En fissions spontanées $(n.s^{-1}.g^{-1})$	En (α, n) oxyde $(n.s^{-1}.g^{-1})$	En totale $(n.s^{-1}.g^{-1})$	En (α, n) fluor $(n.s^{-1}.g^{-1})$
^{238}Pu	87,7	2 590	13400	15990	$2,2 \times 10^6$
^{240}Pu	6 560	1 020	141	1 161	21 000
^{242}Pu	376 000	1 720	2,0	1 722	270
^{241}Am	433,6	1,2	2690	2691	- - - - -
^{242}Cm	0,45	$2,1 \times 10^7$	$3,8 \times 10^6$	$2,5 \times 10^7$	- - - - - -
^{244}Cm	18,1	$1,08 \times 10^7$	$7,73 \times 10^4$	$1,08 \times 10^7$	- - - - - -
^{252}Cf	2,64	$2,34 \times 10^{12}$	$6,0 \times 10^5$	$2,34 \times 10^{12}$	- - - - - -

N.B. : les notations (α, n) oxyde et (α, n) fluor signifient que l'émission neutronique due aux réactions (α, n) est issue du combustible sous forme oxyde et fluor respectivement.

L'émission neutronique totale est obtenue au moyen du rendement de détection et du signal utile : $\frac{E_n}{\varepsilon}$.

Rappelons que l'objet d'une telle mesure est de remonter à la masse et/ou à l'activité du (des) radio-isotope(s) émetteur(s) neutronique(s). Cela passe par la connaissance préalable de la composition radiologique et/ou isotopique du contaminant. Celle-ci peut être acquise grâce au suivi de fabrication ou de conditionnement ou encore au moyen d'une mesure complémentaire (spectrométrie gamma). Cette connaissance fait souvent défaut au niveau du poste de mesure. Pour remédier à cela, on utilise la notion de plutonium 240 équivalent ($^{240}Pu_{eq}$) où l'on considère que tous les neutrons émis sont issus de l'isotope ^{240}Pu. La masse de plutonium 240 équivalent est donc :

$$M\,(^{240}Pu_{eq}) = En/En_s[^{240}Pu_{tot}]$$

Où $En_s[^{240}Pu_{tot}]$ désigne l'émission neutronique spécifique totale du ^{240}Pu sous sa forme oxyde. Elle est égale à 1 161 neutrons.s^{-1}.g^{-1} (cf. tableau 6.3).

Cela revient à dire que si le contaminant n'était composé que de ^{240}Pu sous forme oxyde, l'émission neutronique mesurée correspondrait à une masse de ^{240}Pu appelée « masse de plutonium 240 équivalent ».

L'utilisation de la notion de ^{240}Pu équivalent permet uniquement de ramener le résultat à une masse ; ce qui est plus « parlant ».

Pour déterminer la masse des isotopes émetteurs au moyen d'un comptage neutronique total, il est nécessaire d'utiliser des informations complémentaires comme la proportion des différents émetteurs de neutrons dans le composé ($P_{\%i}$).

À titre d'exemple, considérons un contaminant dont les émetteurs neutroniques sont constitués uniquement d'isotopes de plutonium. L'émission neutronique obtenue s'écrit :

$$En = \sum_i m_i.En_{Si}$$

avec :

m_i : masse de l'isotope i (g),

En_{Si} : émission neutronique spécifique totale de l'isotope i (n.s^{-1}.g^{-1}).

En introduisant la masse de ^{240}Pu, on peut écrire :

$$En = m_{240} \cdot En_{S240} \left(\sum_i \frac{m_i \cdot En_{Si}}{m_{240} \cdot En_{S240}} \right)$$

On obtient ainsi :

$$m_{240} = \frac{\dfrac{En}{En_{S240}}}{\displaystyle\sum_i \dfrac{P_{\%i} \cdot En_{Si}}{P_{\%240} \cdot En_{S240}}}$$

et :

$$m_i = m_{240} \frac{P_{\%i}}{P_{\%240}}$$

6.2.1.3. *Domaines d'application*

De nombreuses applications utilisent le comptage neutronique total. Les principales d'entre elles sont :

- la mesure de la quantité de plutonium lorsqu'il se trouve sous forme métallique, oxyde ou fluorée. La composition isotopique et la forme chimique étant connues, les effets dus aux réactions (α, n) sont alors quantifiables.

- Le suivi des matières radioactives dans les ateliers de fabrication du combustible, par exemple, pour vérifier la composition de l'UF_6 lors du procédé d'enrichissement. Les neutrons sont issus des fissions spontanées de l'^{238}U et surtout des réactions ^{19}F (α, n) ^{22}Na ; le principal émetteur alpha étant ^{234}U. L'émission de particules alpha augmente avec l'enrichissement. Le comptage total permet donc de suivre l'évolution de l'enrichissement.

- L'estimation de l'activité alpha due au curium pour les déchets directement issus du retraitement du combustible irradié. L'émission spontanée de neutrons issue de ce dernier est due, en très grande partie, aux isotopes 242 et 244 du curium.

- L'évaluation de l'activité alpha dans les colis de déchets radioactifs de grand volume et/ou de forte densité pour lesquels la spectrométrie gamma s'avère inopérante. Néanmoins, le comptage neutronique total est plutôt utilisé pour obtenir une information qualitative (détrompeur) sur la présence ou non de plutonium, voire d'uranium.

6.2.1.4. Principales limitations

La principale limitation du comptage neutronique total est due aux variations importantes de l'émission neutronique du contaminant en fonction de son origine et de la constitution physico-chimique de la matrice. En effet, la teneur mal connue en émetteurs neutroniques ($^{242,244}Cm$) et en émetteurs alpha parasites (^{241}Am) ainsi que la présence non quantifiée d'éléments légers susceptibles d'induire des réactions (α, n) peuvent rendre l'interprétation du signal neutronique total très délicate et, de ce fait, fausser l'évaluation de l'activité recherchée (activité alpha du plutonium par exemple). En effet, comme le montre le tableau 6.3, la méconnaissance de la forme chimique du contaminant (oxyde, fluor...) peut conduire à des sous-estimations ou surestimations des masses et/ou des activités déclarées de plus de deux ordres de grandeur !

Par conséquent, ce type de comptage n'est utilisé comme technique de caractérisation que si la composition isotopique du contaminant ainsi que la forme chimique du déchet sont connues avec précision.

Par ailleurs, pour les fortes masses de contaminant, des effets de multiplication et des effets d'auto-absorption peuvent apparaître. En effet, les neutrons initiaux de fission spontanée ou de réaction (α, n) peuvent induire des fissions dans le contaminant augmentant ainsi le signal neutronique total ; il s'agit de l'effet de multiplication des neutrons. L'absorption (stérile) des neutrons initiaux par le contaminant est appelée auto-absorption.

Enfin, il est important de noter que les effets de matrice lors de la mesure neutronique globale, peuvent aussi « se manifester » en modifiant le rendement de détection du dispositif expérimental. En effet, selon la constitution physico-chimique de la matrice (essentiellement en éléments légers et absorbants neutroniques), les neutrons émis par le contaminant vont être plus ou moins ralentis et absorbés. Cela modifiera le comptage utile et affectera ainsi l'activité déclarée in fine. Ce phénomène est d'autant plus prononcé que la matrice d'étalonnage ne peut être rigoureusement représentative de la matrice réelle.

6.2.2. Comptage des coïncidences neutroniques

6.2.2.1. Principe physique

Il s'agit d'éliminer, au moyen d'une électronique adéquate, l'information difficilement exploitable due aux réactions (α, n) et celle due aux neutrons parasites externes. On ne
conserve que les signaux dus aux neutrons de fission spontanée. Cela est obtenu grâce
aux systèmes d'analyse par coïncidence qui permettent d'identifier les neutrons selon leur
mode de création.

La discrimination des deux types de neutron (neutrons de fission spontanée et neutrons
de réaction (α, n)) repose sur le fait que des neutrons de fission spontanée peuvent être
émis simultanément au nombre de 2 à 3 en moyenne, alors que ceux issus des réactions
(α, n) sont émis un par un. Cette technique de mesure permet de s'affranchir du bruit de
fond dû aux neutrons non corrélés et rend ainsi la mesure neutronique passive insensible à
la forme chimique du contaminant et cela, en éliminant les neutrons (α, n). Seule subsiste
donc la composante des neutrons de fission spontanée, soit ^{238}Pu, ^{240}Pu et ^{242}Pu dans le
cas du plutonium.

En raison de leur sélectivité, les techniques de coïncidences sont couramment utilisées
en comptage neutronique passif. Néanmoins, le besoin de détecter au moins deux neutrons altère la précision statistique (comparée au comptage neutronique total). En effet, le
comptage utile en mesure de coïncidences est proportionnel au carré du rendement de
détection[2].

Cette technique est donc plus sensible aux variations du rendement de détection dues
notamment aux effets de position ou aux effets de matrice.

Enfin, en règle générale, une fission est suivie de l'émission de 0 à 8 neutrons avec
une certaine densité de probabilité qui permet d'estimer le nombre moyen de neutrons
par fission que l'on note v et qui dépend du noyau émetteur (v = 2 à 4 selon les isotopes).
Pour la mesure des neutrons coïncidents, c'est le nombre de paires de neutrons émis qui
est comptabilisé. Il est noté $\overline{\frac{v(v-1)}{2}}$.

6.2.2.2. Mécanisme

La détection des neutrons dans le contexte des mesures nucléaires non destructives, passe
généralement par une phase de ralentissement dont le but est d'accroître la probabilité
d'interaction du neutron avec le milieu détecteur le plus souvent destiné aux neutrons
thermiques. Cela est fait grâce à une enveloppe en éléments légers – généralement en
polyéthylène – autour du ou des détecteurs neutroniques. La géométrie et les dimensions
typiquement adoptées pour ces modérateurs ainsi que l'énergie des neutrons incidents
(2 MeV en moyenne) font que la durée de vie moyenne d'un neutron avant absorption
(par le modérateur ou par le détecteur) ou fuite est de l'ordre de 100 μs. *Plusieurs neutrons
émis au même instant seront donc détectés dans un intervalle de l'ordre de 100 μs ou ne
le seront jamais.*

Dès qu'un neutron est détecté (neutron initiateur), on va vérifier si d'autres le suivent à
moins de 100 μs.

Chaque neutron qui suivra fera augmenter d'une unité un compteur appelé [R + A]
(coïncidences Réelles + Accidentelles).

---

[2] Le rendement de détection ε est inférieur à 1 donc ε^2 reste inférieur à ε.

Une coïncidence réelle correspond à la détection d'un neutron issu de la même fission que le neutron initiateur dans l'intervalle de 100 µs appelé fenêtre de coïncidence (θ). L'ouverture de la fenêtre s'effectue après un pré-retard t_0 permettant de s'affranchir des pertes de comptage dues aux aspects temps mort. Une coïncidence accidentelle représente la détection d'un neutron non issu de la même fission dans l'intervalle de 100 µs (fission + Bruit de fond, 2 fissions, fission + (α, n), 2 (α, n)...).

Ensuite, on vérifie si d'autres neutrons sont comptés dans un intervalle de 100 µs très éloigné du neutron initiateur (à plus de 1 000 µs). À cause de la durée de vie moyenne des neutrons de 100 µs, ceux-là seront obligatoirement décorrélés des neutrons détectés dans la première fenêtre (intervalle de 100 µs après la détection du premier neutron) notamment de ceux de la fission spontanée utile. Il ne peut donc pas s'agir d'une coïncidence réelle avec le neutron initiateur. Il ne peut s'agir que d'une coïncidence accidentelle.

Chaque neutron détecté dans cet intervalle fera augmenter d'une unité un compteur appelé [A] (coïncidences Accidentelles).

Les taux de comptage étant supposés constants sur la durée de la mesure, le nombre de coïncidences accidentelles enregistrées dans [R+A] est le même que celui de [A].

Le nombre de coïncidences réelles sera donné par :

$$R \equiv [(R+A) - (A)]$$

Un synoptique décrivant la mesure passive des neutrons coïncidents est présenté dans la figure 6.5.

6.2.2.3. *Acquisition et interprétation du signal*

La cellule de mesure utilisée est identique à celle du comptage total (cf. figure 6.4).

L'acquisition des signaux s'effectue par le système à registre à décalage et consiste à comptabiliser des nombres de paires de neutrons.

Le système à registre à décalage délivre :

- le comptage dans l'intervalle [R+A],

- le comptage dans l'intervalle [A],

- le comptage des coïncidences réelles estimé $R = [(R+A) - (A)]$,

- le comptage total (T),

- la durée de mesure (t).

6.2.2.3.1. Étalonnage

L'électronique à registre à décalage doit être réglée au préalable. Il s'agira principalement de définir :

• le pré-retard (t_0) à l'aide d'une source de neutrons (α, n) de type Am-Be par exemple,

• la largeur de la fenêtre de coïncidence θ à l'aide d'une source de ^{252}Cf par exemple (fissions spontanées).

LA MESURE NEUTRONIQUE PASSIVE
COMPTAGE DES NEUTRONS COINCIDENTS

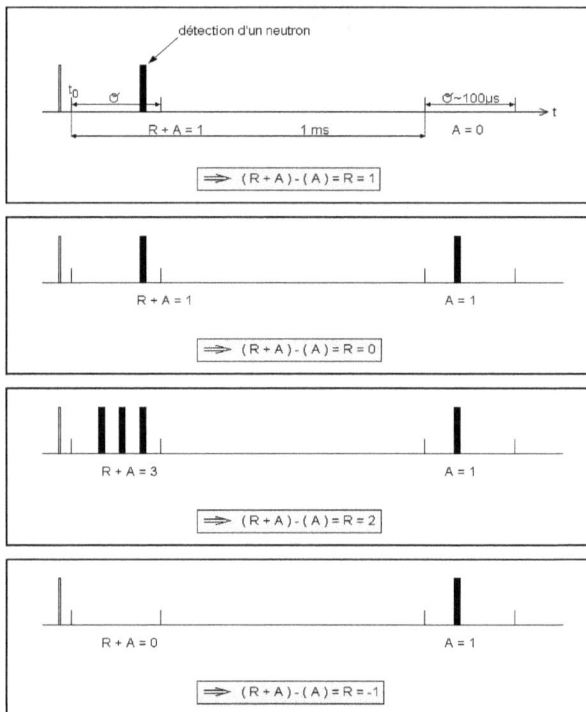

Figure 6.5. Principe de la détection passive des coïncidences neutroniques.

Ensuite, il s'agira de déterminer le coefficient d'étalonnage C caractérisant le nombre de paires de neutrons par seconde comptées par l'électronique à registre à décalage par rapport à la masse de ^{240}Pu équivalent contenue dans l'échantillon. Ce coefficient d'étalonnage est obtenu à l'aide d'un ou plusieurs échantillons calibrés (émission neutronique connue) ou d'un échantillon inactif (quasi identique à ceux à mesurer) dans lequel on introduit une ou plusieurs sources connues (cas des mesures de fûts de déchets). Ces sources doivent être émettrices de neutrons de fission spontanée.

Les principales sources utilisées pour l'étalonnage sont :

- ^{252}Cf,

- Pu de composition isotopique aussi proche que possible de celle à mesurer réellement.

6.2.2.3.2. Interprétation

Les caractéristiques des principaux corps émetteurs de neutrons de fission spontanée sont présentées dans le tableau 6.3.

Pour chaque radionucléide, le nombre moyen de neutrons par fission correspond à la moyenne discrète d'émission de 0 neutron, 1 neutron, 2 neutrons, 3 neutrons, 4 neutrons. . .

Il est noté $\bar{v}$ et s'exprime par : $\bar{v} = \sum\limits_{i=0}^{\infty} iP(i)$ où i désigne un nombre entier de neutrons pouvant être émis lors de la fission spontanée de l'isotope d'intérêt et $P(i)$ la probabilité d'émission correspondante.

Quant au nombre moyen de paires de neutrons émis par fission, ce n'est autre que le nombre moyen de paires de neutrons que l'on peut former pour chaque nombre entier i de neutrons émis avec la probabilité $P(i)$. Il s'agit en somme du moment d'ordre 2 de la distribution de probabilité $P(i)$.

Il est noté $\frac{\overline{v(v-1)}}{2}$ et s'exprime par : $\frac{\overline{v(v-1)}}{2} = \sum\limits_{i=1}^{\infty} C_i^2 . P(i) = \sum\limits_{i=1}^{\infty} \frac{i(i-1)}{2} P(i)$.

Tableau 6.3. Émissions neutroniques spécifiques de paires de neutrons pour les principaux radionucléides.

Élément	Période (années)	Émission spécifique de neutrons de fission spontanée (n/s/g)	Nombre moyen de neutrons par fission $\bar{v}$	Nombre moyen de paires de neutrons par fission $\frac{\overline{v(v-1)}}{2}$	Émission spécifique de paires de neutrons (paires.s^{-1}.g^{-1})
^{238}Pu	87,7	2 590	2,21	1,98	2 320
^{240}Pu	6 560	1 020	2,16	1,91	902
^{242}Pu	376 000	1 720	2.15	1,90	1 520
^{242}Cm	0,45	$2,1 \times 10^7$	2,52	2,48	$2,1 \times 10^7$
^{244}Cm	18,1	$1,08 \times 10^7$	2,68	2,84	$1,14 \times 10^7$
^{252}Cf	2,64	$2,34 \times 10^{12}$	3,76	5,98	$3,72 \times 10^{12}$

L'objectif de la mesure est la détermination de la masse des noyaux émetteurs de paires neutroniques. Cette masse est liée au signal utile R.

On introduit également pour ces mesures la notion de ^{240}Pu équivalent qui est quasi identique à celle vue en comptage total.

Il s'agit donc de la masse de ^{240}Pu qui aurait donné le nombre de paires enregistré lors de la mesure. Soit donc : $M^{240}Pu_{eq} = R/C$.

Si le contaminant est composé de i éléments de masse m_i émetteurs de neutrons de fission spontanée, alors :

$$M^{240}Pu_{eq} = \sum_i \frac{E_{paires_i}}{E_{paires_{240}}} m_i$$

avec E_{paires_i} l'émission spécifique de paires de neutrons par le noyau i (paires.s^{-1}. g^{-1}).

Comme pour le comptage total, la détermination de la masse des émetteurs nécessite l'utilisation d'informations complémentaires : proportion des différents émetteurs dans l'échantillon ($P_{i\%}$) comme la composition isotopique du plutonium quand c'est le seul composé émetteur de neutrons de fission spontanée.

$$M^{240}Pu_{eq} = m^{240}Pu \left(\sum_i \frac{E_{paires_i} m_i}{E_{paires_{240}} \cdot m_{240}} \right)$$

On obtient :

$$m^{240}\text{Pu} = \frac{M^{240}\text{Pu}_{eq}}{\sum\limits_i \frac{P_{i\,\%} \cdot E_{\text{pairesi}}}{P_{240\,\%} \cdot E_{\text{paires240}}}}$$

et

$$m_i = m^{240}\text{Pu} \cdot \frac{P_{i\,\%}}{P_{240\,\%}}$$

6.2.2.4. Domaines d'application

Une des applications la plus répandue concerne l'évaluation de la quantité de plutonium pour une composition isotopique connue. Si la composition isotopique n'est pas connue, la masse de plutonium est alors déclarée en masse de ^{240}Pu équivalent. Toutefois, cette mesure peut être perturbée voire rendue inexploitable en présence de curium.

L'utilisation des coïncidences neutroniques est également envisagée pour quantifier le ^{244}Cm présent dans les déchets de type verre issus des opérations de retraitement du combustible irradié. Cette technique n'est envisagée que si la proportion de réactions (α, n) est suffisamment élevée pour rendre le comptage neutronique total inopérant pour quantifier le ^{244}Cm. On peut également noter qu'une des difficultés majeures concernant la caractérisation radioactive de ce type de colis est liée au fait qu'ils contiennent essentiellement des produits de fission et d'activation en grande quantité. Ils sont donc très irradiants. Leur mesure nécessite la mise en place d'un système de détection spécifique adapté à une ambiance radioactive aussi hostile.

Enfin, l'un des principaux domaines d'application de la mesure neutronique passive est le contrôle des matières nucléaires plus connu sous le nom de « *Safeguards* ». Il s'agit de contrôler, de garantir et d'assurer le suivi des masses de matière nucléaire, généralement du plutonium (production, recyclage, entreposage).

6.2.2.5. Principales limitations

Comme pour le comptage total, les mesures de coïncidences neutroniques sont perturbées par les effets de multiplication des neutrons, pour les fortes masses de contaminant ce qui peut entraîner une surestimation de sa masse et/ou de son activité.

Le comptage des coïncidences reste sensible aux effets de matrice (représentativité, homogénéité, densité, teneur en éléments hydrogénés...) qui peuvent fausser significativement l'interprétation des résultats de mesure.

Suivant l'implantation du dispositif expérimental, notamment l'altitude, les coïncidences dues aux rayonnements cosmiques peuvent avoir une contribution significative et parasiter les mesures. Enfin, la détection « simultanée » de deux événements nécessite un dispositif d'une efficacité supérieure à ceux utilisés en comptage total. Une efficacité de détection au minimum de l'ordre de 5 % est nécessaire pour assurer le bon fonctionnement de la mesure.

6.2.3. Comptage des multiplicités neutroniques

Nous concluons ce chapitre relatif à la mesure neutronique passive en évoquant l'analyse des multiplicités neutroniques.

Le comptage des multiplicités neutroniques consiste à discriminer la détection coïncidente de 2 ou 3 ou 4 (voire plus) neutrons de fission spontanée. On parle de multiplicités d'ordre 2, 3, 4...

Cette technique quoique encore non standardisée (toujours au stade de laboratoire pour le contrôle des déchets) pourrait permettre, à terme, de doser sélectivement chaque noyau émetteur de neutrons de fission spontanée (par exemple ^{244}Cm et ^{240}Pu). Brièvement, le principe de base repose sur le fait que plusieurs neutrons peuvent être émis simultanément lors de la réaction de fission (généralement entre 0 et 8 neutrons par fission pour tous les isotopes) et que la probabilité d'émission pour chaque type de multiplet est caractéristique du noyau émetteur. Ainsi, en analysant le laps de temps suivant la détection d'un neutron, il est possible d'obtenir la distribution du nombre d'occurrences de la détection de 1, 2, 3, 4... neutrons. Cette distribution du nombre d'occurrences peut être reliée à la distribution des multiplets à l'origine qui est caractéristique du noyau émetteur. Pratiquement, au-delà de l'ordre 5, les événements sont rarement significatifs.

Deux voies principales de recherche peuvent être citées :

- la discrimination de deux isotopes (voire plus) dont les distributions de multiplicités sont suffisamment contrastées. On obtient alors au moins deux équations (éventuellement plus) issues de la mesure des ordres 2 et 3 et qui dépendent de deux inconnues que sont les masses des isotopes recherchés. Des résultats encourageants ont été obtenus pour la discrimination de ^{240}Pu et ^{252}Cf, ainsi que de ^{244}Cm et ^{252}Cf. Toutefois, la discrimination de ^{240}Pu et ^{244}Cm au moyen de cette méthode reste à démontrer. Le contraste entre ces deux isotopes est faible ;

- l'exploitation de plusieurs informations directement liées aux conditions expérimentales comme, par exemple, la contribution des réactions (α, n) (premier ordre), la détermination d'une masse de ^{240}Pu équivalent et, soit l'efficacité « apparente » du système de détection, soit l'estimation de l'effet de multiplication, en utilisant les ordres 2 et 3. Ceci permet de tenir compte d'effets (matrice, surestimation de la masse évaluée) qui ne sont pas maîtrisés en comptage des coïncidences.

Enfin, pour ce qui est des phénomènes parasites pouvant limiter la méthode, on peut citer, notamment, la présence de modérateurs ou d'absorbants de neutrons dans l'objet considéré qui peut affecter le comptage (effet de matrice). La répartition du contaminant ainsi que la présence d'autres émetteurs de neutrons que ceux attendus peuvent aussi être sources d'erreurs.

6.2.4. Conclusion

Contrairement à la spectrométrie gamma, les techniques de mesure neutronique passive ne permettent pas d'identifier l'isotope émetteur de neutrons. Dans la plupart des cas, il est nécessaire de connaître par ailleurs (données procédé, spectrométrie gamma...) la composition isotopique du contaminant.

On peut ainsi noter la complémentarité de la spectrométrie gamma et de la mesure neutronique passive en ce qui concerne d'une part l'interprétation du signal et d'autre part la sensibilité aux effets de matrice :

- la mesure et l'analyse des spectres gamma donne des informations sur l'abondance isotopique du contaminant qui peuvent aider à l'interprétation et l'analyse des signaux neutroniques passifs pour, par exemple, déclarer les masses de radioisotopes d'intérêt ;

- la spectrométrie gamma est très bien adaptée aux matrices légères (de faible densité électronique) alors que la mesure neutronique passive est pénalisée par la présence de matériaux légers absorbants et/ou modérateurs neutroniques tels l'hydrogène, le carbone ou encore le chlore. Inversement, la mesure neutronique passive est beaucoup moins sensible que la spectrométrie gamma aux matrices de densité élevée.

Références

[1] R.H. AUGUSTON, T.D. REILLY, *Fundamentals of passive non destructive assay of fissionable materiel*, Los Alamos Scientific Laboratory report, LA-5651-M, 1990.

[2] C. BLANDIN, *Contribution au développement des collectrons pour la mesure instantanée et sélective des différents champs de rayonnements en réacteurs nucléaires*, Thèse INPG – Spécialité énergétique physique – 1992.

[3] N. ENSSLIN, *Passive non destructive assay of nuclear materials*, NUREG/CR-5550, LA-UR-90-732, 1991.

[4] T. GOZANI, *Passive Nondestructive Assay of Nuclear Materials : Principles and Applications*, NUREG/CR-0601, SAI-MLM-2584, 1984.

[5] JR. HUDE, F. HSUE, P. RINARD, *In plant experience with passive, active shufflers at Los Alamos*, Los Alamos Nat. Lab., LA-UR-95-2176, 1995.

[6] B. PEROT, *Optimisation des méthodes de mesure neutronique active pour les déchets radioactifs et contribution à la modélisation d'un dispositif industriel*, Thèse de doctorat d'université (UJF, Grenoble 1) préparée au Commissariat à l'Energie Atomique, Juin 1996.

[7] A-C. RAOUX, *Interprétation de mesures nucléaires non destructives combinées pour la caractérisation de colis de déchets radioactifs*, Thèse CEA/DRN/DER/SSAE. n° DU 1223, Université Balise Pascal, Clermont-Ferrand, 2000.

[8] P. LECONTE et al., Measurements of the modified conversion ratio by γ-ray spectrometry : comparison with Monte Carlo calculations using the JEFF3.1 data libraries, *the First International PHYTRA Conference* (Physique et Technologie des Réacteurs et Applications) Marrakech, Maroc (mars 2007), Proceedings of the first PHYTRA meeting.

[9] A. LYOUSSI, Recent development at Frech Atomic Energy Commission relating to non detructive nuclear waste assay, *The First International PHYTRA meeting* (Physique et Technologie des Réacteurs et Applications) Marrakech, Maroc (mars 2007), Proceedings of the first PHYTRA meeting.

[10] A. LYOUSSI, *Mesure nucléaire non destructive dans le cycle du combustible : les méthodes passives*, Techniques de l'Ingénieur, BN 3405, janvier 2005.

Électronique associée aux détecteurs de rayonnements

Dans cette partie nous n'allons nous intéresser qu'aux détecteurs délivrant *in fine* une information électrique instantanée, la très grande majorité des autres détecteurs mettant en œuvre des moyens électroniques conventionnellement utilisés en physique.

On rappelle qu'un détecteur délivrant une information électrique peut fonctionner en impulsion, en fluctuation ou en courant. Dans cette partie ne seront présentées que des électroniques fonctionnant en mode impulsion.

Les mesures en courant ne sont effectuées quasiment qu'avec les chambres d'ionisation pour lesquelles les intensités à mesurer sont comprises entre 10^{-17} et 10^{-8} A. Ces faibles courants sont difficiles à mesurer en continu avec des électromètres classiques. On utilise alors des montages électrométriques qui permettent de transformer le faible courant en tension continue assez grande pour être mesurée par un voltmètre classique. Un des systèmes les plus sensibles et les plus utilisés est l'électromètre à condensateur vibrant, fondé sur le principe que toute modification de capacité, à charge constante, a pour conséquence une variation de tension.

Les mesures en impulsions sont très répandues. Un schéma recensant les scénarios possibles de chaînes de détection fonctionnant en impulsions est donné sur la figure A.1.

Les impulsions à traiter en électronique nucléaire ont une occurrence aléatoire, le phénomène de radioactivité étant statistique : elles ne se suivent donc pas avec une fréquence

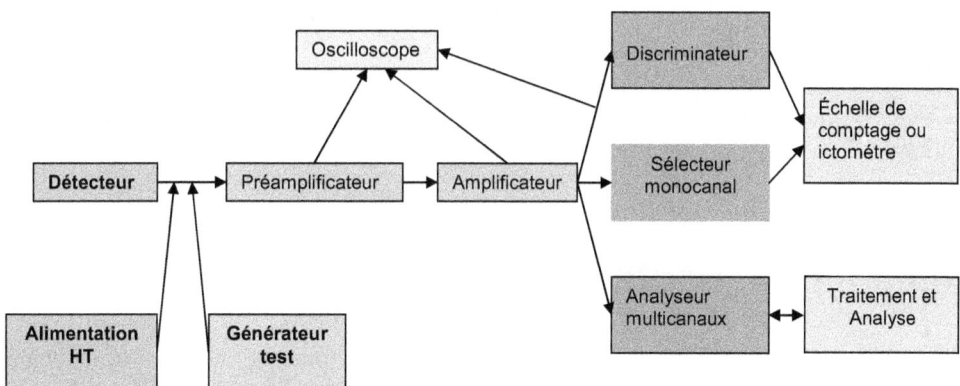

Figure A.1. Configurations schématiques de chaînes de détection utilisant le mode impulsion.

donnée comme en électronique conventionnelle. Elles sont souvent rapides (durée totale de l'ordre de 10 ns pour les scintillateurs plastiques, de 100 ns pour les jonctions et de 100 ns pour les détecteurs gazeux) et très proches ; les systèmes électroniques utilisés doivent avoir une large bande passante.

La forme de l'impulsion de tension couramment rencontrée est donnée sur la figure A.2 où on définit le temps de montée de l'impulsion. On rappelle que le temps de décroissance ne dépend que de la constante RC du circuit aux bornes duquel l'impulsion est engendrée.

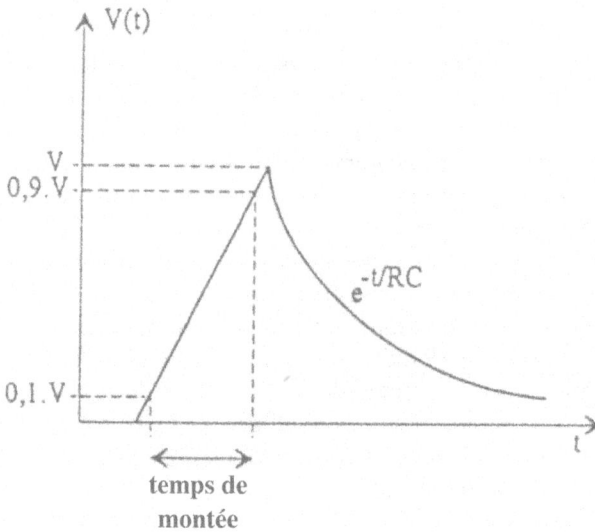

Figure A.2. Impulsion de tension type rencontrée dans les mesures nucléaires.

De façon générale, tous les éléments qui composent une chaîne de détection et qui contribuent à la proportionnalité entre l'énergie cédée et l'impulsion finale doivent être remarquablement *stables et linéaires*.

On ne s'intéressera ici aux éléments cités sur la figure n° 5 qu'en termes de fonction électronique ; nous ne rentrerons pas dans le détail de leur conception ou de leur réalisation.

Alimentation haute tension

L'alimentation de haute tension est un élément indispensable quel que soit le détecteur. Dans le cas où on emploie des tensions peu élevées ou qui n'ont pas besoin d'être très stables, notamment pour les compteurs Geiger-Müller, on peut simplement employer une pile associée à un vibrateur (solution adoptée dans les systèmes portables).

Dans la très grande majorité des cas, on utilise des alimentations électroniques qui doivent remplir les conditions suivantes :

– être réglables pour les tensions imposées par les détecteurs (jusqu'à 5 000 V pour certaines jonctions) et pouvoir supporter sans chute de tension le courant débité par le détecteur (1 à 15 mA selon les détecteurs) ;

– être stabilisées à hauteur de l'exigence des détecteurs (1%, seulement pour un compteur Geiger-Müller mais 0,1 % pour les compteurs proportionnels et les photomultiplicateurs), ne pas présenter de dérive au cours du temps (stabilité de 10^{-4} à 10^{-5} par jour) et avoir un bruit très faible.

Préamplificateur

Les fonctions principales du préamplificateur sont :

• amplifier avec un gain fixe,

• réduire le bruit, récupérer le maximum de signal,

• minimiser les effets capacitifs,

• adapter l'impédance élevée du détecteur avec la basse impédance du câble coaxial de transport du signal puis de l'électronique de traitement,

• effectuer une première mise en forme du signal (production de l'impulsion à traiter).

L'idéal est de placer le préamplificateur le plus près possible du détecteur mais cela n'est toujours pas possible car, dans certains cas, il faut éloigner l'électronique du détecteur.

On trouve deux grands types de préamplificateur :

– *préamplificateur de courant* qui permet l'éloignement de l'électronique en adaptant l'entrée de l'électronique avec la basse impédance du câble coaxial,

– *préamplificateur de charges*, placé au plus près du détecteur, avec une grande impédance d'entrée et une contre-réaction capacitive.

Le préamplificateur voire l'amplificateur est inutile lorsqu'on utilise des compteurs de type Geiger-Müller, car ils délivrent des impulsions de plusieurs volts et ont une électronique intégrée.

Amplificateur

Placé à la suite du préamplificateur, l'amplificateur a pour fonction de multiplier dans un rapport donné et ajustable appelé gain l'amplitude du signal qu'il reçoit. Le gain doit être linéaire sur la totalité de la dynamique des signaux d'entrée. Il peut dans certains cas atteindre des valeurs de 200 000.

L'amplificateur contribue à la mise en forme finale du signal en vue de son analyse ou de son traitement. Il permet des réglages tels que la restauration de ligne de base, la compensation de pôle zéro. Il permet également le rejet des empilements, en liaison avec l'analyseur multicanaux.

La mise en forme des impulsions est très importante pour améliorer les paramètres tels que temps de résolution, résolution en énergie, rapport signal sur bruit, et pour pouvoir traiter les signaux dans les modules électronique. Cette mise en forme s'effectue généralement à l'aide d'une série de circuits intégrateurs (RC ou filtre passe-bas) et différentiateurs (CR ou filtre passe-haut) qui peuvent notamment conduire à des mises en forme semi-gaussiennes. Les impulsions engendrées peuvent être bipolaires, unipolaires, négatives ou positives.

Une bonne mise en forme de signaux permet de minimiser les empilements (superpositions d'impulsions) à haut taux de comptage qui viennent perturber le dénombrement des impulsions ainsi que la mesure de leur amplitude.

Discriminateur

Un discriminateur produit un signal logique si une impulsion dépasse une valeur de seuil réglable. Il permet la construction de spectres d'amplitudes d'impulsions en mode « intégral ». Il est fondé sur le principe du monostable et sert souvent à éliminer la contribution du bruit de fond aux mesures.

Analyseur monocanal

L'analyseur, ou sélecteur, monocanal est fondé sur le principe suivant (figure A.3) : deux discriminateurs bas associés à une fonction d'anticoïncidences permettent de ne prendre en compte que les impulsions dont l'amplitude est comprise dans un intervalle (fenêtre) borné par deux seuils de discrimination ; un seuil haut et un seuil bas. Il engendre une impulsion logique lorsque l'amplitude de l'impulsion analogique à l'entrée est comprise dans la fenêtre. En balayant avec une fenêtre constante l'ensemble des valeurs du seuil bas, on peut reconstituer un spectre d'amplitudes d'impulsions proportionnelles aux énergies cédées dans le détecteur.

Échelle de comptage, ictomètre

Les échelles de comptage permettent de dénombrer les impulsions logiques produites notamment par les discriminateurs et sélecteurs situés en amont. Il est possible d'effectuer des présélections en temps ou en nombre d'impulsions. Elles incorporent souvent un discriminateur en amplitude interne pour ne pas déclencher sur des signaux de bruit.

La fonction *ictomètre* délivre le taux de comptage en coups (ou impulsions) par unité de temps (seconde). Cela peut se faire de deux façons, linéaire ou logarithmique.

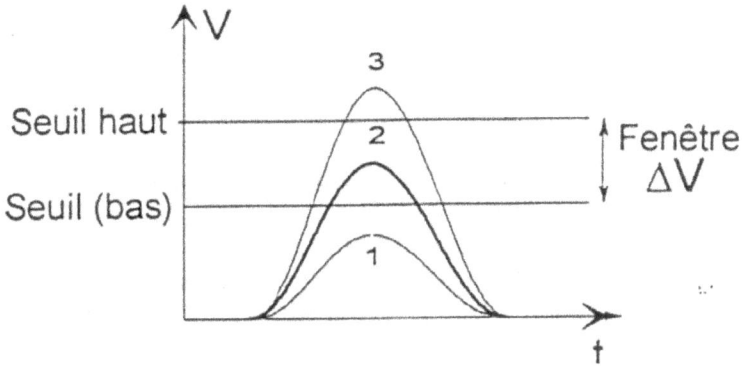

Figure A.3. Illustration du principe de fonctionnement d'un analyseur monocanal.

Analyseur multicanaux

Dans certaines applications de spectrométrie, il s'avère nécessaire que la largeur du canal (fenêtre de mesure) soit faible, au risque de ne pas pouvoir restituer correctement la forme des pics. De plus, si le taux d'impulsions est faible ou le phénomène à mesurer court, la scrutation de l'ensemble du spectre peut demander beaucoup trop de temps. On utilise alors des analyseurs multicanaux que l'on peut en théorie et en première approche considérer comme une superposition de nombreux analyseurs monocanaux contigus bien qu'ils soient quasiment toujours conçus sur un principe complètement différent. Un analyseur multicanaux comprend un codeur analogique-numérique, une mémoire divisée en segments, aussi appelés canaux, et un écran de visualisation. Ces éléments permettent respectivement de convertir les tensions électriques en nombres, de classer ces nombres dans les canaux de mémoire, et de visualiser les contenus de l'ensemble des canaux, c'est-à-dire la représentation du spectre à l'écran généralement d'un micro-ordinateur. Cela permet la mise en œuvre de fonctions élaborées de travail sur les pics, les étalonnages, calculs, identifications de nucléides, etc. La stabilisation de spectres par surveillance des pics est également possible.

Les analyseurs multicanaux peuvent aussi fonctionner en multi-échelle (enregistrement d'événements dans les canaux mémoire dont la largeur de chacun correspond à un intervalle de temps donné).

Le nombre de canaux mémoire va couramment de 512 (2^9) à 16 384 (2^{14}). Le choix de ce nombre doit résulter du compromis entre la précision souhaitée dans le spectre et le temps d'acquisition nécessaire (on met beaucoup plus de temps à quitter les fluctuations statistiques au niveau du bruit de fond avec un grand nombre de canaux).

On recherche des codeurs de bonne linéarité et de bonne rapidité (en général c'est l'opération de codage qui prend le plus de temps dans la chaîne de détection). Il existe deux grandes familles de codeurs : à approximations successives (à poids) et à rampe (type Wilkinson qui nécessite des horloges de 100 MHz), le codeur à poids étant le plus rapide surtout si on a un grand nombre de canaux.

On assiste actuellement au développement de convertisseurs analogique-numérique rapides (flash ADC). Ils sont constitués de comparateurs rapides en parallèle qui permettent de gagner beaucoup sur le temps de conversion (on peut descendre jusqu'à 10 ns). On peut donc envisager l'analyse de signaux à haut débit, voire de coder directement les impulsions en sortie de préamplificateur et de faire ensuite un traitement de signal entièrement numérique par ordinateur.

Autres composants

Les générateurs de signaux de test (carrés, sinusoïdaux, triangulaires, etc.) permettent de caractériser les performances globales et locales de la chaîne et de vérifier leur constance dans le temps (bande passante, résolution, rapport signal sur bruit, etc.).

On utilise l'oscilloscope pour visualiser les signaux, notamment synchronisés (fonction trigger) avec une bande passante suffisante pour les signaux rapides, et surtout un écran particulièrement lumineux, notamment dans le cas de sources faibles.

Des câbles coaxiaux, blindés pour se protéger des perturbations électromagnétiques, sont utilisés lors du transport des courants et impulsions. Si les signaux à transmettre sont très rapides, on observe quelques déformations en ligne, mais relativement faibles. La vitesse de propagation de signal est environ 2/3 de la vitesse de la lumière dans le vide ; le temps de transit est de 5 ns.m^{-1}. Ces câbles ont une capacité linéique de 50 à 100 pF.m^{-1} et, en très grande majorité, une impédance caractéristique de 50 Ω. Ils doivent supporter des tensions de quelques milliers de volts. La transmission par les câbles nécessite d'adapter les impédances à chacune de leurs extrémités, d'où la nécessité de bouchons adaptateurs mais également d'atténuateurs, de séparateurs et d'inverseurs. Pour se prémunir des perturbations électromagnétiques, on utilise des câbles coaxiaux dont le niveau de l'impédance de transfert définit le degré de protection contre ces perturbations.

Les mesures de distributions temporelles ne seront pas abordées ici à l'exception des mesures de coïncidences et anti-coïncidences. Les mesures de coïncidences permettent de sélectionner des informations simultanées ou quasi simultanées. Un circuit de coïncidences délivre une impulsion logique si deux impulsions détectées à l'entrée du circuit arrivent dans un intervalle de temps réglable (en μs). Il existe des circuits de coïncidences doubles, triples ou plus. Un circuit d'anti-coïncidences ne travaille que sur deux voies et ne délivre une information que s'il y a une impulsion sur une voie d'entrée et pas d'impulsion simultanément sur l'autre (le temps d'anti-coïncidences est réglable également).

On trouve les systèmes électroniques décrits plus sous la forme de modules normalisés. Le standard NIM (Nuclear Instrument Module) est actuellement le plus répandu (il existe également le standard CAMAC (Computer Automated Measurement and Control). Les modules se présentent sous forme de tiroirs de largeurs normalisées destinés à être insérés dans un châssis auto-alimenté avec des tensions continues également standardisées. Ces châssis permettent notamment d'obtenir plus facilement une mise à la terre (masse) de référence unique pour réduire le bruit. Les normes définissent également des caractéristiques pour les impulsions tant logiques qu'analogiques. Il existe aussi des cartes enfichables sur le bus d'un ordinateur de tye PC pour réaliser certaines de ces fonctions électroniques.

B Annales des sujets
d'examens de Génie
Atomique De 2003-2004
à 2009-2010

Institut National de Sciences et de Techniques Nucléaires

Génie Atomique 2003-2004

Examen de détection et de mesure de rayonnements

Durée : 02h00

N.B. : Les documents et les supports liés au cours ne sont pas autorisés.
Les parties A, B et C sont totalement indépendantes.

Partie A : Analyse par spectrométrie γ

L'étiquette apposée sur une source γ est devenue illisible avec le temps. On décide donc de faire l'analyse de cette source par spectrométrie γ afin de déterminer le radionucléide dont il s'agit et l'activité de cette source. On utilise pour cela une chaîne de spectrométrie utilisant un détecteur à scintillation NaI placé dans une enceinte en plomb.

Chaîne de mesure

1. Indiquer sous forme de schéma les différents éléments constituant la chaîne de spectrométrie γ. Expliquer brièvement la fonction de chacun des constituants.

2. Décrire les différentes éléments composant un détecteur à scintillation, en précisant leur fonction et les étapes entre l'incidence du rayonnement γ et l'obtention du signal électrique.

Spectre en énergie

Le spectre en énergie obtenu, représenté sur la figure 1, est typique du spectre γ d'un radionucléide mono-énergétique (i.e. ne possédant qu'une seule raie d'émission γ).

L'étalonnage en énergie obtenu préalablement avec une source de référence est :
E (keV) = A * (n° de canal) + B avec A = 0,842 keV/canal et B = 14,9 keV.

1. À quoi correspond le pic ① situé au canal 768 ? Donner son énergie et le(s) processus d'interaction γ-matière qui sont à l'origine de ce pic.

2. Le pic ③ est situé au canal 72. Donner son énergie et l'origine probable de ce pic en justifiant votre réponse. On pourra s'aider des tables d'énergie d'émissions X données en annexe I, en se rappelant que les intensités relatives des émissions XKα₁, XKα₂ et XKβ₁ sont respectivement de l'ordre de 100 %, 60 % et 20 %.

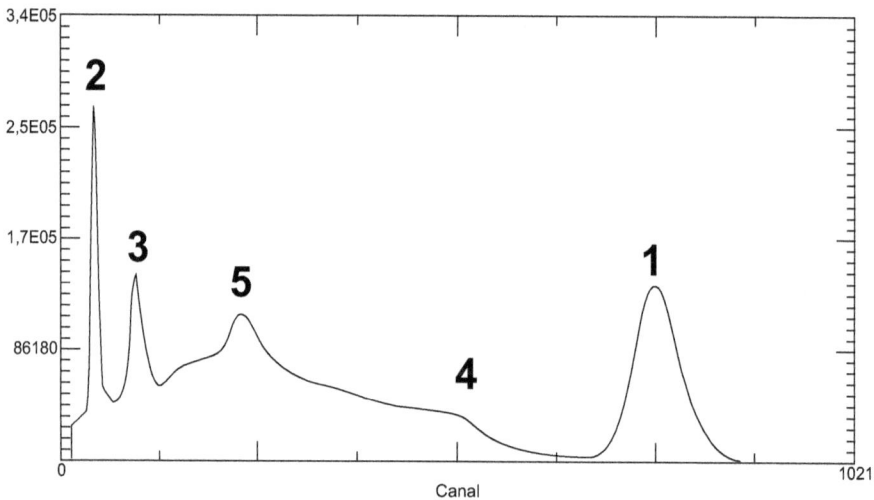

Figure 1. Spectre : nombre d'impulsions par canal en fonction du numéro de canal.

3. On remarque vers le canal 549 un « front » ④. Quel est (sont) le(s) processus d'interaction γ-matière à l'origine de ce front ainsi que du fond s'étendant du canal 0 au canal 549 ?

4. À quel phénomène correspond le large pic ⑤ situé autour du canal 201 ?

5. On déduit de l'analyse du spectre précédent que la source est une source de ^{137}Cs, qui possède une seule raie d'émission γ située à 661,66 keV. On donne en figure 2 la fiche du recueil Radionucléides concernant le ^{137}Cs.

Quelle est à votre avis l'origine du pic ② situé au canal 21 ?

Mesure de l'activité

On désire maintenant déterminer l'activité A de cette source. Pour cela, on relève sur le spectre la surface nette *S* du pic ① à 661,66 keV, qui permet de remonter au taux de comptage.

$^{137}_{55}\text{Cs}$ - $^{137\text{m}}_{56}\text{Ba}$

$T_{1/2}$	(30,15 ± 0,02) ans	
	Energie keV	Intensité %
e$^-$	624,2	7,6
	655,7	1,4
	660,3	0,3
$\Sigma(I_{e^-})$ omis : (0,8 %)		
β$^-$	max : 511,5 moy : 174,0	94,6
	max : 1173,2 moy : 415,0	5,4
X	31,8	1,9
	32,2	3,6
	36,3	1,0
$\Sigma(I_x)$ omis : (0,2 %)		
γ	661,66	85,2

Figure 2. Fiche « Radionucléides » des émissions du ^{137}Cs.

1. Donner la relation qui existe entre la surface nette du pic S, le temps de comptage t_c, l'activité de la source A, l'intensité d'émission I de la raie γ considérée et l'efficacité de détection γ.

2. La relation obtenue à la question précédente introduit la notion d'efficacité de détection ε.

   Rappeler les définitions de l'efficacité absolue de détection ε, de l'efficacité géométrique $\varepsilon_{\text{géo}}$ et de l'efficacité intrinsèque ε_{int} du détecteur.

   Donner la relation qui relie ces trois grandeurs.

3. Le dispositif expérimental est représenté sur la figure 3.

   On rappelle que l'efficacité géométrique est donnée par : $\varepsilon_{\text{géo}} = \Omega/4\pi$ avec :

$$\Omega = 2\pi \left(1 - \frac{d}{\sqrt{d^2 + (D/2)^2}} \right)$$

   Calculer l'efficacité géométrique $\varepsilon_{\text{géo}}$ du dispositif de mesure.

4. Estimer l'efficacité intrinsèque ε_{int} du détecteur NaI à 662 keV sachant que le cristal a une épaisseur $e = 5$ cm. On partira de l'équation donnant le nombre de photons n'ayant pas interagi.

   <u>Données</u> : Les coefficients massiques d'atténuation des photons dans le NaI sont représentés en fonction de l'énergie du photon incident en annexe II.
   Masse volumique du NaI : $\rho = 3{,}667$ g/cm^3.

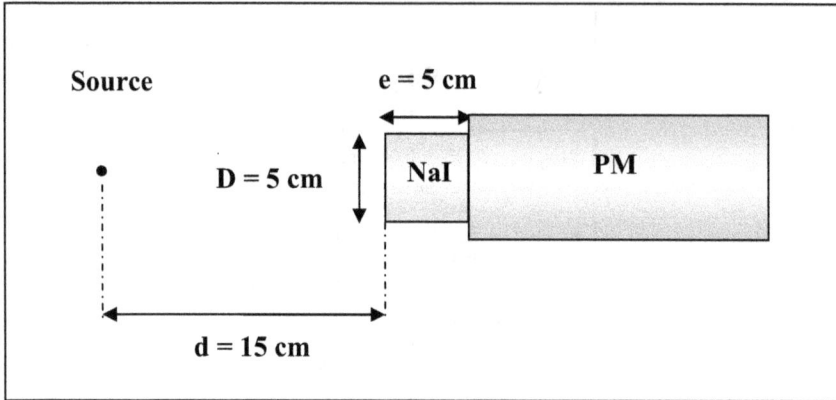

Figure 3. Dispositif de mesure.

5. Déduire des questions 3 et 4 la valeur de l'efficacité totale ε de l'ensemble de détection pour les photons de 662 keV.

6. On relève sur le spectre la surface nette du pic à 661,66 keV : $S = 46\,113$ coups pour un temps de comptage $t_c = 3\,600$ secondes. En déduire l'activité A de la source.

   Donnée : Intensité d'émission de la raie à 661,66 keV : $I = 85,2$ %

7. Quel autre type de détecteur peut servir à la spectrométrie γ ? Quels en sont les avantages et les inconvénients par rapport au détecteur NaI ?

Partie B : Détection neutronique

1. Expliquez le principe de fonctionnement d'un compteur proportionnel en indiquant pourquoi le détecteur est dit « proportionnel ».

   Quelle différence faites-vous avec un compteur Geiger-Müller ?

2. Quelle est la réaction qui permet de détecter des neutrons avec un compteur proportionnel à dépôt de bore ?

   Quelle catégorie de neutrons peut-on détecter avec un compteur à dépôt de bore ? Justifiez votre réponse.

3. Quels autres types de détecteur peut-on aussi utiliser pour la détection des neutrons ? Précisez brièvement leurs principes de fonctionnement.

Partie C : Étude d'un détecteur à semi-conducteur

On se propose d'étudier les caractéristiques de détection pour différents rayonnements d'un détecteur semi-conducteur en silicium à « barrière de surface ». Cette appellation désigne une jonction n-p réalisée à la surface du cristal par diffusion d'impuretés (on parle alors de jonction PIPS : Passivated Implanted Planar Silicon).

Les caractéristiques principales du détecteur sont :
Épaisseur de la fenêtre d'entrée (zone « morte » ou non utile) : 0,5 µm.
Profondeur de la zone déplétée (zone utile) sous une tension de 100 V : 500 µm.
$\rho_{Si} = 2,33$ g/cm^3.

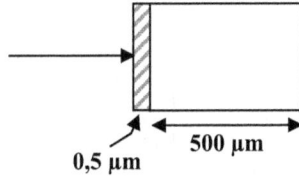

$$0,5 \text{ µm} \qquad 500 \text{ µm}$$

I. Rayonnement α

1. En utilisant la courbe donnée en annexe III, déterminez, pour une particule α de 6 MeV :

   a) une valeur majorante du parcours effectué dans le détecteur (on utilisera pour cela la valeur du pouvoir d'arrêt massique à l'énergie incidente de la particule) ;

   b) la quantité d'énergie perdue dans la fenêtre d'entrée.

2. Que pensez-vous alors des capacités de détection de ce détecteur pour le rayonnement α ?

II. Rayonnement β

1. En utilisant les relations de Katz et Penfold :

   $R_{(mg.cm^{-2})} = 412 E^n_{(MeV)}$ avec $n = 1,265 - 0,0954 \cdot \ln E$ pour $0,01$ MeV $\leq E \leq 3$ MeV donnant le parcours des électrons dans le Silicium, évaluez par approximations successives l'énergie maximum théorique qui pourra être mesurée avec la jonction, si l'on désire faire de la spectrométrie β.

2. Discutez des capacités de détection de ce détecteur pour le rayonnement β.

Annexe I

Extrait des tables d'énergie des émissions X (eV)

Z	Él.	$K_{\alpha 1}$	$K_{\alpha 2}$	$K_{\beta 1}$	Z	Él.	$K_{\alpha 1}$	$K_{\alpha 2}$	$K_{\beta 1}$
50	Sn	25 271,3	25 044	28 486	70	Yb	52 388,9	51 354	59 370
51	Sb	26 359,1	26 110,8	29 725,6	71	Lu	54 069,8	52 965	61 283
52	Te	27 472,3	27 201,7	30 995,7	72	Hf	55 790,2	54 611,4	63 234
53	I	28 612	28 317,2	32 294,7	73	Ta	57 532	56 277	65 223
54	Xe	29 779	29 458	33 624	74	W	59 318,24	57 981,7	67 244,3
55	Cs	30 972,8	30 625,1	34 986,9	75	Re	61 140,3	59 717,9	69 310
56	Ba	32 193,6	31 817,1	36 378,2	76	Os	63 000,5	61 486,7	71 413
57	La	33 441,8	33 034,1	37 801	77	Ir	64 895,6	63 286,7	73 560,8
58	Ce	34 719,7	34 278,9	39 257,3	78	Pt	66 832	65 112	75 748
59	Pr	36 026,3	35 550,2	40 748,2	79	Au	68 803,7	66 989,5	77 984
60	Nd	37 361	36 847,4	42 271,3	80	Hg	70 819	68 895	80 253
61	Pm	38 724,7	38 171,2	43 826	81	Tl	72 871,5	70 831,9	82 576
62	Sm	40 118,1	39 522,4	45 413	82	Pb	74 969,4	72 804,2	84 936
63	Eu	41 542,2	40 901,9	47 037,9	83	Bi	77 107,9	74 814,8	87 343
64	Gd	42 996,2	42 308,9	48 697	84	Po	79 290	76 862	89 800
65	Tb	44 481,6	43 744,1	50 382	85	At	81 520	78 950	92 300
66	Dy	45 998,4	45 207,8	52 119	86	Rn	83 780	81 070	94 870
67	Ho	47 546,7	46 699,7	53 877	87	Fr	86 100	83 230	97 470
68	Er	49 127,7	48 221,1	55 681	88	Ra	88 470	85 430	100 130
69	Tm	50 741,6	49 772,6	57 517	89	Ac	90 884	87 670	102 850

Annexe II

Coefficients massiques d'atténuation des photons dans le NaI

NaI

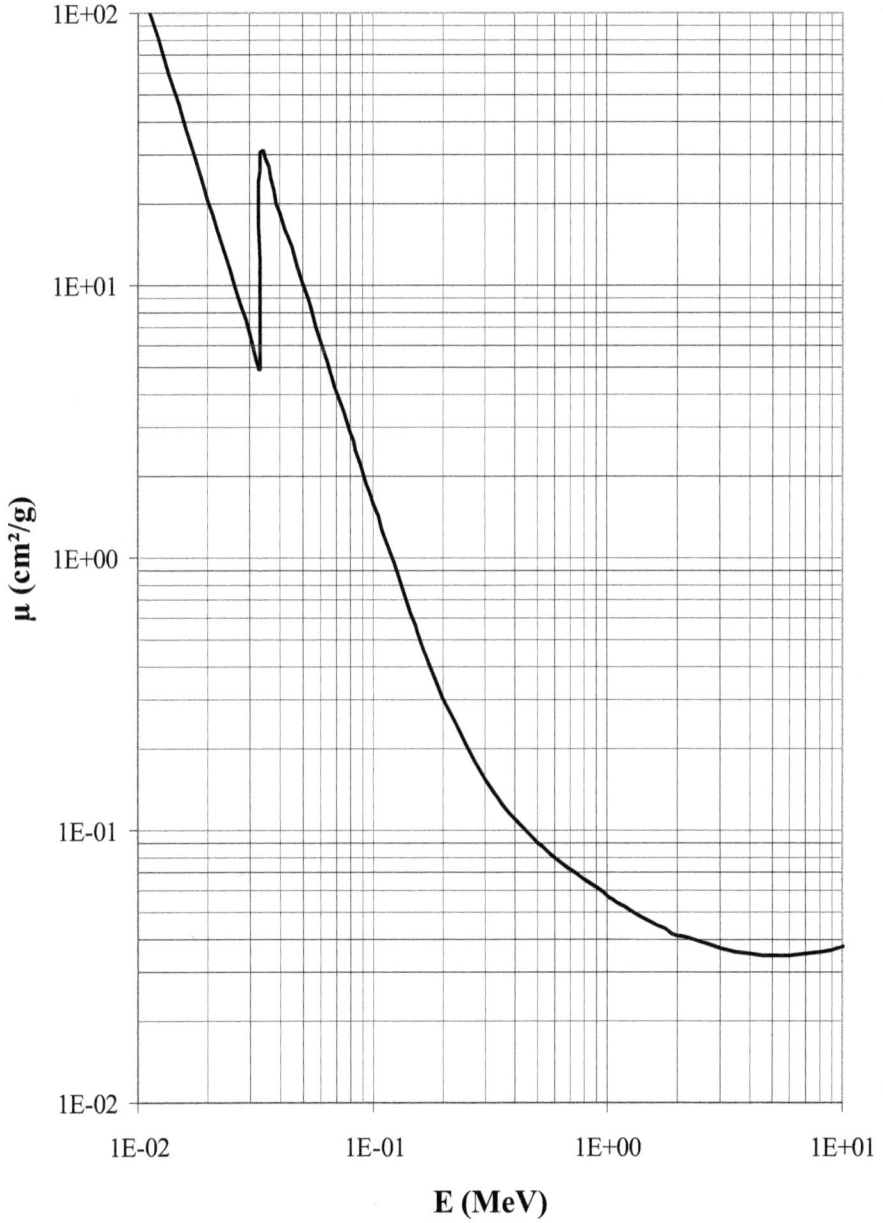

Annexe III

Pouvoirs d'arrêt massiques des alpha dans le silicium

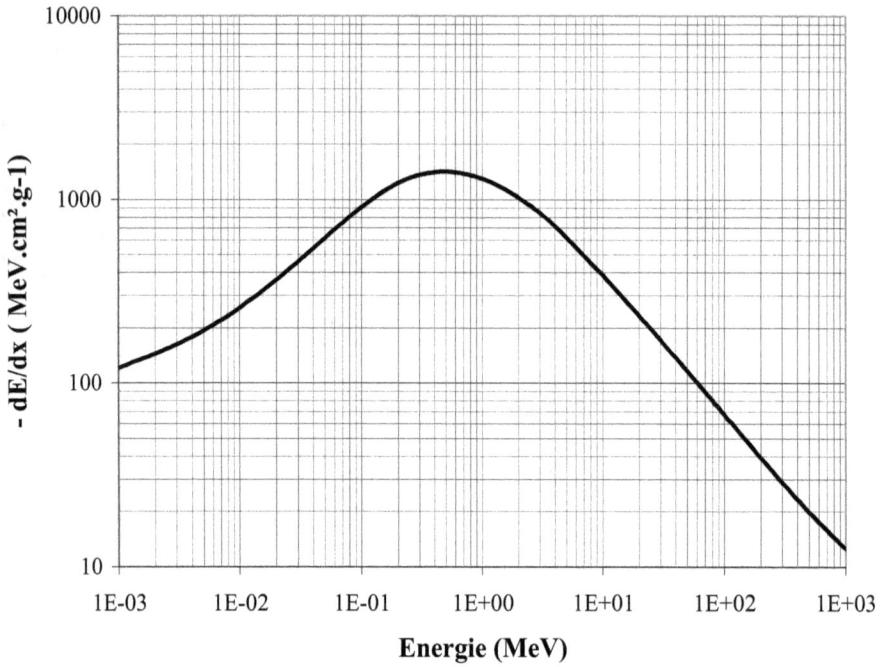

> Institut National de Sciences et de Techniques Nucléaires
> **Génie Atomique 2004-2005**
> Examen de détection et de mesure de rayonnements

Durée : 02h00

N.B. : Les documents et les supports liés au cours ne sont pas autorisés.

Partie 1 : Questions de cours (Les questions sont indépendantes les unes des autres)

1.1. Les trois principes de détection d'un rayonnement directement ou indirectement ionisant sont :

- – ionisation d'un gaz

- – ionisation d'un solide

- – ionisation + excitation + luminescence

Pour chacun des trois principes de détection ci-dessus, associer un type de détecteur.

1.2.

a) Sur la courbe ci-jointe associer les modes de fonctionnement appropriés aux régions correspondantes. Expliquer brièvement leurs principales caractéristiques.
b) Lors de contrôles de radioprotection, on désire connaître le niveau de radioactivité indépendamment du type de particules ayant induit cette radioactivité. Quel type de détecteur doit-on utiliser ?
c) « Pour une particule donnée, l'amplitude de l'impulsion est indépendante de la diffé- rence de potentiel appliquée entre les électrodes ; par contre elle dépend de l'énergie de la particule ». À quel type de détecteur à gaz correspond cette description ?

1.3. Donner deux exemples de détecteurs de neutrons et deux exemples de détecteurs de photons ?

1.4. Lequel de ces deux composants est sensible aux photons lumineux : le scintillateur ou le photomultiplicateur ? Décrire en quelques lignes le mode de fonctionnement d'un détecteur à scintillation.

1.5. Lequel d'un détecteur à scintillation ou d'un semi-conducteur a la meilleure résolu- tion en énergie ? Pourquoi ?

1.6. Un photon gamma de 1,33 MeV d'énergie arrive sur un détecteur semi-conducteur de type Ge[HP]. Donner les différentes possibilités d'interaction (de détection) de ce photon pour qu'il dépose dans le détecteur :

a) toute son énergie,

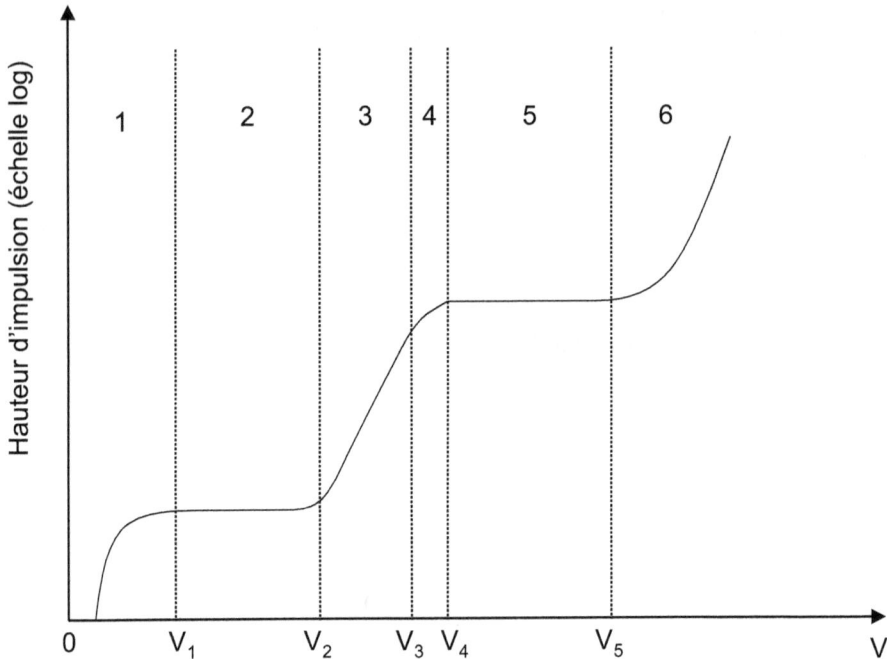

Variation, en fonction de la HT, de la hauteur d'impulsion issue d'un détecteur à gaz.

b) une partie de son énergie.

En sera-t-il de même pour un gamma de 662 keV ?

1.7. Dans un réacteur nucléaire de puissance (REP par exemple), dans quelle(s) condition(s) une chambre à fission est utilisée :

a) en mode impulsion ?
b) en mode courant ?

Dans chaque cas, expliquer brièvement pourquoi.

1.8. Pour procéder à une mesure en mode spectrométrie doit-on disposer d'un circuit électronique :

– rapide (RC<<temps de collection)
– lent (RC>>temps de collection) ?

Pourquoi (succinctement) ?

Partie 2 : Détection des neutrons au moyen d'une chambre à fission

D'une manière générale, la détection des neutrons (thermiques principalement) nécessite leur conversion, via une réaction nucléaire, en particules chargées directement ionisantes.
   La réaction d'un neutron thermique avec un noyau atomique s'écrit :

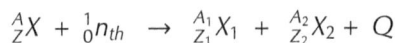

$$^{A}_{Z}X + {}^{1}_{0}n_{th} \rightarrow {}^{A_1}_{Z_1}X_1 + {}^{A_2}_{Z_2}X_2 + Q$$

2.1. Montrer que les énergies cinétiques des deux produits de réaction sont données par :

$$T_{X_1} = \frac{m_{X_2}}{m_{X_1} + m_{X_2}} Q \quad et \quad T_{X_2} = \frac{m_{X_1}}{m_{X_1} + m_{X_2}} Q$$

Où les m_{Xi} sont les masses des produits de réaction X_i.

2.2. Considérons à présent le cas d'une chambre à fission au sein de laquelle toute l'énergie cinétique des fragments de fission issus de la réaction d'un neutron sur l'uranium (^{235}U par exemple) est dissipée par ionisations.

La réaction de base s'écrit : $^{235}_{92}$U $+^1_0$ n$_{th} \rightarrow$ Pf$_1$ + Pf$_2$+ $\approx 2,5^1_0$n + 194 MeV

En supposant que l'énergie totale emportée par les produits de fission est égale à 170 MeV et que les plus fréquents d'entre eux ont des nombres de masses égaux à 90 (fragment léger) et 140 (fragment lourd), donner l'énergie cinétique de Pf$_1$ et de Pf$_2$ ainsi que l'énergie cinétique moyenne que l'on notera respectivement T_1, T_2 et T_m.

Pour la suite, on ne retiendra que la valeur moyenne.

2.3. Suivant que la réaction a lieu en surface ou en profondeur, on admet que la perte d'énergie des fragments de fission, à la traversée du dépôt, peut varier entre 0 et 75 %.

Le gaz de remplissage utilisé est de l'argon dont le potentiel moyen d'ionisation est W_i(Ar) = 26,4 eV.

Sachant que le temps de collection des charges est de 100 ns, on demande de calculer les valeurs minimale et maximale des impulsions de courant délivrées par le détecteur (voir ci-après allure de la variation de l'impulsion de courant).

_N.B_ : _On admet que les impulsions physiques de courant délivrées par le détecteur ont la forme d'un triangle rectangle._

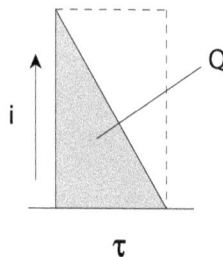

2.4. Le détecteur est relié à une instrumentation à impulsions au moyen d'un câble d'impédance caractéristique 50 Ω et de longueur 300 m.

Calculer les amplitudes minimale et maximale des impulsions de tension à l'entrée de l'amplificateur d'impulsions sachant que l'atténuation du signal amenée par le câble de liaison est de 0,01 dB/m.

Rappel : L'atténuation d'un signal dans un câble a pour expression : $Att_{dB} = 20 \times \log_{10} \frac{V_{entrée}}{V_{sortie}}$

Partie 3 : Détection des neutrons au moyen d'un compteur à dépôt de bore

On remplace la chambre à fission par un compteur à dépôt de bore.

La réaction nucléaire de base s'écrit :

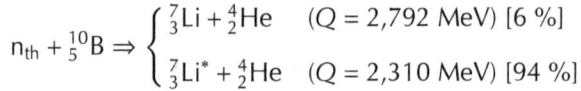

$$n_{th} + {}_5^{10}B \Rightarrow \begin{cases} {}_3^7Li + {}_2^4He & (Q = 2{,}792 \text{ MeV}) \text{ [6 \%]} \\ {}_3^7Li^* + {}_2^4He & (Q = 2{,}310 \text{ MeV}) \text{ [94 \%]} \end{cases}$$

3.1. Calculer l'énergie cinétique des deux produits de réaction en tenant compte d'une perte d'énergie de 50 % lors de la traversée de la couche de bore. On ne retiendra que la réaction principale aboutissant à l'état excité du ^{7}Li.

Pour la suite, on ne considérera que l'énergie moyenne des deux produits.

3.2. Le gaz de remplissage est constitué par un mélange Ar + 5 % CO_2 dont le potentiel moyen d'ionisation est $W_i = 26{,}4$ eV.

Le temps de collection des charges pour ce détecteur est de 250 ns.

Déterminer le coefficient de multiplication M du compteur permettant d'obtenir à l'entrée de l'amplificateur des impulsions dont l'amplitude soit en moyenne comparable à la valeur moyenne de celles délivrées par la chambre à fission.

3.3. Commenter ce résultat.

NB : *On admet que les impulsions physiques de courant délivrées par le détecteur ont la forme d'un triangle rectangle.*

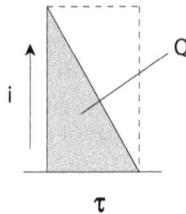

Partie 4 : Temps mort d'un système de détection

On appelle temps mort τ d'une chaîne de détection l'intervalle de temps minimum qui doit séparer deux particules incidentes pour qu'elles puissent déclencher toutes les deux le compteur.

On note n le nombre moyen d'impulsions par unité de temps délivré par le compteur et N le nombre moyen de particules qui traversent le détecteur pendant le même temps. On prendra une efficacité de détection égale à 100 % pour les particules considérées.

Le temps mort sera supposé de type « non paralysable ».

4.1. Quel sera le temps mort cumulé induit par les n impulsions par seconde ?

4.2. Déduire le nombre d'événements (de particules) perdus (non détectées) sur les N particules par unité de temps traversant le compteur.

4.3. Donner alors la relation reliant n à N.

Application numérique : Calculer N pour $\tau = 10$ microsecondes et $n = 6\,542$ impulsions par seconde.

> Institut National de Sciences et de Techniques Nucléaires
>
> **Génie Atomique 2005-2006**
>
> Examen de détection et de mesure de rayonnements

Durée : 02h00

N.B. : Les documents et les supports liés au cours ne sont pas autorisés.
Les problèmes 1, 2 et 3 peuvent être traités indépendamment.

Problème 1 : Chaînes neutroniques pour le contrôle commande d'un réacteur

Pour le contrôle commande d'un réacteur nucléaire, on utilise deux chaînes de mesures.

À bas niveau de puissance, une chaîne fonctionnant en mode comptage est équipée d'une chambre à fission dont les caractéristiques sont :

- sensibilité aux neutrons thermiques : 0,1 coup.s^{-1} pour un flux de 1 neutron.cm^{-2}.s^{-1} ;

- largeur à mi-hauteur des impulsions après discriminateur : 150 ns.

À haut niveau de puissance, une chaîne fonctionnant en mode courant est équipée d'une chambre d'ionisation à dépôt de bore dont la sensibilité aux neutrons thermiques est de 2×10^{-14} A pour un flux de 1 neutron.cm^{-2}.s^{-1}.

1.1. Principe de détection

1.1.1. À partir d'un schéma, décrire le principe de fonctionnement d'une chambre à fission.

1.1.2. Décrire schématiquement les différents composants de la chaîne de comptage neutronique bas niveau.

À partir de la largeur à mi-hauteur des impulsions après discriminateur, on veut déterminer le taux de comptage maximal pouvant être mesuré par la chaîne.

1.1.3. Dans le cas idéal d'impulsions produites à intervalle régulier, calculer, en explicitant votre calcul, le taux de comptage maximal pouvant être mesuré.

1.1.4. Dans le cas réel d'impulsions produites de façon aléatoire, calculer le taux de comptage maximal pouvant être mesuré.

On rappelle que cette valeur maximale peut être donnée par une perte relative de comptage d'impulsion $\Delta N/N$ égale à 10 %, avec ΔN la perte de comptage, N le nombre d'impulsions comptées. En prenant en compte la largeur à mi-hauteur des impulsions τ, on utilisera la relation : $\Delta N/N = \tau \cdot N$.

1.2. Gamme de fonctionnement des chaînes de mesure neutronique

Pour différentes puissances de fonctionnement du réacteur, on a réalisé des mesures du taux de comptage fourni par une chaîne bas niveau BN et du courant fourni par une chaîne haut niveau HN (tableau ci-dessous).

Puissance réacteur (W)	Taux de comptage BN (c.s^{-1})	Courant HN (nA)
Source	5	0,005
0,1	4×10^2	0,005
1	4×10^3	0,04
10	4×10^4	0,4
100	4×10^5	4
1000	9×10^5	40
10 000	$1,5 \times 10^6$	400
100 000	$4,7 \times 10^6$	4 000

1.2.1. Quelles sont les gammes d'utilisation des chaînes bas et haut niveaux ? Pourquoi ?

1.2.2. En se basant sur le résultat de la question 1.1.4, expliquer la limitation haute du fonctionnement de la chaîne bas niveau. Quelle est la valeur exacte de puissance correspondant à une perte de comptage relative de 10 %.

1.2.3. Calculer les flux neutroniques incidents sur les détecteurs des chaînes bas et haut niveaux pour une puissance de 10 W.

1.2.4. Comment expliquer que les flux neutroniques incidents sur les détecteurs des chaînes bas et haut niveaux sont différents ?

Problème 2 : Influence des paramètres temporels lors d'une mesure neutronique

Une chaîne d'instrumentation neutronique est composée :

- d'une chambre à _fission_ CFUE24 dont la sensibilité est de 10^{-2} coups.s^{-1} pour un flux thermique de 1 n.cm^{-2}.s^{-1},

- d'une électronique fonctionnant en mode impulsion et qui délivre un nombre d'impulsions ou de coups à la cadence d'un temps d'observation élémentaire, de 10 ms,

- et d'un système de traitement permettant d'augmenter la durée d'observation ΔT par un multiple entier du temps élémentaire. Le résultat de la mesure est présenté à l'opérateur sous la forme d'un nombre de coups par seconde. L'opérateur peut agir sur la durée d'observation.

2.1. Cette chaîne voit un débit de fluence neutronique moyen de 10^5 n.cm^{-2}.s^{-1}

2.1.1. L'opérateur souhaite obtenir une mesure avec une exactitude ou une précision de 1 % (incertitude relative). Que doit faire l'expérimentateur pour obtenir ce résultat ? Expliquez et précisez le réglage.

2.1.2. Pour des raisons de sûreté, la mesure doit être effectuée sur une durée maximale d'une seconde. Calculer alors l'exactitude de la mesure pour cette durée maximale.

2.1.3. Calculer l'exactitude de la mesure sur un temps élémentaire.

2.2. Le débit de fluence neutronique moyen passe à 10^4 n.cm^{-2}.s^{-1}

2.2.1. Quelle est l'exactitude ou la précision relative de la mesure en sortie du système de traitement pour un temps d'observation élémentaire, puis pour 10^3 fois le temps élémentaire ?

2.2.2. Commenter.

Note : On suppose que les impulsions sont distribuées suivant une loi de Poisson.

L'exactitude ou la précision ou encore l'incertitude relative est caractérisée par un coefficient de variation égal au rapport de l'écart type sur la moyenne.

Problème 3 : La mesure anthroporadiamétrique

L'anthroporadiamétrie, qui est une des techniques de mesure de la contamination interne, consiste à mesurer les radionucléides incorporés en détectant, à l'extérieur de l'organisme, les rayonnements X et γ qui sont associés à leurs désintégrations.

Malgré certains points qui demeurent délicats (mesures de faibles ou très faibles activités qui nécessitent une grande sensibilité du système de détection, imprécision des mesures, détection des rayonnements de faible énergie, étalonnage à l'aide de « fantômes » représentatifs de tout ou partie du corps humain), l'anthroporadiamétrie permet de détecter l'activité totale présente dans l'organisme à un moment donné et de remonter assez facilement à l'incorporation initiale, sans prise de sang, ni prélèvement d'urines ou de selles.

3.1. Considérations sur le blindage

3.1.1. Nature du matériau

Les mesures anthroporadiamétriques ont généralement lieu dans une salle complètement blindée (sol, murs et plafond).

a. Quelles sont d'après vous les considérations et précautions à prendre en compte pour les fonctions qui doivent être assurées par ce blindage et le choix des matériaux qui le composent ?

b. À l'aide des figures 3.1 et 3.2, estimez et comparez les épaisseurs de béton et de plomb qui conduisent à une atténuation d'un facteur 4 d'un flux de photons gamma incident :

  – pour des photons d'environ 500 keV d'énergie,
  – pour des photons d'environ 1,5 MeV d'énergie.

On comparera les épaisseurs obtenues en cm et en $g.cm^{-2}$. Commentez.

Les masses volumiques du béton et du plomb seront prises respectivement égales à :
$\rho_{béton} = 2,35$ $g.cm^{-3}$; $\rho_{Pb} = 11,4$ $g.cm^{-3}$.

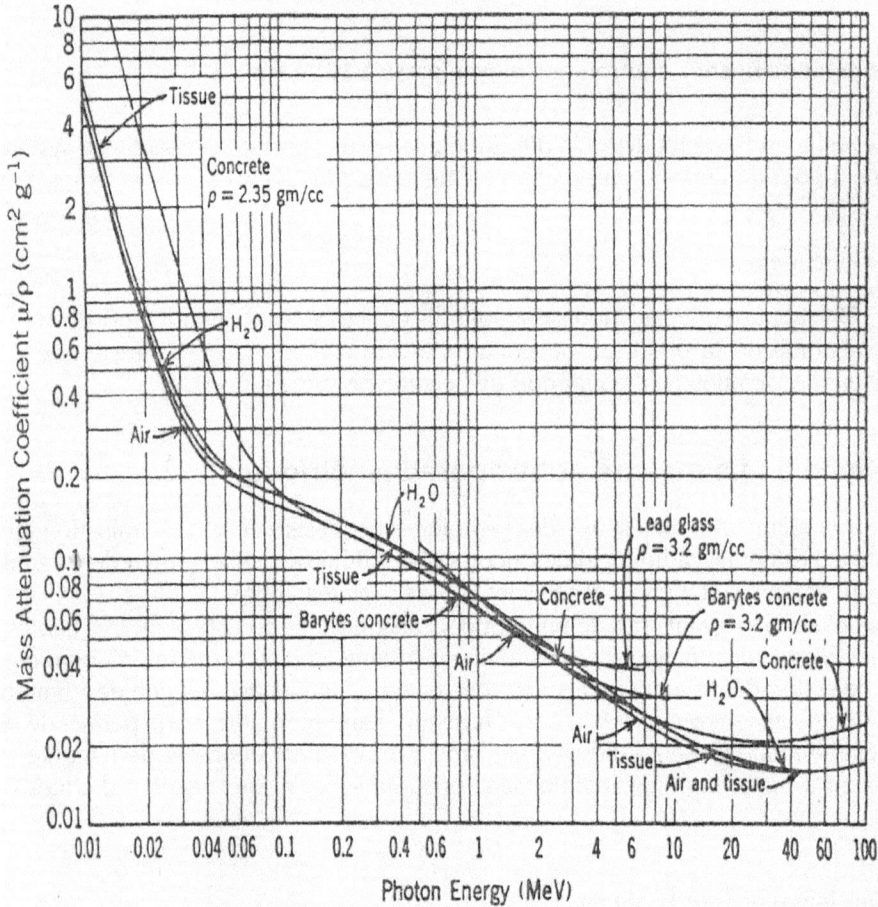

Figure 3.1. Coefficient massique d'atténuation pour des rayons gamma dans le béton (*concrete*) et d'autres matériaux, en fonction de l'énergie du rayonnement gamma. La masse volumique du béton $\rho_{béton} = 2,35$ g.cm^{-3}.

3.1.2. Blindage en plomb

On considère un blindage en plomb de 2,4 cm d'épaisseur.

Une expérience simple d'absorption montre que ce blindage provoque l'atténuation d'un facteur 4 du flux gamma émis par une source d'essai.

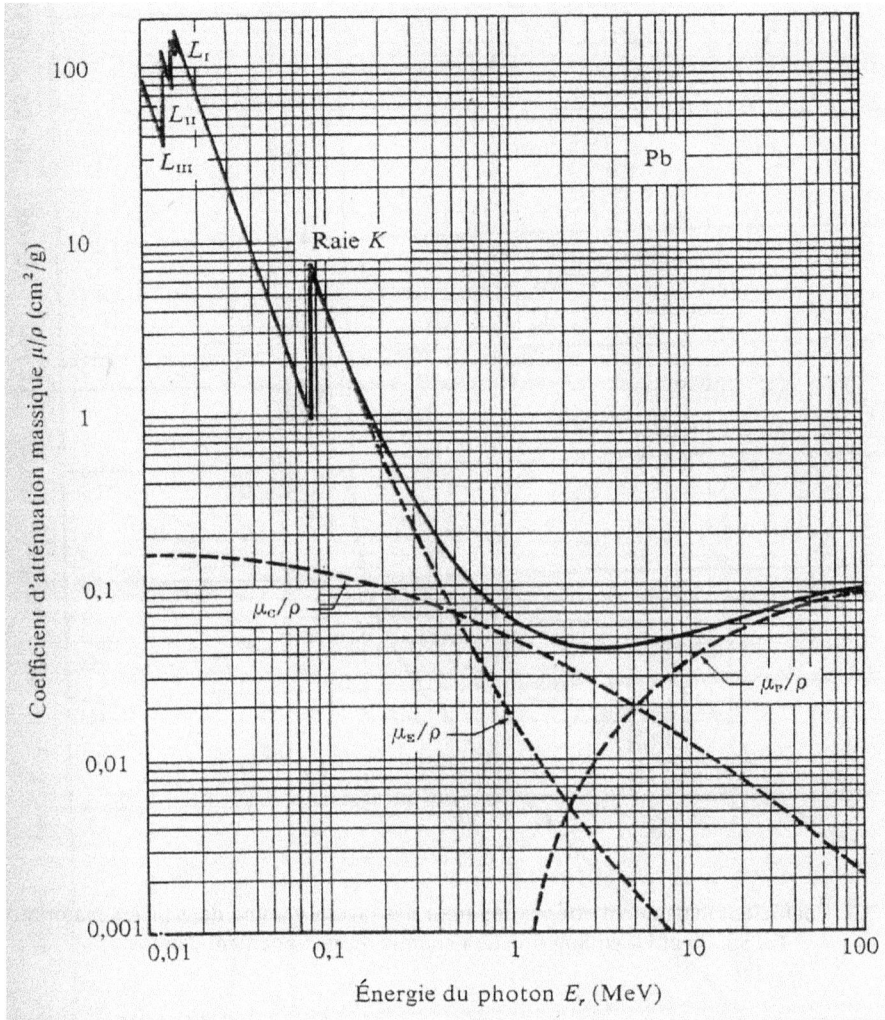

Figure 3.2. Coefficient massique d'atténuation pour des rayons gamma dans le plomb, en fonction de l'énergie du rayonnement gamma. La masse volumique du plomb $\rho_{Pb} = 11,4$ g.cm^{-3}.

En considérant la figure 3.2, quelle pourrait être l'énergie des photons gamma émis par la source ?

S'il y avait ambiguïté, quels types de considérations sont à prendre en compte pour lever cette ambiguïté d'une façon intuitive ?

En examinant la figure 3.3, que proposez-vous pour lever cette ambiguïté avec seulement des expériences d'absorption ?

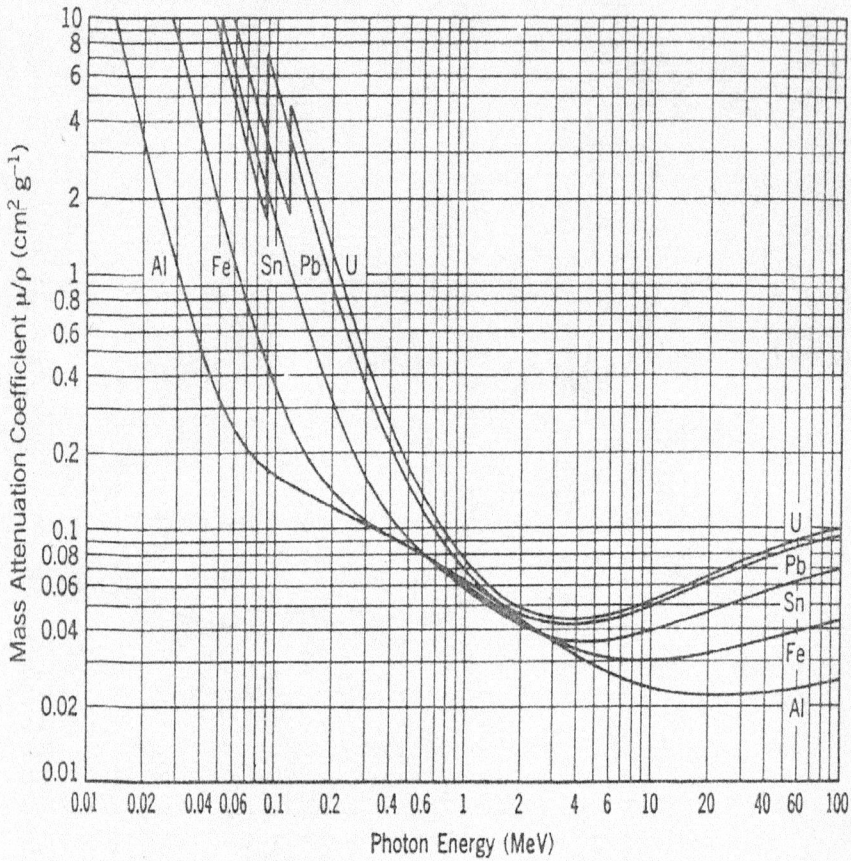

Figure 3.3. Coefficient massique d'atténuation pour des rayons gamma dans divers matériaux (Al, Fe, Sn, Pb et U) en fonction de l'énergie du rayonnement gamma.

3.2. Le système de détection

Le système de détection considéré ici est un système basé sur l'utilisation d'un détecteur à scintillation (scintillateur du type NaI(Tl)) placé derrière un collimateur et disposé à quelques dizaines de cm en face d'un sujet installé dans une salle blindée (voir figure 3.4).

Ce détecteur est relié à une chaîne électronique complète de spectrométrie gamma.

3.2.1. Le détecteur

Décrire brièvement le principe de fonctionnement du détecteur utilisé, en précisant éventuellement les différentes étapes de conversion du rayonnement gamma incident.

Vous pourrez compléter cette description par une représentation schématique.

3.2.2. La chaîne électronique

Indiquez les différents éléments électroniques qui composent une chaîne classique de mesure par spectrométrie gamma. Représentation schématique conseillée.

Décrire brièvement la fonction de chaque dispositif électronique indiqué.

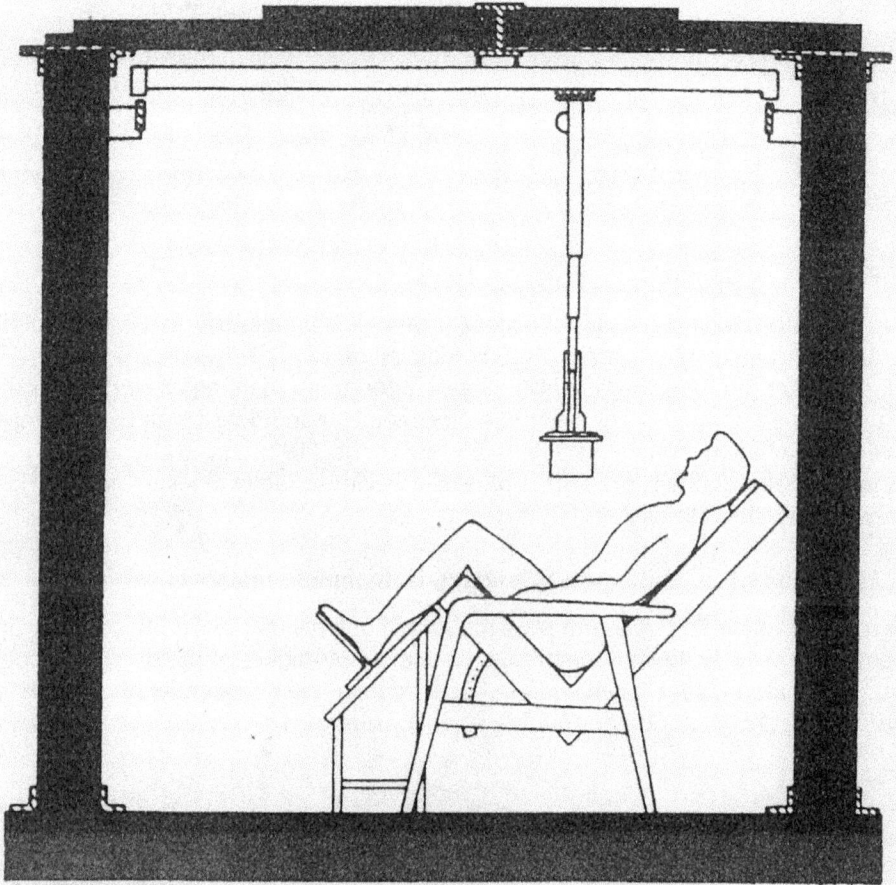

Figure 3.4. Représentation schématique d'une installation de mesure anthroporadiamétrique (salle blindée et système de détection).

3.3. La mesure du ^{40}K

Dans la nature, trois isotopes du potassium sont présents naturellement avec les abondances massiques relatives suivantes : le ^{39}K ($\cong$ 93,1 %), le ^{40}K ($\cong$ 0,011 %) et le ^{41}K ($\cong$ 6,9 %). Les isotopes les plus abondants sont stables alors que le ^{40}K est radioactif émetteur γ (d'énergie 1 461 keV) et de période (demi-vie) $1,28 \times 10^9$ ans. La proportion en ^{40}K présente dans le corps humain est la même que celle trouvée dans l'environnement.

Le tableau ci-dessous présente quelques données issues de l'étalonnage préliminaire du système effectué à l'aide de sources et de mannequins (fantômes) standardisés pour la mesure de l'activité du corps entier.

Tableau : Données relatives à l'étalonnage du système de mesure.

Radionucléide	Bande d'énergie (keV)	Facteur d'étalonnage (coups/min par Bq)	Activité minimale détectable (Bq)
K-40	1335-1585	0,0241	360
Co-60	1080-1260	0,305	28
Cs-137	585-735	0,289	43

3.3.1. Résultats de mesure

Dans la bande d'énergie 1 335-1 585 keV, le taux de comptage obtenu avec un fantôme sans source permettant d'évaluer le bruit de fond est de : $91,1 \pm 1,2$ coups.min^{-1}.

Pour un sujet (un homme d'environ 80 kg conforme au mannequin utilisé pour l'étalonnage) qui s'est soumis à l'examen dans les mêmes conditions, le taux de comptage observé dans la bande d'énergie 1 335-1 585 keV est de : $192,7 \pm 2,6$ coups.min^{-1}.

En fonction des données présentées plus haut, estimez l'activité totale du sujet due au ^{40}K et sa marge d'incertitude.

3.3.2. Estimation selon les données massiques, isotopiques et radioactives

La quantité totale de potassium présente dans l'organisme pour un homme de 80 kg est d'environ 140 g. En tenant compte des données isotopiques et radioactives associées au potassium naturel, peut-on en déduire l'activité totale du corps entier due au ^{40}K ?

Que dire des résultats obtenus pour le sujet considéré ici ?

Institut National de Sciences et de Techniques Nucléaires

Génie Atomique 2006-2007

Examen de détection et de mesure de rayonnements

Durée : 02h00

N.B. : Les documents et les supports liés au cours ne sont pas autorisés.
Les parties A), B) et C) peuvent être traités indépendamment.

Spectrométrie γ

Les parties A), B) et C) peuvent être traitées indépendamment.

A) On réalise une expérience de détection du rayonnement γ émis par une source de ^{60}Co en utilisant un cristal scintillateur *NaI(Tl)* cylindrique ayant une hauteur $h = 8$ cm et un diamètre $2r = 6$ cm. Le cristal est couplé à un photomultiplicateur (PM) dont la photocathode est de type 5-11 (annexe 1, Sensibilité spectrale pour cristaux et photocathodes en fonction de la longueur d'onde). La masse volumique du cristal est $\rho = 3,67$ g.cm^{-3}. Les raies du cobalt ont l'énergie et l'intensité comme indiqué dans le tableau 1.

Tableau 1. Raies et intensités des photons émis par le ^{60}Co.

Énergie (keV)	Intensité (%)
1 173,24	99,89
1 332,50	99,98

1. Le système de détection

a) Donnez le principe de fonctionnement d'un détecteur à scintillation (Scintillateur, PM).
b) Donnez le schéma de l'électronique associée au système de détection cristal+PM destiné à une mesure par spectrométrie. Précisez la fonction de chaque élément.

2. À l'aide du graphique de l'annexe 2, pour les énergies des raies du ^{60}Co

a) Décrivez les différents processus d'interaction rayonnement-matière qui peuvent se produire dans le cristal.
b) Déterminez les coefficients massiques d'atténuation pour chaque processus et pour chaque raie ainsi que les coefficients massiques d'atténuation totale.
c) Trouvez le coefficient linéaire d'atténuation μ à ces énergies ainsi que la fraction de photons γ qui traverse le cristal sans interagir.
d) En utilisant la figure de l'annexe 1 expliquez pourquoi ces γ ne donneront pas de photoélectrons en interagissant directement sur la photocathode du PM.

3. Évaluation de l'efficacité absolue du cristal

Dans ce qui suit ne sera considéré qu'une seule raie γ dont l'énergie sera prise égale à la moyenne des énergies des deux raies du ^{60}Co ; ($\langle E \rangle$ = 1 253 keV).

a) Donnez la définition de l'efficacité intrinsèque ε_{int} et absolue ε_{abs} d'un détecteur et la relation les reliant.

b) La source de ^{60}Co, supposée ponctuelle, se trouve à la distance d = 10 cm du cristal, sur l'axe de symétrie longitudinal de l'ensemble scintillateur-PM.

Déterminez l'efficacité intrinsèque du scintillateur à l'énergie moyenne < E > à l'aide du nombre de photons gamma qui n'ont pas interagi. Donnez la valeur de l'angle solide défini par la surface du détecteur à la distance d de la source supposée ponctuelle.

Trouvez l'efficacité absolue.

B) Le spectre du ^{60}Co, acquis pendant 10 min de mesure, a les caractéristiques données dans le tableau 2 : énergie (E), nombre total de coups (N_{tot}), nombre de coups acquis en absence de source (N_{bruit}), canal du pic ($Canal_{pic}$), intensité (I) et efficacité absolue du détecteur (ε) pour chacune des deux raies.

Tableau 2

E (keV)	N_{tot}	N_{bruit}	$Canal_{pic}$	I (%)	ε (%)
1 173,24	19 165	1 220	5 743	100	3
1 332,50	18 650	985	6 421	100	3

1. Donnez le nombre net de coups et l'incertitude statistique associée pour chaque pic.

2. Trouvez la valeur A de l'activité apparente de la source de ^{60}Co ainsi que l'incertitude statistique associée σ_A en ne prenant en compte que les fluctuations dues aux comptages.

3. Déterminez la droite d'étalonnage en énergie pour le spectre acquis.

Application :
    En utilisant la même chaîne avec une source inconnue on obtient un pic au canal 3 565. À quelle énergie ce pic correspond-il ? De quel radio-isotope s'agit-il ?

C) L'annexe 3 montre les spectres d'une source de ^{133}Ba acquis avec un scintillateur NaI(*Tl*) et un détecteur à semi-conducteur intrinsèque de type Ge [HP].
    Commentez cette figure en expliquant les causes de la différence visible entre ces deux spectres.

Données :
    Constante de Planck : h = 6,6256 × 10^{-34} J.s ;
    Vitesse de la lumière dans le vide : c = 2,9979 × 10^8 m.s^{-1} ;
    Charge de l'électron : 1,6021 × 10^{-19} C.
    L'angle solide Ω sous lequel on voit un détecteur de rayon r depuis le point source situé à une distance d peut être pris égal à : $\Omega = 2\pi \left(1 - \frac{d}{\sqrt{d^2+r^2}}\right)$.

Détection des neutrons

a) Donnez les principes physiques de base liés à la détection des neutrons en précisant les réactions nucléaires généralement employées ainsi que l'ordre de grandeur des sections efficaces associées.

b) Les chambres d'ionisation et les compteurs proportionnels sont généralement utilisés pour détecter les rayonnements directement ionisants et/ou les photons (γ, X). Expliquez la différence fondamentale entre ces deux types de détecteurs. Comment peut-on les adapter à la détection des neutrons ?

c) On dispose de deux détecteurs de neutrons : une chambre d'ionisation et un compteur proportionnel. Pour des flux neutroniques très élevés, notamment auprès d'un réacteur à puissance nominale, lequel de ces deux détecteurs choisirait-on en premier pour effectuer une mesure et pourquoi ?

On souhaiterait mesurer un flux neutronique en présence d'une composante perturbatrice élevée. Des trois détecteurs :

 - compteur proportionnel à ^{3}He ;

 - chambre à fission à ^{235}U ;

 - compteur proportionnel à dépôt de bore (enrichi en ^{10}B).

Lequel vous semble le plus approprié et pourquoi ?

Classez ces détecteurs par ordre décroissant de capacité de discrimination du signal dû aux photons de celui dû aux neutrons. Expliquez votre classement.

d) On dispose de deux compteurs proportionnels à gaz : un compteur à ^{3}He et un compteur à dépôt de bore (enrichi en ^{10}B). Les énergies de réaction pour les neutrons thermiques sont respectivement : $Q(^3\text{He}) = 0,764$ MeV et $Q(^{10}\text{B}) = 2,31$ MeV (dans 94 % des cas).

Pour chacun des deux détecteurs déterminez l'énergie cinétique des produits de réaction.

Annexe 1

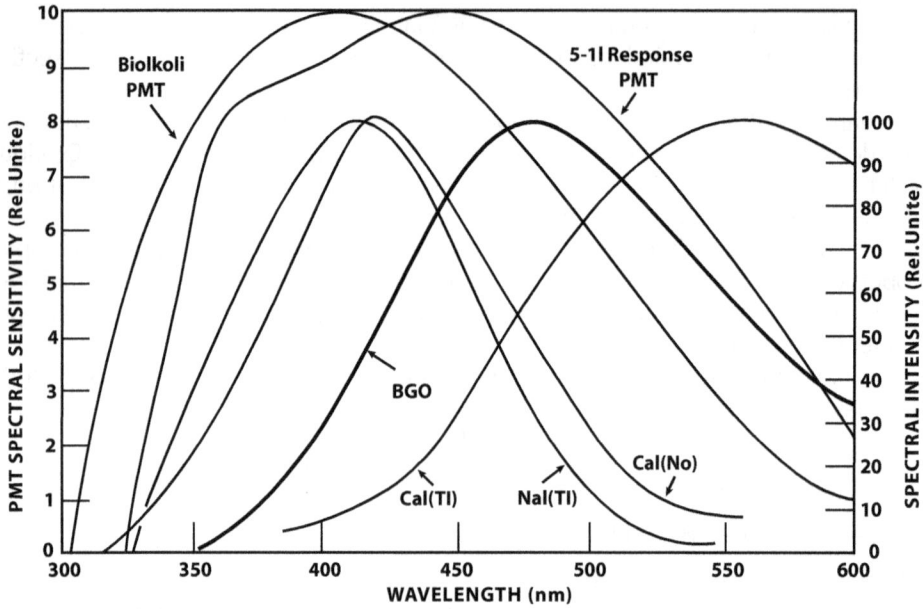

Spectres d'émission de scintillateurs inorganiques fréquemment utilisés. Figurent aussi les courbes de réponse de deux types de photocathodes les plus utilisés (graphe issu de : Scintillation Phosphor Catalog, The Harshaw Chemical Company).

Annexe 2

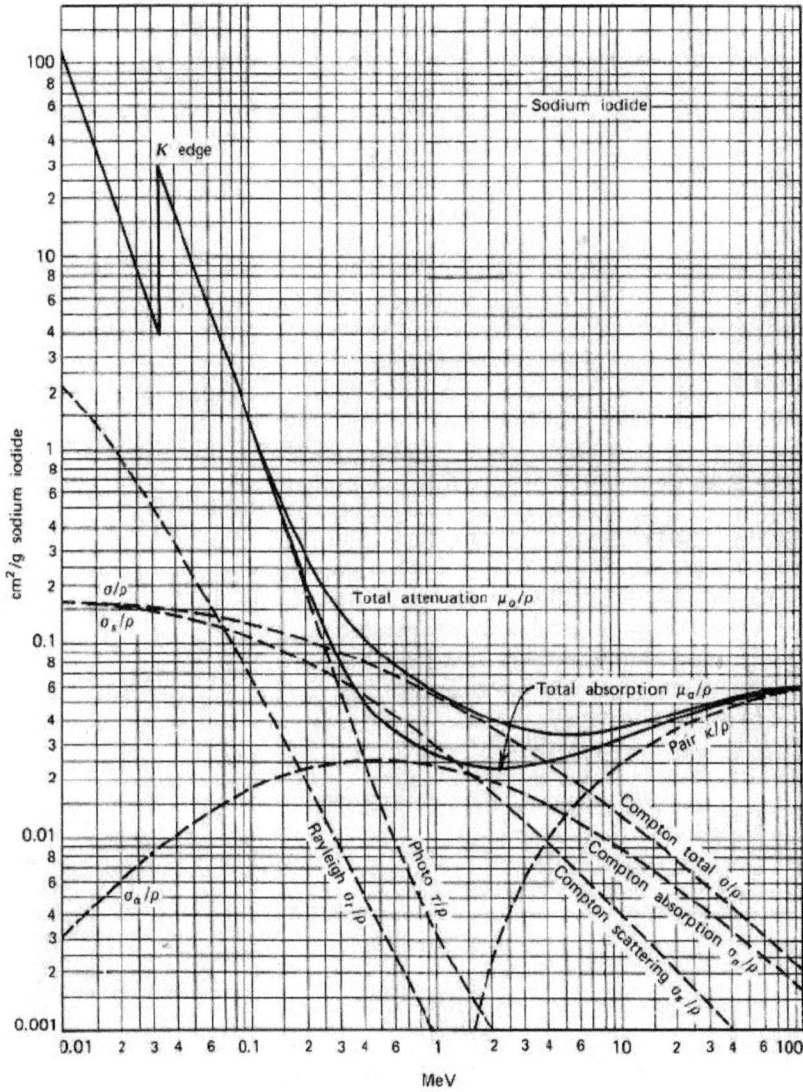

Variation en fonction de l'énergie du coefficient massique d'atténuation des photons dans l'iodure de sodium (sodium iodide). (issu de /The Atomic Nucleus/ by R. D. Evans. Copyright 1955 by the McGraw-Hill Book Company. Used with permission.)

Annexe 3

Comparaison semi-conducteur Ge et scintillateur NaI(Tl)

(a) _Jonction Ge_

Log N

(b) _Scintillateur INa(Tl)_

E_{KeV}

(c) _Désintégration de ^{133}Ba vers ^{133}Cs par capture électronique_
Les énergies sont en keV.

Institut National de Sciences et de Techniques Nucléaires

Génie Atomique 2007-2008

Examen de détection et de mesure de rayonnements

Durée : 02h00

N.B. : Les documents et les supports liés au cours ne sont pas autorisés.
    Les parties1, 2, 3 et 4 sont indépendantes.

Partie 1 : Questions de cours (les questions peuvent être traitées indépendamment)

1.1. Une particule directement ionisante cède toute son énergie E dans un détecteur à remplissage gazeux et on recueille un signal d'amplitude :
- A_1 dans une chambre d'ionisation,
- A_2 dans un compteur proportionnel,
- A_3 dans un compteur Geiger-Müller.

Quelles seraient les amplitudes recueillies pour une particule d'énergie $2E$? Justifier.

1.2.

a) Lequel de ces deux composants est sensible aux photons lumineux : le scintillateur ou le photomultiplicateur ? Décrire en quelques lignes le mode de fonctionnement d'un détecteur à scintillation.

b) Lequel d'un détecteur à scintillation ou d'un semi-conducteur de type Ge[HP] a la meilleure résolution en énergie ? Pourquoi ?

1.3. Un photon gamma de 2,2 MeV d'énergie arrive sur un détecteur semi-conducteur de type Ge[HP]. Donner les différentes possibilités d'interaction (de détection) de ce photon pour qu'il dépose dans le détecteur :

a) toute son énergie,
b) une partie de son énergie.

Comment les situations a) et b) se traduisent-elles sur le spectre des énergies mesurées.
    En sera-t-il de même pour un gamma de 662 keV ?

1.4. Dans un réacteur nucléaire (expérimental, d'irradiation ou de puissance), dans quelle(s) condition(s) une chambre à fission est utilisée :

a) en mode impulsion ?
b) en mode courant ?

Dans chaque cas, expliquer brièvement pourquoi ?

1.5. Pour procéder à une mesure en mode spectrométrie doit-on disposer d'un circuit électronique :

a) rapide (RC ≪ temps de collection) ?
b) lent (RC ≫ temps de collection) ?

Justifier.

Partie 2 : Détecteur à scintillation

Soit un détecteur à scintillation équipé d'un cristal NaI(Tl) ayant un rendement énergétique de conversion R égal à 12 %.

$$R = \frac{\text{énergie totale des photons émis}}{\text{énergie incidente absorbée}}$$

L'énergie moyenne des photons lumineux émis par le cristal est de 3 eV et l'efficacité quantique E de la photocathode est de 10 %.

$$E = \frac{\text{nombre d'électrons émis}}{\text{nombre de photons reçus}}$$

2.1. Calculer l'énergie nécessaire qui doit être absorbée dans le scintillateur pour créer un photoélectron primaire.

2.2. Que peut-on dire de cette énergie en comparaison à un détecteur à gaz ?

Partie 3 : Fonctionnement en mode chambre d'ionisation

Un détecteur à gaz rempli d'air sous pression fonctionnant en mode chambre ionisation est constitué de deux plaques parallèles de surface $S = 10$ cm^2 et distantes de 1 cm.

On cherche à y détecter des particules alpha (α) de 5 MeV d'énergie issues d'une source radioactive d'activité 0,5 MBq.

On suppose que celles-ci perdent toute leur énergie dans l'enceinte du détecteur.

3.1. Rappeler les principales caractéristiques du fonctionnement en mode chambre d'ionisation.

3.2. Quels sont les principaux types d'interaction de la particule alpha dans le détecteur ?

3.3. Donner l'allure de la courbe générale de variation de la perte linéique d'énergie de la particule alpha en fonction de son parcours. Commenter.

3.4. Calculer le nombre de paires électrons-ions créées par particule alpha dans le détecteur.

3.5. Quelle est l'intensité du courant (en ampères) généré dans le gaz du détecteur suite aux interactions des alpha émis par la source ? Commenter (seuls les électrons sont collectés).

3.6. Quelle est la valeur de la différence de potentiel (en volts) qui en résulte aux bornes de la chambre.

3.7. Décrire schématiquement l'ensemble de la chaîne de détection-acquisition associée à une chambre d'ionisation en rappelant brièvement le rôle de chaque composant.

_NB_ :
- *On assimile la chambre d'ionisation à un condensateur parfait et par extension l'amplitude du signal au nombre de charges créées dans le détecteur.*
- *On rappelle que la capacité d'un condensateur à plaques parallèles est proportionnelle au rapport de la surface de chaque plaque par la distance inter-plaques. On prendra comme coefficient de proportionnalité la permittivité du vide ε_0 qui est égale à $\varepsilon_0 = 8,854 \times 10^{-12}$ F. m^{-1}.*

Partie 4 : Détection de neutrons lents et thermiques

Un compteur proportionnel à géométrie cylindrique est utilisé pour détecter des neutrons lents et thermiques. Ce compteur est rempli de trifluorure de bore ; BF_3 assimilé à un gaz parfait dans les conditions normales de pression et de température.

Le bore naturel est constitué du mélange isotopique suivant :

$$^{10}B : 18,4 \% \text{ et } ^{11}B : 81,6 \%$$

Les pourcentages indiqués se rapportent aux nombres d'atomes, et le bore utilisé dans le compteur est enrichi à 95 % en ^{10}B. Les neutrons sont détectés par l'intermédiaire de la réaction (n, α) sur ^{10}B. Les noyaux de ^{11}B et de fluor ne donnant pas de réactions avec de tels neutrons.

4.1. Sachant que la section efficace de la réaction (n, α) sur ^{10}B varie en $1/v$ (v : vitesse des neutrons) dans un domaine d'énergie allant d'environ zéro à 10^3 eV et que la section efficace ramenée à un atome *de Bore naturel* vaut 117 barns pour des neutrons d'énergie cinétique 1 eV, calculer la section efficace de la réaction (n, α) sur ^{10}B pour des neutrons de 10 eV.

4.2. Un faisceau parallèle de neutrons monocinétiques d'énergie 10 eV traverse le compteur parallèlement à son axe. Calculer l'efficacité de détection du compteur pour les neutrons du faisceau, celle-ci étant définie comme la probabilité qu'a un neutron de donner une réaction (n, α) dans le compteur. La longueur sensible du compteur est $L = 10$ cm.

On rappelle que la probabilité d'occurrence d'un événement est définie comme le rapport du nombre de cas favorables à la réalisation du dit événement par le nombre de cas possibles.

$$probabilité \equiv \frac{nombre\ de\ cas\ favorables}{nombre\ de\ cas\ possibles}$$

> Institut National de Sciences et de Techniques Nucléaires
>
> **Génie Atomique 2008-2009**
>
> Examen de détection et d'instrumentation nucléaire

Durée : 02h00

N.B. : Les documents et les supports liés au cours ne sont pas autorisés.
Les parties A, B, C et D sont indépendantes.

A. Questions de cours (7 points)

A-1. À partir du graphique suivant expliciter les différents régimes (1 à 6) de fonctionnement d'un détecteur à remplissage gazeux. (2 points)

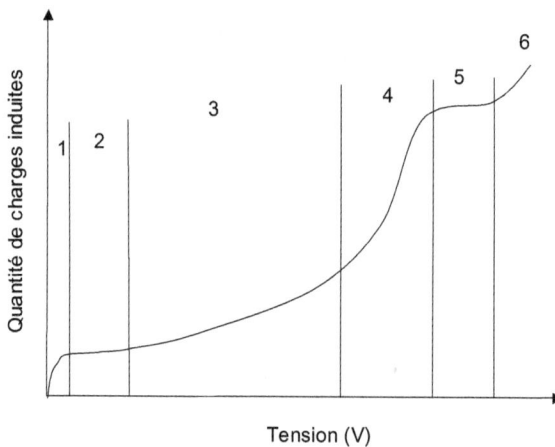

A-2. Rappeler la différence fondamentale entre une chambre d'ionisation et un compteur proportionnel ? Pourquoi utiliser l'un plutôt que l'autre ? (0,5 point)

A-3. Pourquoi travaille-t-on toujours sur le plateau de saturation d'une chambre d'ionisation ? (0,5 point)

A-4. Quelles sont les principales caractéristiques d'un détecteur à scintillation ? Dans quels cas utilise-t-on un scintillateur inorganique ? (1 point)

A-5. Décrire la fonction des principaux composants de la chaîne instrumentale de spectrométrie décrite ci-dessous. (2 points)

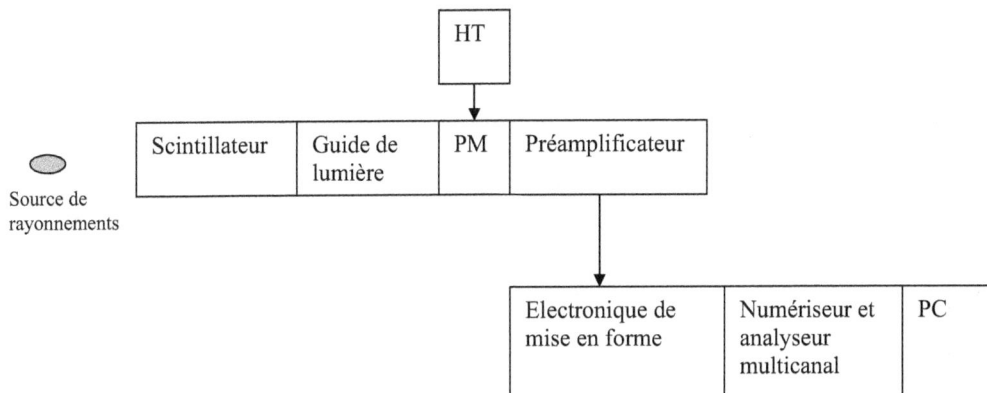

A-6. Pour la chaîne de mesure précédente, quel type de préamplificateur conseillez-vous et pourquoi ? (0,5 point)

A-7. Pourquoi le préamplificateur est-il placé au plus près du photomultiplicateur ? (0,5 point)

B. Mesure neutronique sur un colis de déchets radioactifs (4 points)

On cherche à mesurer le flux de neutrons rapides issu d'un colis de déchets radioactifs dans une ambiance mixte neutrons (rapides et thermiques) et photons γ. Pour ce faire nous ne disposons que d'un compteur proportionnel à Hélium-3.

B-1. Proposer un dispositif de détection mettant en œuvre ce compteur et permettant de ne mesurer essentiellement que les neutrons rapides indépendamment des neutrons thermiques et des photons γ. Justifier votre réponse. (1,5 point)

B-2. Déterminer l'épaisseur d'un blindage en plomb qui permettra d'atténuer le niveau de flux de gamma incidents d'un facteur 1000. L'énergie moyenne des photons gamma est de 1 MeV et la masse volumique du plomb égale à 11,4 g.cm^{-3}. La courbe donnant le coefficient d'atténuation massique du plomb en fonction de l'énergie des photons gamma figure dans l'annexe A. (1,5 point)

B-3. Quels sont les inconvénients de ce(s) blindage(s) vis-à-vis de la détection neutronique ? (1 point)

C. La mesure neutronique pour le contrôle commande d'un réacteur (4 points)

Pour différentes puissances de fonctionnement d'un réacteur de puissance nominale égale à 100 kW, on a réalisé des mesures :

- du taux de comptage fourni par une chaîne Bas Niveau (détecteurs BN) ;

- du courant fourni par une chaîne Haut Niveau (détecteurs HN).

Le détecteur BN à une sensibilité de 0,1 c/s pour un flux unitaire (1 neutron.cm^{-2}.s^{-1}).

Le détecteur HN à une sensibilité de 5×10^{-14} A pour un flux unitaire (1 neutron.cm^{-2}.s^{-1}).

Les résultats des mesures sont reportés dans le tableau suivant.

Puissance réacteur (W)	Taux de comptage BN (c/s)	Courant HN (nA)
Niveau Source	5	0,005
0,01	2×10^2	0,005
1	2×10^4	0,03
10	2×10^5	0,3
100	2×10^6	3
1000	$4,5 \times 10^6$	30
10 000	$7,5 \times 10^6$	300
100 000	$7,6 \times 10^6$	3000

C-1. Quelles sont les gammes d'utilisation des chaînes Bas Niveau et Haut Niveau, exprimées en termes de puissance du réacteur ? (0,5 point)

C-2. Pourquoi est-il nécessaire d'avoir un recouvrement entre les gammes d'utilisation des ces deux chaînes ? (0,5 point)

C-3. Pourquoi est-il important d'avoir un taux de comptage non nul sur la chaîne Bas Niveau avant le démarrage du réacteur ? (0,5 point)

C-4. Les impulsions en sortie de discriminateur de la chaîne Bas Niveau ont une largeur à mi-hauteur de 30 ns. Dans l'hypothèse où les impulsions sont générées par les neutrons à une cadence régulière, toutes les 30 ns, quel est le taux de comptage maximum qui peut être mesuré avec cette chaîne ? (0,5 point)

C-5. Les impulsions étant générées de façon complètement aléatoire, on prend en compte un taux de comptage 10 fois inférieur au taux de comptage maximum précédemment déterminé. À quelle puissance de fonctionnement cela correspond-il ? (0,5 point)

C-6. À quoi est due la perte de comptage observée au-delà de la puissance correspondant à la gamme d'utilisation de la chaîne Bas Niveau ? (1 point)

C-7. Pour la mesure des taux de comptage et des courants, la mesure résulte d'un compromis entre le temps de réponse de la chaîne et la précision de la mesure. Expliciter l'interdépendance de ces deux caractéristiques. (0,5 point)

D. Mesure par activation (5 points)

Un débit de fluence de neutrons thermiques est mesuré à l'aide d'une pastille d'or d'épaisseur 2 μm, de masse 3 mg (à 2,5 % près), et de section nettement inférieure à la surface du faisceau que l'on cherche à caractériser.

Après une irradiation de durée **20 minutes**, la pastille est extraite du flux de neutrons. Elle contient de l'or 198 (^{198}Au) produit d'activation de l'or 197 (^{197}Au).

L'or 198 est ensuite mesuré **30 minutes** plus tard par spectrométrie gamma.

Après une acquisition de <u>300 secondes</u>, on obtient un spectre dont les principales caractéristiques sont résumées dans le tableau ci-dessous.

Énergie du pic (kev)	Surface du pic	Incertitude-type relative sur la surface du pic (%)
411,6	12634	1,2
676,2	61	8,3
1087,9	7	47,0

Une mesure par spectrométrie gamma d'une source ponctuelle d'europium 152 (^{152}Eu) d'activité 12150 Bq, réalisée dans les mêmes conditions qu'avec la pastille d'or, est effectuée durant <u>500 secondes</u>. Elle donne les résultats figurant dans les tableaux ci-dessous (annexe B).

D-1. Pourquoi utilise-t-on une pastille d'or de très faible épaisseur ? (0,5 point)

D-2. En prenant l'énergie de la raie gamma la plus significative de l'or 198 et en se basant sur les résultats de la calibration réalisés avec la source d'europium 152, déterminer la valeur du rendement de détection à cette énergie. (1,5 point)

D-3. Calculer l'activité de l'or 198 à partir des résultats obtenus dans le tableau ci-dessus. (1 point)

D-4. Quelle était l'activité de l'or 198 à la sortie de l'irradiateur ? (1 point)

D-5. Sachant qu'à la sortie de l'irradiateur l'activité de l'or 198 obtenue par activation de l'or 197 est donnée par l'expression suivante, $A_{irradiateur} = N_{(or\,197)} \cdot \sigma \cdot \phi \left(1 - e^{-\frac{Ln2}{T} \cdot t_{irradiation}} \right)$, en déduire le débit de fluence ϕ des neutrons thermiques dans l'irradiateur. (1 point)

Données :

Pureté de la pastille d'or : 99,9 %

Composition isotopique de l'or naturel utilisé : ^{197}Au : 100 %

Section efficace de capture radiative des neutrons thermiques par ^{197}Au : σ = 98,65 barns

Période radioactive de l'or 198 : T = 2,6952 ± 0,0002 jours

Intensités d'émission gamma de l'or 198 :   411,80 keV à *95,6 %*
                                            675,88 keV à *0,806 %*
                                            1087,68 keV à *0,159 %*

Les données d'émission gamma de l'europium 152 figurent dans l'annexe C.

Annexe A

Coefficient massique d'atténuation du plomb en fonction de l'énergie
des photons gamma

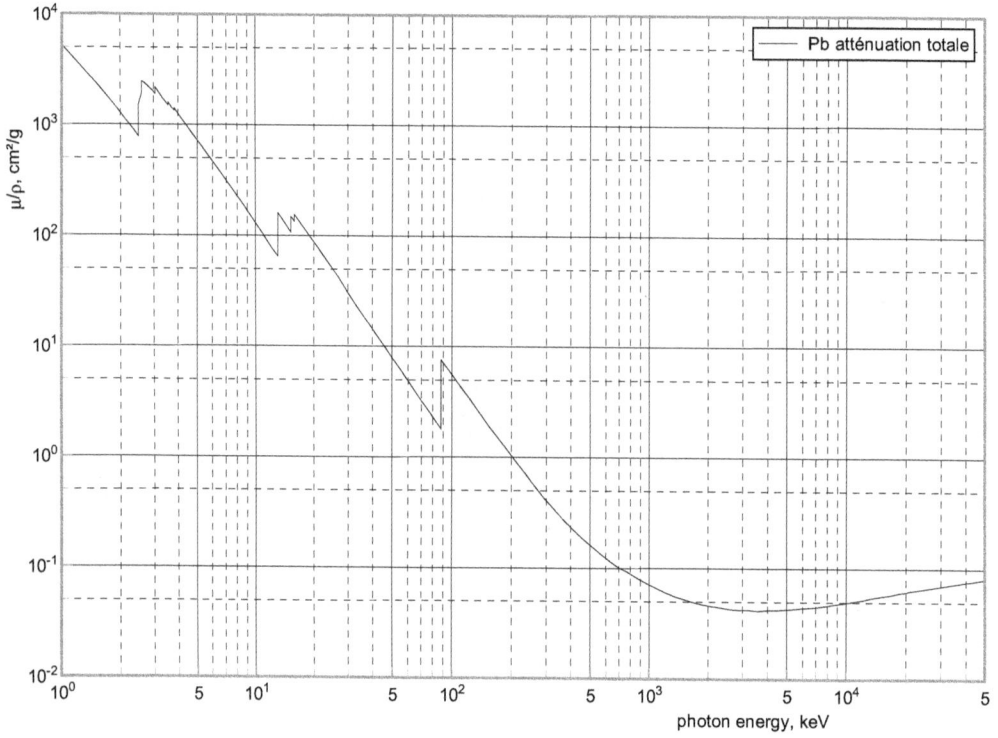

Annexe B

Résultats de spectrométrie gamma pour la source d'Europium 152

Temps actif : 500 s

N° pic	Centroïde (keV)	Résolution (keV)	Surface brute	Surface nette	Incertitude[1]
1	121,93	1,112	515017	480885	0,15 %
2	244,78	1,212	100174	87635	0,38 %
3	344,35	1,275	254148	238641	0,22 %
4	367,63	1,274	17050	8408	1,91 %
5	411,19	1,486	22746	17087	0,99 %
6	443,91	1,323	28998	22239	0,85 %
7	488,68	1,566	8541	2461	4,91 %
8	678,57	1,525	7597	2152	5,31 %
9	778,74	1,545	66490	58884	0,46 %
10	867,27	1,696	25299	17530	1,04 %
11	963,82	1,692	63376	56590	0,47 %
12	1085,87	1,700	47851	36181	0,67 %
13	1089,48	1,700	47851	6193	4,83 %
14	1111,96	1,730	52601	48030	0,50 %
15	1212,73	1,877	6397	4539	2,00 %
16	1299,45	1,928	5807	5086	1,59 %
17	1408,25	1,949	61881	60931	0,41 %
18	1529,49	3,093	1161	1076	3,28 %

[1] Incertitude relative sur la surface nette.

Annexe C

Caractéristiques radioactives et intensités d'émission gamma de l'Europium 152

$^{63}_{152}\text{EU}$

Période : 13,530 A

Constante de décroissance radioactive : $1,623^{-9}$ $1.s^{-1}$

Émission photonique *(les intensités <0,1 % n'ont pas été reportées ci-après)*

Énergie (keV)		Intensité	
	(%)	6,000 ± 0,000	15,600 ± 1,000
39,520 ± 0,000		21,000 ± 0,800	
40,110 ± 0,000		38,000 ± 1,400	
42,300 ± 0,000		0,235 ± 0,008	
42,990 ± 0,000		0,424 ± 0,015	
45,400 ± 0,000		11,500 ± 0,300	
46,600 ± 0,000		3,300 ± 0,100	
48,700 ± 0,000		0,134 ± 0,004	
121,784 ± 0,000		28,400 ± 0,150	
244,699 ± 0,001		7,540 ± 0,050	
295,939 ± 0,008		0,443 ± 0,006	
329,433 ± 0,017		0,148 ± 0,005	
344,281 ± 0,002		26,520 ± 0,180	
367,788 ± 0,004		0,842 ± 0,017	
411,115 ± 0,005		2,246 ± 0,016	
416,052 ± 0,006		0,110 ± 0,002	
443,983 ± 0,007		3,100 ± 0,020	
488,660 ± 0,040		0,412 ± 0,013	
503,387 ± 0,005		0,156 ± 0,006	
564,021 ± 0,008		0,491 ± 0,015	
566,421 ± 0,008		0,129 ± 0,002	
586,294 ± 0,006		0,458 ± 0,007	
656,484 ± 0,012		0,148 ± 0,010	
674,678 ± 0,008		0,191 ± 0,010	
678,578 ± 0,003		0,462 ± 0,006	
688,678 ± 0,006		0,846 ± 0,010	
719,353 ± 0,006		0,328 ± 0,021	
764,905 ± 0,009		0,185 ± 0,012	
778,903 ± 0,006		12,940 ± 0,070	
810,459 ± 0,007		0,316 ± 0,004	
841,592 ± 0,008		0,166 ± 0,008	
867,388 ± 0,008		4,230 ± 0,030	
919,401 ± 0,008		0,435 ± 0,006	

Énergie (keV)		Intensité	
926,324 ± 0,015		0,268 ± 0,008	
964,131 ± 0,009		14,600 ± 0,080	
1005,280 ± 0,017		0,640 ± 0,006	
1084,000 ± 1,000		0,243 ± 0,008	
1085,910 ± 0,013		10,090 ± 0,040	
1089,700 ± 0,015		1,737 ± 0,008	
1109,180 ± 0,012		0,195 ± 0,020	
1112,120 ± 0,017		13,560 ± 0,060	
1212,950 ± 0,012		1,423 ± 0,010	
1249,950 ± 0,013		0,182 ± 0,005	
1299,120 ± 0,000		1,630 ± 0,010	
1408,010 ± 0,015		20,800 ± 0,120	
1457,630 ± 0,015		0,493 ± 0,006	
1528,110 ± 0,020		0,280 ± 0,003	

Institut National de Sciences et de Techniques Nucléaires

Génie Atomique 2009-2010

Examen de détection et d'instrumentation nucléaire

Durée : 02h00

Les documents ne sont pas autorisés.

Détection des neutrons

Collectrons (Self Powered Detectors)

Isolant minéral

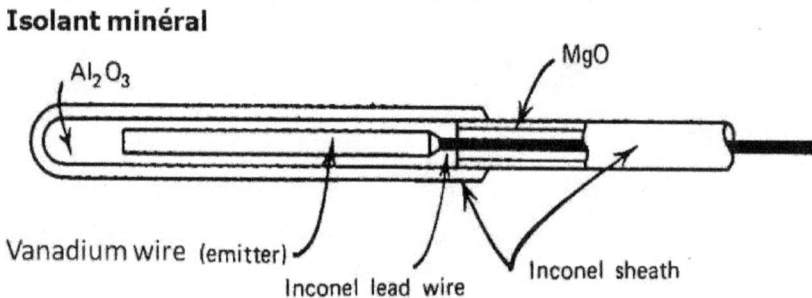

Figure 1. Schéma du collectron.

Lorsque un collectron est soumis à un flux neutronique l'électrode émettrice peut s'activer et générer un courant éléctrique formé par les électrons β^- émis par les noyaux activés.

Considérons un émetteur de Vanadium $\left(^{51}_{23}V\right)$ de $L = 40$ cm de longueur et de diamètre $d = 0,46$ cm.

1) Montrer à travers le schéma de désintégration que le Vanadium peut être utilisé comme émetteur pour détecter les neutrons thermiques, sachant qu'il conduit à un produit de désintégration final qui est le $^{52}_{24}Cr$. Calculer la chaleur de réaction (Q de réaction).

2) Donner l'expression de l'intensité du courant produit sous irradiation et déterminer le courant de saturation.
(Suggestion : apporter les modifications et simplifications opportunes à l'équation 1 en annexe.)

3) Au bout de combien de temps un arrêt brutal du flux neutronique entrainera une diminution de 5 % de l'intensité atteinte après une longue durée de fonctionnement à flux constant (non nul) ?

4) En supposant une irradiation continue, combien de temps faudrait-il pour que la sensibilité de ce dispositif diminue de 10 % ?

Scintillateurs ^{6}LiI

Les scintillateurs enrichis en ^{6}Li sont utilisés pour la détection des neutrons lents. De façon analogue aux cristaux scintillateurs tels que les NaI(Tl), il est possible d'utiliser des ^{6}LiI(Eu) (enrichi en ^{6}Li à 96 %) couplés à une photodiode ou à un photomultiplicateur. Ces détecteurs peuvent avoir des dimensions telles à englober les parcours des produits de réaction.

Le tableau ci-dessous donne quelques caractéristiques de ce scintillateur :

Tableau 1. Propriétés physiques du ^{6}LiI(Eu).

Masse volumique (g.cm^{-3})	4,06
Longueur d'onde du pic d'émission (nm)	470
Temps de décroissance de scintillation (µs)	1,4
Résolution pour le pic neutrons thermiques (%)	5
Rendement de scintillation (photon/MeV)	11 000

1) Expliquer brievement le fonctionnement d'un détecteur de scintillation couplé à un photomultiplicateur.

2) Écrire la réaction d'interaction des neutrons avec le ^{6}Li et calculer les énergies cinétiques des produits de réaction ($Q = 4,8$ MeV).

3) Déterminer le parcours du produit de réaction le plus énergétique et le libre parcours moyen des neutrons. Quelle épaisseur est nécessaire pour arrêter 90 % des neutrons ? Pour quelle épaisseur pourra-t-on considérer que l'efficacité de capture vaut $\eta = 1$?

4) Déterminer le nombre de photoélectrons produits par neutron et donner l'énergie moyenne dissipée pour l'émission d'un photoélectron par la photocathode. L'efficacité quantique de la photodiode est : $\epsilon_q = 55$ %.

Détecteurs à remplissage gazeux

Chambre d'ionisation, compteur proportionnel et compteur Geiger-Müller sont les détecteurs gazeux couramment utilisés pour la détection de particules directement ionisantes et, avec des modifications opportunes, de particules indirectement ionisantes.

a) Donner une description synthétique comparée des trois types de détecteurs : structure, domaine de fonctionnement et proportionnalité.

b) Expliquer brievement quelles sont les modifications à apporter, par rapport à l'utilisation standard pour particules directement ionisantes, à une chambre d'ionisation ou à un compteur proportionnel pour la détection des neutrons.

c) Expliquer le principe de la discrimination gamma/neutron avec ces types de détecteurs. Quel est le détecteur le plus approprié pour cette discrimination ?

Chambre à fission dans un réacteur expérimental

Auprès d'un réacteur de recherche, on utilise une chambre à fission pour le contrôle commande. Cette chambre à fission peut être utilisée depuis le démarrage du réacteur, jusqu'à la puissance nominale. Elle fonctionne donc, à minima, à la fois en mode impulsion et en mode courant.

Elle présente en mode impulsion une sensibilité de 10 coups/s pour un flux neutronique thermique unitaire (1 n.cm^{-2}.s^{-1}).

1. À l'aide d'un schéma, expliquer le fonctionnement d'une chambre à fission en mode impulsion en décrivant les différentes étapes depuis l'interaction du neutron avec le détecteur jusqu'à la formation d'une impulsion électrique à la sortie du détecteur.

2. Pour un détecteur fonctionnant en mode impulsion, citez les deux types de systèmes électroniques (préamplificateurs) permettant la mesure des impulsions en sortie du détecteur.
Indiquez les principales caractéristiques de ces deux types de préamplificateur.

3. Compléter le synoptique simplifié de la figure 2 d'une chaine de mesure en impulsion utilisée pour le contrôle commande d'un réacteur nucléaire.

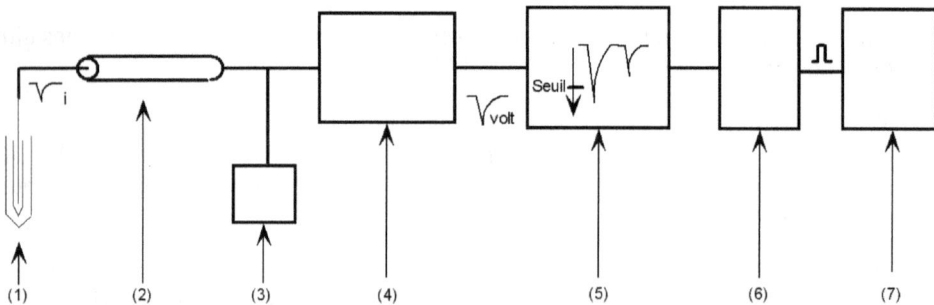

Figure 2.

4. Lorsque le réacteur est à 10 W de puissance, on mesure un taux de comptage de l'ordre de 10^5 coups/s avec la chambre à fission. Quel est le flux de neutrons incidents sur le détecteur à cette puissance ?

5. Les impulsions à la sortie du détecteur ont une largeur à mi-hauteur de 50 ns. Quel est le taux de comptage maximum mesurable dans le mode impulsion avec ce détecteur (on pourra prendre comme valeur maximale le dixième du taux de comptage maximum qui peut être mesuré avec des impulsions générées de façon régulière). À quelle puissance cela correspond-il ?

6. La courbe de discrimination en annexe A est relative aux données du tableau 3, acquises avec le détecteur pour une puissance de 10 W.

a) Indiquer sur la courbe la partie correspondant aux impulsions dues au bruit de fond et au rayonnement gamma.

b) Indiquer sur la courbe la partie significative du comptage des neutrons.

c) Déterminer le seuil de discrimination minimum pour utiliser la chaîne de comptage pour des taux de comptage compris entre 10 et 10^6 coups/s.

d) Quelle valeur de seuil préconisez-vous pour l'utilisation de cette chaîne et pourquoi ?

Données et constantes

Constantes fondamentales

Nombre d'Avogadro : $6{,}02\ 10^{23}$ mol^{-1} ;
Constante de Planck : $h = 6{,}6256\ 10^{-34}$ J.s ;
Vitesse de la lumière dans le vide : $c = 2{,}9979\ 10^8$ m.s^{-1} ;
Charge de l'électron : $1{,}6021\ 10^{-19}$ C.

Données nucléaires

Tableau 2. Données nucléaires.

A	Z	Élt	Excès de Masse (keV)	B/A (keV)	Masse Atomique (uma)
1	–	n	8071,317	–	1,00866
1	1	H	7288,970	–	1,00782
51	23	V	−52201,4	8742,051	50,94396
52	23	V	−51441,3	8714,535	51,94477
52	24	Cr	−55416,9	8775,944	51,94051

Formule de Batemann pour une filiation à deux corps

$$N_2(t) = \frac{N_0\lambda_1}{\lambda_1 - \lambda_2}\left(e^{-\lambda_2 t} - e^{\lambda_1 t}\right) \tag{1}$$

$$\sigma\left(^{51}_{23}\mathrm{V}\right)_{th} = 4{,}9\ \mathrm{b} \tag{2}$$

$$T_{1/2}(\beta^-) = 3{,}76\ \mathrm{min} \tag{3}$$

$$\rho_{51V} = 6{,}11\ \mathrm{g.cm}^{-3} \tag{4}$$

$$\phi_n = 3{,}10^{13}\ \mathrm{n.cm}^{-2}.\mathrm{s}^{-1} \tag{5}$$

1. Parcours (en cm) dans l'air pour des particules chargées lourdes d'énergie E (en MeV) :

$$R = 0{,}32E^{3/2} \tag{6}$$

2. Formule de Bragg-Kleemann :

$$\frac{R_b}{R_a} = \frac{\rho_a}{\rho_b} \frac{\sqrt{A_b}}{\sqrt{A_a}} \tag{7}$$

où a et b sont deux milieux différents et ρ_a, ρ_b, A_a et A_b sont respectivement les masses volumiques et les masses molaires des milieux a et b.

$$A_{air} = 14,5 \text{ g.mol}^{-1} \tag{8}$$

$$A_I = 127 \text{ g.mol}^{-1} \tag{9}$$

$$\rho_{air} = 1,293 \ 10^{-3} \text{ g.cm}^{-3} \tag{10}$$

$$\sigma \left({}^6 \text{LiI(Eu)}\right)_{th} = 940 \text{ b} \tag{11}$$

Annexe A

Tableau 3. Données acquises pour une puissance $P = 10$ W.

Tension seuil (mV)	Taux de comptage (c/s)
0	$1,2\ 10^7$
20	$9,2\ 10^6$
40	$5\ 10^6$
60	$1\ 10^6$
80	$3,4\ 10^6$
100	$1,2\ 10^5$
120	$9,8\ 10^4$
150	$9\ 10^4$
300	$8,6\ 10^4$
500	$8\ 10^4$
1000	$6\ 10^4$
1500	$2\ 10^4$

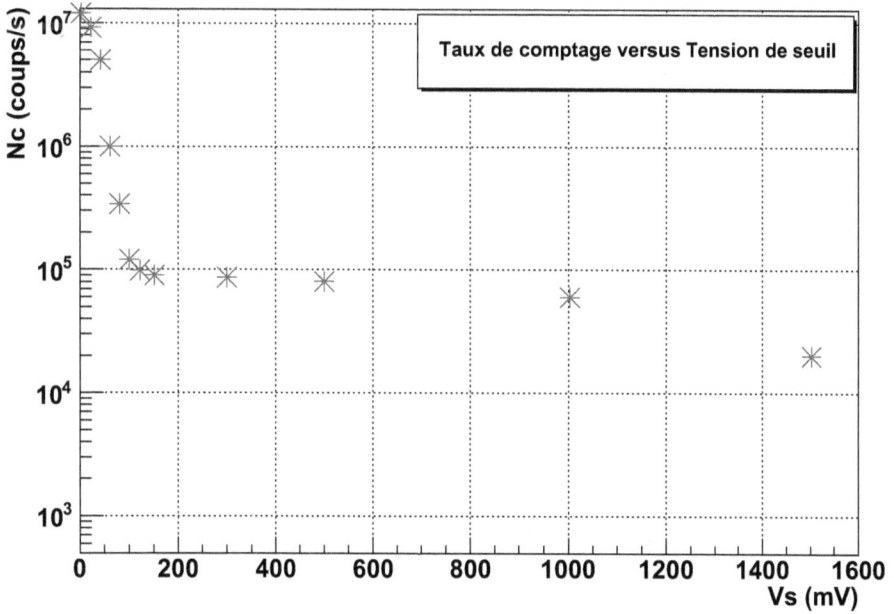

Figure 3. Courbe de discrimination pour une puissance $P = 10$ W.

ANNEXE

Courbe de discrimination pour une puissance $P = 10\ W$

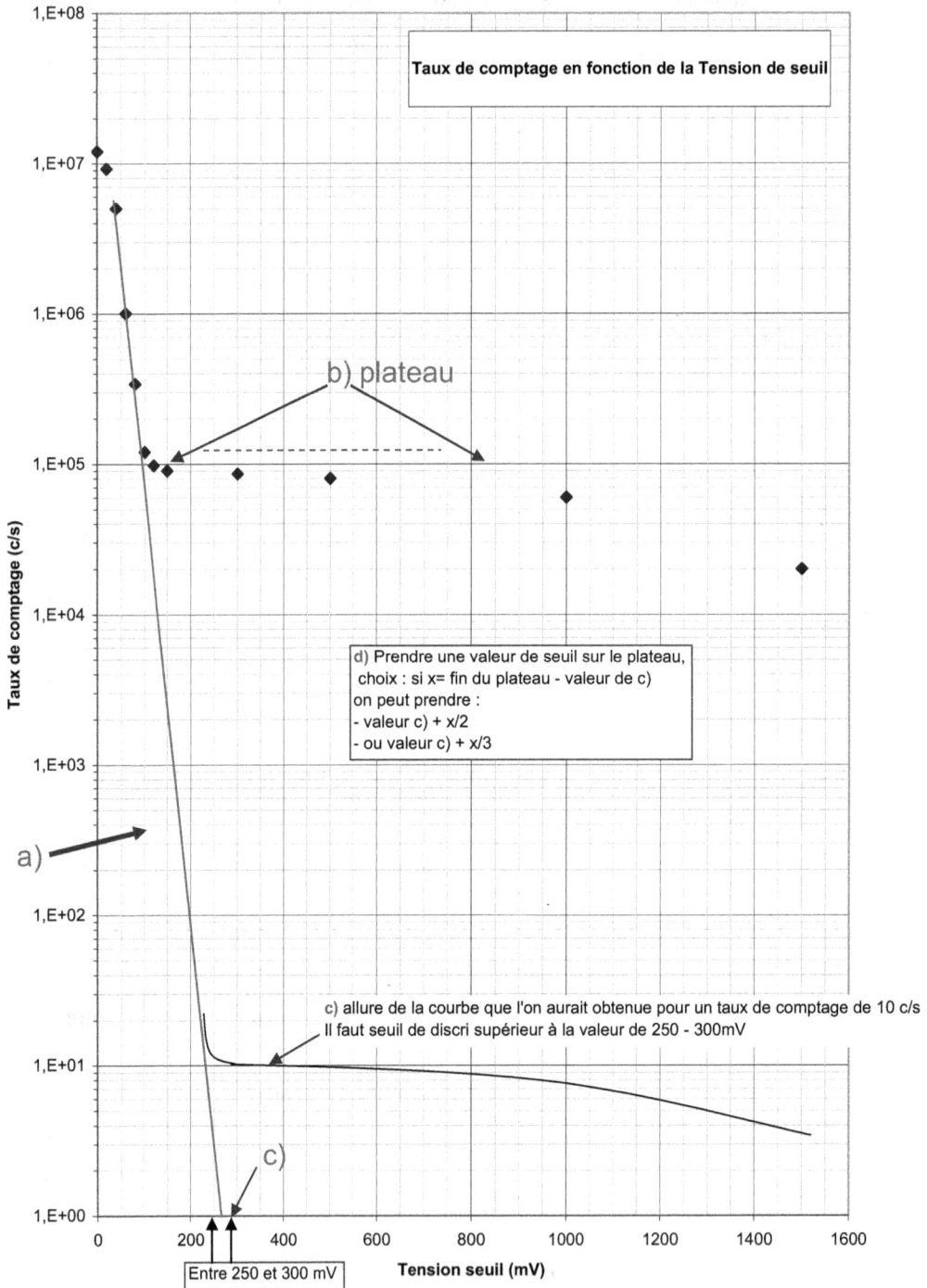

C Corrigé des sujets d'examens de Génie Atomique De 2003-2004 à 2009-2010

Institut National de Sciences et de Techniques Nucléaires

Génie Atomique 2003-2004

Corrigé de l'examen de détection et de mesure de rayonnements

Partie A : Analyse par spectrométrie γ

Chaîne de mesure

1. Détecteur : création des charges et donc du signal HT, PA : mise en forme du signal, Ampli : amplification de l'impulsion Analyseur multi-canal (MCA) : histogramme en hauteur d'impulsions PC : visualisation à l'aide d'un logiciel de spectrométrie γ.

2. Scintillateur : dépôt d'énergie → photons lumineux ou UV

   Photomultiplicateur : photocathode : photons → électrons ; dynodes : multiplication du nombre d'électrons ; anode : signal.

Spectre en énergie

1. Énergie : 661,66 keV. Pic d'absorption totale. Provient principalement des effets photoélectriques.

2. Énergie : 75 keV. X de désexcitation du plomb, plomb de l'enceinte qui est excité par les γ de la source.

3. Énergie : 477 keV. Front Compton et fond Compton.

4. Énergie : 184 keV. Pic de rétrodiffusion.

5. Énergie : 32 keV. X de désexcitation du baryum, noyau fils produit par la désintégration du ^{137}Cs.

Mesure de l'activité

1. $S/t_c = A.I.\varepsilon$

2. ε = nombre de photons comptés par le détecteur / nombre de photons émis par la source.

   $\varepsilon_{géo}$ = nombre de photons incidents sur le détecteur / nombre de photons émis par la source.

   ε_{int} = nombre de photons comptés par le détecteur / nombre de photons incidents sur le détecteur.

   $\varepsilon = \varepsilon_{géo} \times \varepsilon_{int}$.

3. $\Omega = 2\pi \left(1 - \frac{15}{\sqrt{15^2+(5/2)^2}} \right) = 0{,}085$ str

   d'où : $\varepsilon_{géo} = \Omega/4\pi = 6{,}8 \times 10^{-3} = 0{,}68\ \%$

4. ε_{int} = nombre de photons comptés par le détecteur / nombre de photons incidents sur le détecteur

   = nombre de photons ayant interagi dans le détecteur / nombre de photons incidents

   = $[N_0 - N_0 \exp(-\mu \cdot e)] / N_0 = 1 - \exp(-\mu \cdot e)$

   avec $e = 5$ cm et $\mu = 3{,}667 \cdot 0{,}075 = 0{,}275$ cm^{-1}

   $\varepsilon_{int} = 74{,}7\ \%$

5. $\varepsilon = \varepsilon_{géo}.\varepsilon_{int} = 0{,}68/100 \times 74{,}7/100 = 5 \times 10^{-3}$ **= 0,5 %**

6. $S/t_c = A \cdot I \cdot \varepsilon \rightarrow A = S/(t_c I \cdot \varepsilon) = 46\,113/(3600 \cdot 0{,}852 \cdot 0{,}005) = 3\,007$ Bq

7. Détecteur au germanium. Meilleure résolution. Moins bonne efficacité.

Partie B : Détection neutronique

1. Enceinte de gaz + électrodes avec ddp particule incidente : création de paires électron-ion $N = E/W$ migration des charges avalanche de Towsend → ionisations secondaires, électrons collectés sur l'anode. MAIS le nombre de charges collectées reste proportionnel au nombre d'ionisations primaires et donc à l'énergie déposée E. Dans le Geiger-Müller, on atteint une saturation qui fait que la charge collectée est la même quelles que soint la nature et l'énergie de la particule incidente, donc plus de proportionnalité et donc seul le comptage est possible.

2. Réaction $^{10}B(n, \alpha)^7Li$. Les noyaux de ^7Li et de ^4He vont ioniser le gaz. On détecte les neutrons thermiques car la section efficace de cette réaction est très importante dans cette gamme d'énergie et diminue fortement avec l'énergie.

3. Compteurs proportionnels à BF_3 (même réaction). Compteurs proportionnels à ^3He ($^3He(n, p)t$).

   Chambre d'ionisation à fission (fission de l'U5) ou à dépôt de bore, Collectrons, scintillateur ZnS + bore.

Partie C : Étude d'un détecteur à semi-conducteur

I. Rayonnements α

1. $T\alpha = 6$ MeV $\rightarrow$ 550 MeV.cm^2.g^{-1} $\rightarrow$ 1 281,5 MeV.cm^{-1}

    $R_{maj} = \Delta E/(-dE/dx) = 6/1\,281,5 = 4,68 \times 10^{-3}$ cm $= 47$ µm

    $\Delta E = (-dE/dx) * \Delta x = 1281,5.5 \times 10^{-5} = 64$ keV

2. Pour la plupart des émetteurs alpha, l'énergie cinétique des alpha est comprise entre 4 et 6 MeV. Nous constatons alors que les particules traversent aisément la fenêtre d'entrée et déposent toute leur énergie dans la zone utile.

II. Rayonnements β

1. R détecteur $= \rho \cdot e = 2,33 \cdot 500 \times 10^{-4} = 116,5$ mg.cm^{-2}

    $T_{\beta\,max} = 1$ MeV $\rightarrow R = 412$ mg.cm^{-2}

    $T_{\beta\,max} = 0,1$ MeV $\rightarrow R = 13,5$ mg.cm^{-2}

    $T_{\beta\,max} = 0,5$ MeV $\rightarrow R = 164$ mg.cm^{-2}

    $T_{\beta\,max} = 0,4$ MeV $\rightarrow R = 119$ mg.cm^{-2} $\sim R$ détecteur

2. On voit que les particules β d'énergie inférieure à 400 keV sont capables d'atteindre la zone utile et d'y déposer tout ou partie de leur énergie.

> Institut National de Sciences et de Techniques Nucléaires
>
> **Génie Atomique 2004-2005**
>
> Corrigé de l'examen de détection et de mesure de rayonnements

Partie 1 : Questions de cours

1.1. a) Chambre à fission, b) Détecteur semi-conducteur, c) Détecteur à scintillation.

1.2. a) cf. courbe et régions associées dans le support de cours.

b) GM.

c) Chambre d'ionisation.

1.3. ^{3}He, BF$_3$, chambre à fission. . ., scintillateur, semiconducteur, chambre d'ionisation. . .

1.4. Le PM. Pour le mode de fonctionnement d'un scintillateur, voir support de cours.

1.5. SC. À perte d'énergie équivalente d'une particule, il y aura création d'un nombre de charges beaucoup plus élevé dans un semi-conducteur que dans un scintillateur. Par conséquent, pour une énergie donnée (dissipée dans le détecteur), la dispersion statistique du nombre de charges créées sera moindre dans un SC et de ce fait, la résolution énergétique y sera meilleure.

1.6. a) Toute son énergie (Pic d'absorption totale) :

- Absorption photoélectrique.
- Effet(s) Compton successif(s) suivi(s) d'une absorption photoélectrique.
- Création de paires suivie de l'absorption totale des deux photons d'annihilation.

b) Une partie de son énergie :

- Effets Compton successifs sans absorption totale (fond et front Compton).
- Création de paires avec échappement d'un photon d'annihilation (pic de simple échappement).
- Création de paires avec échappement des deux photons d'annihilation (pic de double échappement).

Pour le photon de 662 keV, il n'y aura pas de phénomène d'annihilation (seuil à 1022 keV). Seules les interactions par effets photoélectriques et/ou effets Compton auront lieu.

1.7. a) Le mode impulsion est utilisé en présence de flux neutroniques faibles à intermédiaires (en phase de démarrage et de montée en puissance par exemple).

b) Le mode courant est utilisé en présence de flux neutroniques élevés (régime nominale, pleine puissance).

1.8. Pour procéder à des mesures par spectrométrie gamma, on doit disposer d'un circuit lent (RC>>) car il faut « attendre » le passage par le maximum de la charge collectée pour ensuite pouvoir la faire correspondre à l'énergie déposée par la particule dans le détecteur.

Partie 2 : Détection des neutrons au moyen d'une chambre à fission

2.1. Lois de conservation de l'énergie et de la quantité de mouvement.

2.2. $T_1 = 103,5$ MeV,

　　 $T_2 = 66,5$ MeV et

　　 $T_m = 85$ MeV

2.3. Le nombre de paires ion-électron créées :

　a) Pour une réaction à la surface de la couche d'uranium :

$$\frac{85 \times 10^6}{26,4} = 3,22 \times 10^6$$

　b) Pour une réaction au fond de la couche d'uranium :

$$\frac{85 \times 10^6}{26,4} \times 0,25 = 8,05 \times 10^5$$

La quantité de charge pour les deux cas :

a) $Q_{max} = 3,22\ 10^6 \times 1,6 \times 10^{-19} = 5,15 \times 10^{-13}$ C

b) $Q_{min} = 8,05\ 10^5 \times 1,6 \times 10^{-19} = 1,29 \times 10^{-13}$ C

- Le temps de collection est : $\tau = 100$ ns

On admet que l'impulsion physique a la forme d'un triangle rectangle :

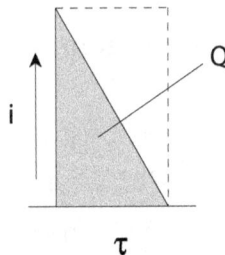

Les impulsions de courant seront donc comprises entre :

$$i_{max} = \frac{Q_{max}}{\tau} \times 2 = \frac{5,15 \times 10^{-13}}{100 \times 10^{-9}} \times 2 = 1,03 \times 10^{-5}\ A$$

$$i_{min} = \frac{Q_{min}}{\tau} \times 2 = \frac{1,29 \times 10^{-13}}{100 \times 10^{-9}} \times 2 = 2,58 \times 10^{-6}\ A$$

Finalement :

$$i_{max} = 10,3 \ \mu A$$

$$i_{min} = 2,58 \ \mu A$$

$$i_{moy} = 6,44 \ \mu A$$

2.4. Le câble est adapté sur son impédance caractéristique $Z_c = 50 \ \Omega$, les impulsions de tension à l'entrée du câble seront comprises entre les valeurs :

$$v_{max} = i_{max} \times Z_c = 10,3 \times 50 = 515 \ \mu V$$

$$v_{min} = i_{min} \times Z_c = 2,58 \times 50 = 129 \ \mu V$$

La longueur du câble est de 300 m, l'atténuation sera donc : $0,01 \times 300 = 3$ dB

Soit, d'après la formule :

$$Att_{dB} = 20 \times \log_{10} \frac{V_e}{V_s}$$

$$\frac{V_e}{V_s} = 10^{\frac{Att}{20}} = 10^{\frac{3}{20}} = 1,413$$

À l'entrée de l'amplificateur, on aura donc :

$$ve_{max} = \frac{515}{1,413} = 364,5 \ \mu V$$

$$ve_{min} = \frac{129}{1,413} = 91,3 \ \mu V$$

$$ve_{moy} = 227,9 \ \mu V$$

Partie 3 : Détection des neutrons au moyen d'un compteur à dépôt de bore

3.1. Réaction nucléaire : $_{5}^{10}B + _{0}^{1}n \rightarrow _{2}^{4}He + _{3}^{7}Li^* + 2,31$ MeV

- Énergie cinétique de l'alpha : $\frac{2,31 \times 7}{11} = 1,47$ MeV après 50 % de perte : 0,735 MeV
- Énergie cinétique du lithium : $\frac{2,31 \times 4}{11} = 0,84$ MeV après 50 % de perte : 0,42 MeV

3.2. Nombre de paires ion-électron créées :

$$n_\alpha = \frac{0,735 \times 10^6}{26,4} = 2,784 \times 10^4$$

$$n_{Li} = \frac{0,42 \times 10^6}{26,4} = 1,591 \times 10^4$$

Les quantités de charge créées sont donc :

$$q_\alpha = 2{,}784 \times 10^4 \times 1{,}6 \times 10^{-19} = 4{,}45 \times 10^{-15} C$$

$$q_{Li} = 1{,}591 \times 10^4 \times 1{,}6 \times 10^{-19} = 2{,}54 \times 10^{-15} C$$

$$q_{moy} = 3{,}5 \times 10^{-15} C$$

Les quantités de charges délivrées par le compteur seront donc :

$$Q_\alpha = M\, q_\alpha = M \times 4{,}45 \times 10^{-15}$$

$$Q_{Li} = M\, q_{Li} = M \times 2{,}54 \times 10^{-15}$$

Avec l'hypothèse d'une forme d'impulsion de courant en triangle rectangle, les amplitudes des impulsions seront :

$$Q = \frac{i\,t}{2} \Rightarrow i = \frac{2 \times Q}{t}$$

$$i_\alpha = \frac{2 \times M \times 4{,}45 \times 10^{-15}}{250 \times 10^{-9}}$$

$$i_{Li} = \frac{2 \times M \times 2{,}54 \times 10^{-15}}{250 \times 10^{-9}}$$

Valeur moyenne de l'impulsion de courant :

$$\bar{i} = \frac{i_\alpha + i_{Li}}{2} = \frac{M\,\left(4{,}45 \times 10^{-15} + 2{,}54 \times 10^{-15}\right)}{250 \times 10^{-9}}$$

$$\bar{i} = M \times 2{,}796 \times 10^{-8}$$

Pour obtenir une valeur moyenne des impulsions de tension à l'entrée de l'amplificateur qui soit égale à la valeur moyenne de celles obtenues avec la chambre de fission, on cherchera à égaliser les impulsions de courant à la sortie du détecteur (le câble de liaison étant identique).

Avec la chambre à fission, $\bar{i}$ était égal à 6,44 µA (voir corrigé de la 1re partie).

$$M \times 2{,}796 \times 10^{-8} = 6{,}44 \times 10^{-6}$$

$$M \approx 230$$

3.3. Selon l'appréciation du correcteur en sachant que le but est de leur faire dresser les avantages et les inconvénients comparés d'une chambre à fission et d'un compteur proportionnel.

Partie 4 : Temps mort d'un système de détection

4.1. Les n impulsions délivrées en moyenne par unité de temps entraînent un temps mort cumulé $n\tau$.

4.2. Le nombre d'événements perdus sur les N particules traversant le compteur est : $Nn\tau$.

4.3. Cela conduit à une perte de comptage de :

$N - n = Nn\tau$ soit donc $n = \dfrac{N}{1+N\tau}$

Application numérique : $N \approx 7\,000$ particules par seconde.

Institut National de Sciences et de Techniques Nucléaires

Génie Atomique 2005-2006

Corrigé de l'examen de détection et de mesure de rayonnements

Problème 1 : Chaînes neutroniques pour le contrôle commande d'un réacteur (5 points)

1.1. Principe de détection

<u>1.1.1.</u>

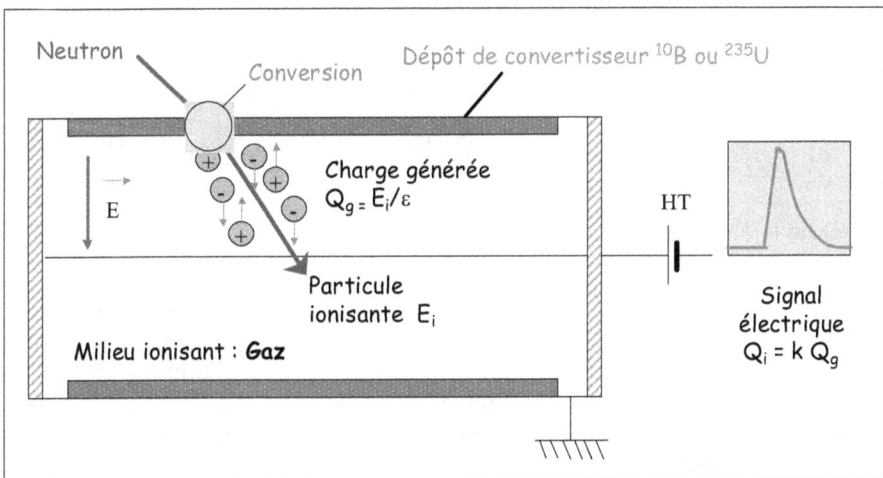

Détection en 2 étapes :

1) Conversion des neutrons en particules ionisante via une réaction nucléaire dans l'uranium utilisé comme convertisseur

   Réaction nucléaire :

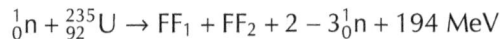

$$\ _0^1 n + \ _{92}^{235} U \rightarrow FF_1 + FF_2 + 2 - 3 \ _0^1 n + 194 \text{ MeV}$$

2) Détection de la particule ionisante (Fragment de Fission) dans le détecteur à gaz.

La particule perd son énergie cinétique dans le gaz en générant le long de son parcours des paires électron-ions (énergie de création d'une paire ε de l'ordre de 30 eV).

    Les charges générées (électrons et ions) sont entraînées par le champ électrique appliqué aux bornes du détecteur vers l'une ou l'autre des électrodes selon le signe de leur charge.

    Le déplacement des charges produit aux bornes du détecteur un signal électrique qui est transmis à la chaîne de mesure.

1.1.2. Les différents constituants de la chaîne de mesure bas niveau.

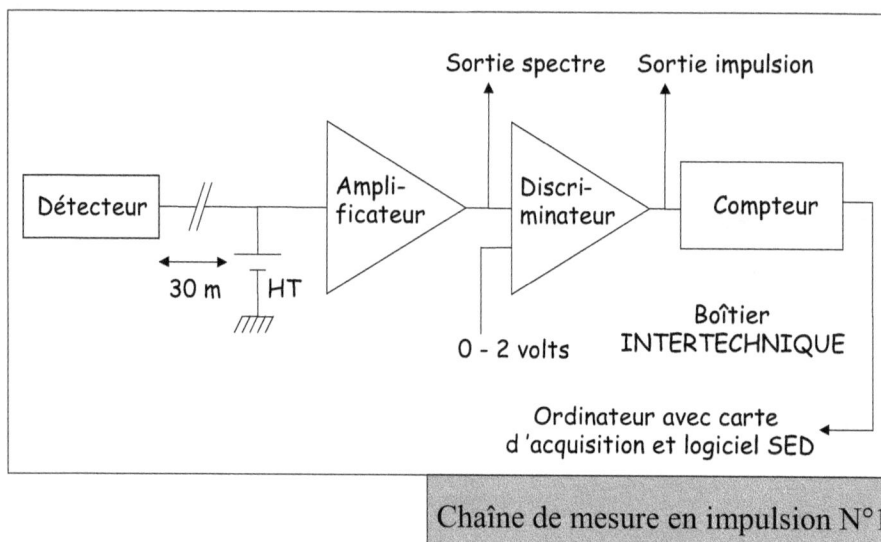

Chaîne de mesure en impulsion N°1

Constituant de la chaîne :

- Amplificateur : amplification des impulsions issues du compteur.

- Discriminateur : comparateur permettant de s'affranchir des impulsions de faible amplitude : bruit électronique et photon, gamma, il génère une impulsion mise en forme (signal TTL) pour chaque impulsion en entrée dont l'amplitude dépasse la tension seuil qui est réglée de telle manière à ne comptabiliser que les impulsions dues aux neutrons.

- Compteur : comptabilise les impulsions TTL en sortie du discriminateur afin de donner le taux de comptage.

1.1.3. À partir de la largeur à mi-hauteur des impulsions après discriminateur, soit 150 ns, on veut déterminer le taux de comptage maximum pouvant être mesuré par la chaîne.

Dans le cas idéal d'impulsions produites à intervalles régulier, calculer, en explicitant votre calcul, le taux de comptage maximum pouvant être mesures.

Revient à la fréquence correspondant à des impulsions accolées temporellement, soit $1/150 \times 10^{-9} = 6,7 \times 10^6$ c.s^{-1}

1.1.4. Dans le cas réel d'impulsions produites de façon aléatoire, calculer le taux de comptage maximum pouvant être mesuré.

On rappelle que cette valeur maximum peut être donnée par une perte relative de comptage d'impulsion $\Delta N/N$ égale à 10 %, avec ΔN la perte de comptage, N le nombre d'impulsions comptées. En prenant en compte la largeur à mi-hauteur des impulsions τ, on utilisera la relation : $\Delta N/N = \tau \cdot N$.

On prend 1/10 de la valeur précédemment calculée, soit $6,7 \times 10^5$ c.s^{-1}.

(Après la formule donnée : $\Delta N/N = 0,1 = \tau \cdot N$, soit : $N = 1/10\tau$.)

1.2. Gamme de fonctionnement des chaînes

Pour différentes puissances de fonctionnement du réacteur, on a réalisé des mesures du taux de comptage fourni par une chaîne bas niveau BN et du courant fourni par une chaîne haut niveau HN (tableau ci-dessous).

Puissance réacteur (W)	Taux de comptage BN (c.s^{-1})	Courant HN (nA)
Source	5	0,005
0,1	4×10^2	0,005
1	4×10^3	0,04
10	4×10^4	0,4
100	4×10^5	4
1000	9×10^5	40
10 000	$1,5 \times 10^7$	400
100 000	$4,7 \times 10^7$	4 000

1.2.1. Quelles sont les gammes d'utilisation des chaînes bas et haut niveaux ?
    Pourquoi ?
    Chaîne bas niveau : niveau source à 100 W
    Chaîne haut niveau : 1 W à 100 kW
    Il faut que le taux de comptage ou le courant varie linéairement avec la puissance du réacteur.

1.2.2. En se basant sur le résultat de la question 1.3.b, expliquer la limitation haute du fonctionnement de la chaîne bas niveau ? Quelle est la valeur exacte de puissance correspondant à une perte de comptage relative de 10 %
    La chaîne bas niveau ne permet pas le suivi de la puissance du réacteur (écart relatif supérieur à 10 %) lorsque le taux de comptage dépasse $6,7 \times 10^5$ c.s^{-1}, donc à un niveau de puissance compris entre 100 et 1 000 W.
    La limite de fonctionnement de la chaîne haut niveau dépend de la largeur à mi-hauteur des impulsions à la sortie du discriminateur.
    Valeur exacte calculée de la puissance correspondant à une perte relative de 10 % : 4×10^5 c.s^{-1} équivalent à 100 W, donc $6,7 \times 10^5$ c.s^{-1} équivalent à $100 \times 6,7/4 = 167,5$ W.

1.2.3. Calculer les flux neutroniques incidents sur les détecteurs des chaînes bas et haut niveaux pour une puissance de 10 W.
    Bas niveau : Flux = taux de comptage / sensibilité = $4 \times 10^4/0,1 = 4 \times 10^5$ n.cm^{-2}.s^{-1}
    Haut niveau : Flux = courant / sensibilité = $4 \times 10^{-10}/2 \times 10^{-14} = 2 \times 10^4$ n.cm^{-2}.s^{-1}

1.2.4. Comment expliquer que les flux neutroniques incidents sur les détecteurs des chaînes bas et haut niveaux sont différents ?
    Les deux chaînes sont dans leurs domaines de bon fonctionnement, la différence de flux est donc réelle.
    2 réponses possibles :

    – les détecteurs ne sont pas positionnés de la même façon par rapport au cœur,

    – l'environnement des détecteurs est différent et influe sur le flux neutronique (proximité d'une barre de contrôle, dispositif expérimental, . . .).

Problème 2 : Influence des paramètres temporels lors d'une mesure neutronique

Une chaîne d'instrumentation neutronique est composée :

- d'une chambre à fission CFUE24 dont la sensibilité est de 10^{-2} coups.s^{-1} pour un flux de 1 n.cm^{-2}.s^{-1},
- d'une électronique fonctionnant en mode impulsion et qui délivre un nombre d'impulsions ou de coups à la cadence, d'un temps d'observation élémentaire, de 10 ms.
- et d'un système de traitement permettant d'augmenter le temps d'observation ΔT par un multiple entier du temps élémentaire. Le résultat de la mesure est présenté à l'opérateur sous la forme d'un nombre de coups par seconde. L'opérateur peut agir sur le temps d'observation.

2.1. Cette chaîne voit un débit de fluence neutronique moyen de 10^5 n.cm^{-2}.s^{-1}

<u>2.1.1.</u> Dans un premier temps, l'opérateur souhaite obtenir une mesure avec une exactitude ou une précision de 1 %. Que doit faire l'expérimentateur pour obtenir ce résultat ? Expliquez et précisez le réglage.

Flux (n.cm^{-2}.s^{-1})	Taux (coups.s^{-1})	ΔT (s)	N (coups)	Exactitude = $1/\sqrt{N}$ (%)
10^5	10^3	10^{-2}	10	33
		10^{-1}	10^2	10
		1	10^3	3,2
		10	10^4	1

Pour obtenir la précision demandée, l'opérateur doit augmenter le temps de mesure. Il doit régler sa chaîne de façon à obtenir $\Delta T = 10$ secondes, soit 1000 pas élémentaires.

<u>2.1.2.</u> Deuxièmement, pour des raisons de sûreté, la mesure doit être effectuée dans un temps maximal d'une seconde. Calculer alors l'exactitude de la mesure pour ce temps maximal.
Pour $\Delta T = 1$ s, l'exactitude sera de 3,2 %.

<u>2.1.3.</u> Exactitude sur temps élémentaire :
cf. tableau ci-dessus avec $\Delta T = 10$ ms.

2.2. Le débit de fluence neutronique moyen passe à 10^4 n.cm^{-2}.s^{-1}

<u>2.2.1.</u>

Flux (n.cm^{-2}.s^{-1})	Taux (coups.s^{-1})	ΔT (s)	N (coups)	Exactitude = $1/\sqrt{N}$ (%)
10^4	10^2	10^{-2}	1	100
		10	10^3	3,2

<u>2.2.2.</u> Sur un pas élémentaire : exactitude = 100 %, pour 1 000 pas élémentaires ($\Delta T = 10$ s) on passe à 3,2 %.

Problème 3 : La mesure anthroporadiamétrique

3.1. Considérations sur le blindage

3.1.1. a/ Blindage et matériaux

- Réduire le bruit fond de issu du rayonnement cosmique, d'éventuels matériaux radioactifs naturellement présents dans l'environnement du local afin d'atteindre les limites de détection requises.

- Minimiser ou éliminer les interférences d'éventuels mouvements de matériaux radioactifs dans ou proche du laboratoire.

- Réduire les perturbations dans la réponse du compteur (lors de la mesure du bruit de fond) qui pourraient se produire à cause de la distorsion du champ de radiation ambiant à cause de la présence du sujet par des effets d'absorption, de diffusion ou d'autres processus.

Choix des matériaux :

- Grande atténuation des gamma → grand Z et grande densité.

- Absence de contaminants naturels ou artificiels innacceptables.

- Propriétés mécaniques adaptées à l'installation et l'assemblage dans le laboratoire.

- Optimisation du poids et du coût.

→ béton, acier, plomb

Pour info : Pour beaucoup d'installations, les épaisseurs typiques sont de l'ordre de 50-100 mm pour le plomb ou 100-200 mm pour l'acier.

Dépend du lieu et de la situation de l'installation.

b/ Épaisseurs de béton et de plomb à 500 keV et 1,5 MeV

$$I = I_0 \exp(-\mu d) \qquad \mu \text{ en cm}^{-1} \text{ et } d \text{ en cm}$$

$$\text{ou} \quad I = I_0 \exp[(-\mu/\rho).\rho x] \qquad \rho \text{ en g.cm}^{-3} \text{ et } \rho x \text{ en g.cm}^{-2}$$

$$x = \rho d$$

Coefficients massique d'atténuation (voir figures 3.1 et 3.2) :

$h\nu$	μ/ρ (cm^2.g^{-1})	
	béton	plomb
500 keV	≅ 0,09	≅ 0,15
1,5 MeV	≅ 0,052	≅ 0,051

À 500 keV, pour le béton → $\frac{1}{4} = \exp(-0,21 \cdot d)$

➜ $d = \text{Log}4/0{,}21 = 1{,}39/0{,}21 = 6{,}63$ cm

À 500 keV, pour le plomb → $\frac{1}{4} = \exp(-1{,}171 \cdot d)$

➜ $d = \text{Log}4/1{,}71 = 0{,}81$ cm

Le blindage en plomb est plus épais (en cm) d'un facteur d'environ 8.

Mais en $g.cm^{-2}$, l'épaisseur est de $6{,}63 \times 2{,}35 = 15{,}6$ $g.cm^{-2}$ pour le béton et est de $0{,}81 \times 11{,}4 = 9{,}25$ $g.cm^{-2}$ pour le plomb.

Le blindage en béton est donc plus massif d'un facteur environ 1,7.

À 500 keV, le plomb est plus efficace que le béton à masse égale. Le plus grand Z du plomb favorise l'effet photoélectrique qui est encore important à ces énergies-là.

À 1,5 MeV, pour le béton → $\frac{1}{4} = \exp(-0{,}052 \cdot \rho d)$

Ce qui donne $\rho d = 26{,}7$ $g.cm^{-2}$ et $d = 11{,}4$ cm

À 1,5 MeV, pour le plomb → $\frac{1}{4} = \exp(0{,}052 \cdot \rho d)$

Ce qui donne $\rho d = 27{,}2$ $g.cm^{-2}$ et $d = 2{,}39$ cm

À cette énergie, l'effet Compton est prédominant pour l'atténuation et tous les matériaux offrent un coefficient d'atténuation massique comparable. À efficacité égale, les blindages auront une masse égale.

À basse énergie (X et gamma), le plomb est couramment utilisé de façon efficace pour constituer une partie des blindages.

3.1.2. Blindage en plomb

Soit μ_{inc} le coefficient d'atténuation du plomb à l'énergie (inconnue) des photons considérés ici.

$$\frac{1}{4} = \exp[-(\mu_{inc}/\rho).(2{,}4 \times 11{,}4)]$$

$$d'où\ \mu_{inc}/\rho = \text{Log}4/(2{,}4 \times 11{,}4) \approx 0{,}051$$

Or, d'après la figure 3.2, cette valeur peut correspondre à deux énergies possibles pour les photons incidents : environ 1,5 MeV ou 10 MeV

Considérations : rares sont les gamma de 10 MeV issus d'une source isotopique. Ils sont générés en général auprès d'accélérateurs ou autres installations lourdes. L'expérience relatée mettant en œuvre une source d'essai n' implique très probablement des photons de 1,5 MeV.

Une expérience de comparaison entre l'absorption provoquée par ce blindage de plomb et un écran d'aluminium permettrait de lever l'ambigüité. Les coefficients d'atténuation massique de l'aluminium sont assez différents à 1,5 MeV ($0{,}05$ $cm^2.g^{-1}$) et à 10 MeV ($0{,}025$ $cm^2.g^{-1}$).

3.2. Détection et chaîne de spectrométrie gamma

cf. cours.

3.2.1. Le détecteur

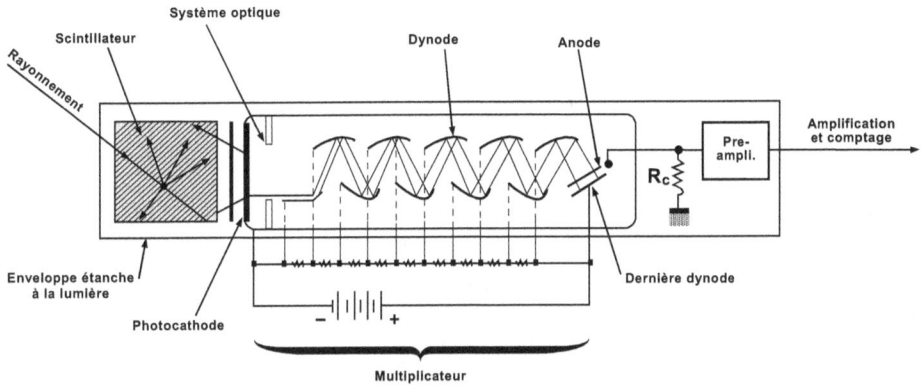

3.2.2. La chaîne électronique

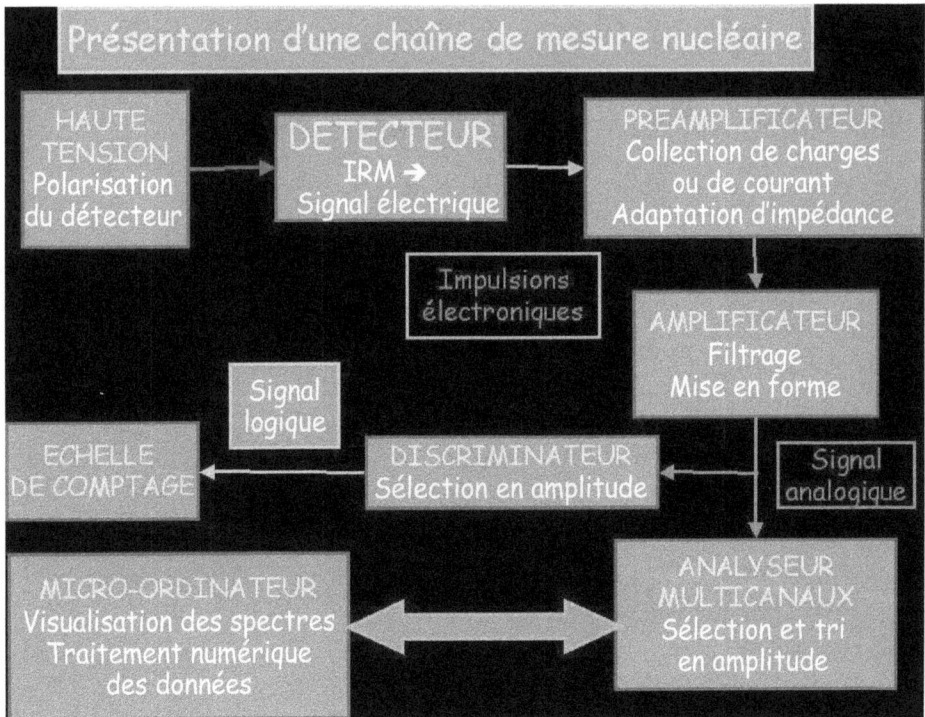

3.3. La mesure du ^{40}K

3.3.1. Mesure activité totale due au ^{40}K

Dans la bande d'énergie considérée :
Taux de comptage bruit de fond : $91,1 \pm 1,2$ coups.min^{-1}
Taux de comptage observé : $192,7 \pm 2,6$ coups.min^{-1}
Taux de comptage net : $101,6 \pm 2,9$ coups.min^{-1}
Facteur de calibration (cf tableau 3.3.1) : $0,024\ 1$ coups.min^{-1} par Bq
D'où activité totale ^{40}K : $4,22 \pm 0,12$ kBq

3.3.2. Estimation de l'activité de ^{40}K pour un homme « normal »

Dans 140 g de potassium naturel, il y a :
$140 \times 6,02 \times 10^{23}/39,14 = 2,15 \times 10^{24}$ atomes de potassium
soit : $2,15 \times 10^{24} \times 0,011 \times 10^{-2} = 2,37 \times 10^{20} = N$ isotopes de ^{40}K
L'activité correspondante est de : $A = 0,693\ N / T_{1/2}$
$(0,693 \times 2,37 \times 10^{20})/(1,28 \times 10^9 \times 365 \times 24 \times 3600) \approx 4,1$ kBq
L'activité en ^{40}K mesurée chez le sujet apparaît donc normale et attendue.

Institut National de Sciences et de Techniques Nucléaires

Génie Atomique 2006-2007

Corrigé de l'examen de détection et de mesure de rayonnements

Spectrométrie γ

A)

1. Voir cours.

2.

a) Pour les deux raies on en déduit la presence de l'effet photoélectrique et de l'effet Compton, ce dernier étant largement dominant.

b) Pour la raie $E_1 = 1173,24$ KeV :

$$\left(\frac{\mu}{\rho}\right)_{PE} = 0,0026 \text{ cm}^2.\text{g}^{-1} \tag{1}$$

$$\left(\frac{\mu}{\rho}\right)_{C} = 0,051 \text{ cm}^2.\text{g}^{-1} \tag{2}$$

Pour la raie $E_2 = 1332,50$ KeV

$$\left(\frac{\mu}{\rho}\right)_{PE} = 0,0020 \text{ cm}^2.\text{g}^{-1} \tag{3}$$

$$\left(\frac{\mu}{\rho}\right)_{C} = 0,048 \text{ cm}^2.\text{g}^{-1} \tag{4}$$

Les coefficients massiques d'atténuation totale :

$$\left(\frac{\mu}{\rho}\right)_{tot_1} = 0,0536 \text{ cm}^2.\text{g}^{-1} \tag{5}$$

$$\left(\frac{\mu}{\rho}\right)_{tot_2} = 0,0500 \text{ cm}^2.\text{g}^{-1} \tag{6}$$

c) Les coefficients linéaires d'atténuation :

$$(\mu)_1 = 0,197 \text{ cm}^{-1} \tag{7}$$

$$(\mu)_2 = 0,183 \text{ cm}^{-1} \tag{8}$$

Le nombre de gammas sortant du cristal sans avoir interagi est environ 21 % pour la première raie et 23 % pour la deuxième raie. En effet :

$$\frac{I}{I_0} = e^{-\mu h} \tag{9}$$

$$\left(\frac{I}{I_0}\right)_1 = 0,207 \tag{10}$$

$$\left(\frac{I}{I_0}\right)_2 = 0,231 \tag{11}$$

d) Car, puisque la longueur d'onde des raies du Cobalt est de l'ordre du millième de nm la photocathode ne le verrait pas car sa sensibilité est nulle en dessous de 30 nm. En effet, pour la première raie du Co on a :

$$\frac{hc}{\lambda} = 1173,24 \tag{12}$$

Soit :

$$\lambda = 1,06 \times 10^{-3} \text{ nm} \tag{13}$$

3.

a)

$$\varepsilon_{abs} = \frac{N_{coups}}{N_{\gamma-source}} \tag{14}$$

$$\varepsilon_{int} = \frac{N_{coups}}{N_{incidents\ sur\ ledecteur}} \tag{15}$$

et aussi

$$\varepsilon_{abs} = \frac{\Omega}{4\pi}\varepsilon_{int} \tag{16}$$

b) L'angle solide Ω sous-tendu par le détecteur est (avec $r = 3$ cm et $d = 10$ cm) :

$$\Omega = \frac{\pi r^2}{d^2} = 0,283 \text{ sr} \tag{17}$$

$$\varepsilon_{geom} = \frac{\Omega}{4\pi} = 2,25 \times 10^{-2} \tag{18}$$

L'efficacité intrinsèque est donnée par :

$$\varepsilon_{int} = \frac{N_0 - N_0 e^{-\mu h}}{N_0} = 1 - e^{-\mu h} \tag{19}$$

L'efficacité absolue pour l'énergie $\langle E \rangle$ est alors (en prenant comme fraction des gamma qui n'ont pas interagi 0,78) :

$$\varepsilon_{abs1} = \varepsilon_{geom}\left(1 - e^{-\mu h}\right) = 2,25 \times 10^{-2} \times 0,78 = 1,76 \times 10^{-2} \tag{20}$$

B)

1. Nombre de coups net :

$$N_{net} = N_{tot} - N_{bruit} \tag{21}$$

C'est-à-dire : $N_{net1} = 17\,945$ et $N_{net2} = 17\,665$.
L'incertitude est :

$$\sigma_{net} = \sqrt{sigma_{tot}^2 + sigma_{bruit}^2} \tag{22}$$

où $\sigma = \sqrt{N_{coups}}$.
Donc : $\sigma_{net1} = 143$ et $\sigma_{net2} = 140$.
Soit $N_{net1} = 17\,945 \pm 143$ et $N_{net2} = 17\,665 \pm 140$.

2. L'activité est évaluée selon la formule :

$$A = \frac{A_1 \times I_1 + A_2 \times I_2}{I_1 + I_2} \tag{23}$$

et

$$\Delta A = \frac{1}{I_1 + I_2}\left(I_1 \frac{\Delta A_1}{A_1} + I_2 \frac{\Delta A_2}{A_2}\right) \tag{24}$$

où :

$$A_1 = \frac{N_{net1}}{\varepsilon_{abc1} I_1 t} \tag{25}$$

$$A_2 = \frac{N_{net2}}{\varepsilon_{abc2} I_2 t} \tag{26}$$

Soit :

$$A_1 = \frac{17\,945}{0,03 \times 1 \times 600} = 996,94 \text{ Bq} \tag{27}$$

$$A_2 = \frac{17\,665}{0,03 \times 1 \times 600} = 981,94 \text{ Bq} \tag{28}$$

et

$$\frac{\Delta A_1}{A_1} = \frac{\sigma_{net1}}{N_{net1}} \tag{29}$$

$$\frac{\Delta A_2}{A_2} = \frac{\sigma_{net2}}{N_{net2}} \tag{30}$$

soit :

$$\frac{\Delta A_1}{A_1} = \frac{143}{17\,945} = 7,97 \times 10^{-3} \tag{31}$$

$$\frac{\Delta A_2}{A_2} = \frac{140}{17\,665} = 7,92 \times 10^{-3} \tag{32}$$

Donc

$$A = \frac{996{,}94 \times 1 + 981{,}4 \times 1}{2} = 989{,}2 \ \text{Bq} \tag{33}$$

$$\frac{\Delta A}{A} = \frac{1 \times 7{,}97 \times 10^{-3} + 1 \times 7{,}92 \times 10^{-3}}{2} \tag{34}$$

Soit

$$\frac{\Delta A}{A} = 7{,}94 \times 10^{-3} \tag{35}$$

L'erreur absolue sur l'activité est donc :

$$\Delta A = A \times 7{,}94 \times 10^{-3} = 7{,}86 \ \text{Bq} \tag{36}$$

soit : $A = (989{,}2 \pm 7{,}9) \ \text{Bq}$.

3. La droite d'étalonnage est :

$$E = 0{,}23 \times canal - 175{,}77 \tag{37}$$

Application
L'énergie correspondante au canal 3565 est : $E = 662{,}00$ KeV.
L'isotope est : ^{137}Cs.

C)

Voir cours.

Détection des neutrons

a) Voir cours.

b) Voir cours.

c) Voir cours.

$$n + {}^{3}\text{He} \rightarrow p + {}^{3}\text{H} \tag{38}$$

$$n + {}^{10}\text{B} \rightarrow \text{Li}^{*} + \alpha \tag{39}$$

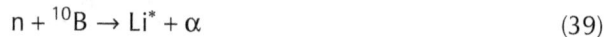

Bilan en énergie :

$$T_n + m_n c^2 + m_{{}^3\text{He}} c^2 = T_p + m_p c^2 + T_{{}^3\text{H}} + m_{{}^3\text{H}} c^2 \tag{40}$$

$$T_n + m_n c^2 + m_{10B} c^2 = T_{Li} + m_{Li} c^2 + T_\alpha + m_\alpha c^2 \tag{41}$$

Pour un neutron thermique $T_n \simeq 0$ et en utilisant la chaleur de réaction Q :

$$Q_{{}^3\text{He}} = T_p + T_{{}^3\text{H}} \tag{42}$$

$$Q_B = T_{Li} + T_\alpha \tag{43}$$

Bilan en impulsion :

$$\vec{p_n} = \vec{p_p} + \vec{p_{^3H}} \tag{44}$$

$$\vec{p_n} = \vec{p_{Li}} + \vec{p_\alpha} \tag{45}$$

et puisque $\vec{p_n} \simeq = 0$:

$$\left|\vec{p_p}\right| = \left|\vec{p_{^3H}}\right| \tag{46}$$

$$\left|\vec{p_{Li}}\right| = \left|\vec{p_\alpha}\right| \tag{47}$$

D'où :

$$T_p = \frac{m_{^3H}}{m_p} T_{^3H} \tag{48}$$

$$T_{Li} = \frac{m_\alpha}{m_{Li}} T_\alpha \tag{49}$$

Et donc on en déduit pour la première réaction :

$$T_{Li} = 0{,}84 \text{ MeV} \tag{50}$$

$$T_\alpha = 1{,}47 \text{ MeV} \tag{51}$$

et pour la deuxième :

$$T_p = 0{,}573 \text{ MeV} \tag{52}$$

$$T_{^3He} = 0{,}191 \text{ MeV} \tag{53}$$

> Institut National de Sciences et de Techniques Nucléaires
> **Génie Atomique 2007-2008**
> Corrigé de l'examen de détection et de mesure de rayonnements

Partie 1 : Questions de cours

Voir cours.

Partie 2 : Détecteur à scintillation

2.1. L'énergie totale émise par le scintillateur sera, pour une énergie incidente E :

$$E_{\text{totale des photons émis}} = 0,12 \times E$$

Le nombre de photons émis par la scintillation sera :

$$N_{\text{photons émis}} = \frac{0,12 \times E}{3}$$

Le nombre de photoélectrons émis par la photocathode sera :

$$N_{e^-} = \frac{0,12 \times E}{3 \times 10}$$

Soit pour 1 e^- émis, une énergie nécessaire déposée égale à :

$$E = \frac{3 \times 10}{0,12} = 250 \text{ eV}$$

2.2. Cette énergie est relativement grande par rapport au potentiel d'ionisation des gaz (≈ 30 eV), aussi on peut s'attendre à ce que la résolution d'un tel scintillateur sera moins bonne que celle obtenue dans un détecteur à gaz.

Partie 3 : Fonctionnement en mode chambre d'ionisation

3.1. Voir cours.

3.2. Voir cours.

3.3. Voir cours.

3.4. $n \approx (5 \times 10^6/130 \text{ eV}) = 1,667 \times 10^5$ paires électrons-ions

3.5. $I = n \times 5 \times 10^5 \times 1,6 \times 10^{19}$ A $= 1,33 \times 10^{-8}$ A

3.6. $V = Q/C$, et $C = \varepsilon_0(S/d) = 0,8854$ pF. Donc $V \approx 30,12$ mV)

3.7. Voir cours.

Partie 4 : Détection des neutrons lents et thermiques

4.1. Envisageons un faisceau de neutrons monocinétiques, d'intensité I neutrons par unité de surface et de temps, tombant sur une cible de Bore naturel d'épaisseur dx et supposons qu'il produise dN réactions (n,(x)) par unité de temps et de surface dans la cible.

En admettant que tous les noyaux de Bore (^{10}B et ^{11}B) conduisent à la réaction, nous écrirons :

$$dN = I \cdot \rho_{Bore} \cdot \sigma_{Bore} \cdot dx \tag{1}$$

ρ_{Bore} : nombre d'atomes de Bore par unite de volume de la cible.

σ_{Bore} : section efficace de la réaction (n, α) ramenée à l'atome de Bore naturel.

En réalité la réaction ne fait intervenir que les noyaux ^{10}B et il nous faut écrire :

$$dN = I \cdot \rho_{10B} \cdot \sigma_{10B} \cdot dx \tag{2}$$

ρ_{10B} : nombre d'atomes de ^{10}B par unite de volume de la cible.

σ_{10B} : section efficace de la réaction (n, α) sur ^{10}B.

Des relations (1) et (2) on déduit, pour une énergie donnée des neutrons incidents :

$$\rho_{Bore} \cdot \sigma_{Bore} = \rho_{10B} \cdot \sigma_{10B} \tag{3}$$

La section efficace de la réaction (n, α) sur ^{10}B variant en $1/v$, c'est-à-dire en $1/(T)^{1/2}$, T désignant l'énergie cinétique des neutrons, nous pouvons écrire pour deux énergies T_1 et T_2 :

$$\rho_{10B}(T_1) \cdot (T_1)^{1/2} = \rho_{10B}(T_2) \cdot (T_2)^{1/2} \tag{4}$$

A.N. :

$$\sigma_{10B}(1 \ eVp) = \sigma_{Bore}(1 \ eV) \cdot (\rho_{Bore}/\rho_{10B})$$

Avec :

$$\sigma_{Bore}(1 \ eVp) = 117 \text{ barns et } (\rho_{Bore}/\rho_{10B}) = (100/18,4)$$

On obtient

$$\sigma_{10B}(1 \ eVp) = 635,9 \text{ barns}$$

Par ailleurs on a via l'égalité (4) :

$$\sigma_{10B}(10 \ eVp) = \sigma_{10B}(1 \ eVp)(1/(10)^{1/2})$$

D'où :

$$\underline{\sigma_{10B}(10 \ eVp) = 201,1 \text{ barns}}$$

4.2. Si I_0 désigne l'intensité du faisceau de neutrons à son entrée dans le compteur, son intensité résiduelle à la sortie, I, sera

$$I = I_0 \exp(-(\sigma_{10B} \cdot \rho_{10B})L)$$

Où L désigne la longueur sensible du compteur.

L'efficacité de détection du compteur étant égale à la probabilité qu'à un neutron incident d'y donner une réaction (n, α) : elle a pour expression

$$\varepsilon = (I - I_0)/I_0 = 1 - \exp(-(\sigma_{10B} \cdot \rho_{10B})L)$$

A. N. :

    $L = 10$ cm, σ_{10_B} (10 eV) = 201,1 barns

    $\rho_{10_B} = (6{,}02 \times 10^{23}/22\ 400) \times (95/100) = 2{,}554 \times 10^{19}$ noyaux par cm^3

    $\sigma_{10_B} \cdot \rho_{10_B} = 201{,}1 \times 10^{-24} \times 2{,}554 \times 10^{19} = 5{,}136 \times 10^{-3}$ cm^{-1}

On obtient

$$\varepsilon = 5 \times 10^{-2}$$

Institut National de Sciences et de Techniques Nucléaires

Génie Atomique 2008-2009

Corrigé de l'examen de détection et d'instrumentation nucléaire

La partie A et la partie B trouvent leurs réponses dans le cours.

C. La mesure neutronique pour le contrôle commande d'un réacteur

C-1. BN : Niveau source à 100 W. Zone de linéarité ou de proportionnalité.
HN 1 W à 100 kW. Zone de linéarité ou de proportionnalité.

C-2. Pour des raisons de sûreté il faut s'assurer que les deux chaines délivrent une information cohérente dans une zone de recouvrement qui doit être au minimum d'une décade (norme internationale de sûreté). Pour être sûr qu'elles mesurent la même chose, ces chaînes sont classées EIS (éléments importants pour la sureté).

C-3. Afin de s'assurer que la chaîne BN est en état correct de fonctionnement avant de procéder à l'approche sous critique (il ne faut pas un taux de comptage nul). Point important pour la sûreté !

C-4. On a T = 30 ns $\Rightarrow$ f = 1/30.10^{-9} = 33,3 MHz ou 33,3.10^6 c/s

C-5. Taux max = 33,3.10^6 / 10 = 3,33.10^6 c/s $\Rightarrow$ puissance = 3,33.10^6 / 2.10^4= 165 W

C-6. À l'empilement des impulsions, ce qui se traduit par une perte du taux de comptage. Cette perte peut être régie, de façon théorique, par deux types de loi : paralysable ou non paralysable (voir cours).

C-7. Compromis temps de réponse / précision
De façon générale pour augmenter la précision, il faut augmenter le temps de réponse. D'autre part, pour des raisons de sûreté, il faut avoir un temps de réponse le plus court possible (voir cours cinétique des neutrons) $\Rightarrow$ compromis !

Pour la chaine BN en impulsion :

Caractéristique de la loi d'arrivée des impulsions : loi de Poisson $\Rightarrow$ caractéristique : moyenne = variance soit erreur relative à la moyenne = $1/\sqrt{\text{moyenne}}$.

Cette expression traduit le fait qu'à temps de mesure constant, la précision augmente avec le taux de comptage moyen. Pour des taux de comptage faible, il faut augmenter le temps de mesure pour améliorer la précision (attention aux impératifs de sûreté imposés au réacteur et la chaîne BN doit aussi bien fonctionner à taux de comptage très faible qu'élevé !).

Pour la chaine HN en courant, on utilise la loi de Gauss (loi des grands nombres). Pour des faibles valeurs de courant, il faut donc moyenner sur beaucoup d'échantillons ou points de mesure pour améliorer la précision.

Si le nombre de points de mesure augmente alors la précision augmente $\Rightarrow$ le temps de réponse devient plus long. Il faut un compromis acceptable pour le contrôle commande du réacteur.

D. Mesure par activation

D-1. Avec une pastille de très faible épaisseur, on ne tient pas compte de la décroissance du flux de neutrons dans la pastille. On peut considérer que le flux de neutrons qui interagit dans la pastille est constant ou homogène sur toute l'épaisseur de la pastille. Ce qui permet de simplifier les calculs d'activation.

D-2. Pour calculer l'activité de l'or 198, il faut au préalable calculer le rendement de détection. Ce rendement dépend exclusivement (dans les mêmes conditions de mesure) de l'énergie du gamma détecté. En prenant l'énergie gamma de l'europium 152 correspondant à l'énergie gamma de l'or 198, on obtient :

$$R_{E_\gamma} = \frac{\text{Nombre détectés}}{\text{Nombre de rayonnements émis}} = \frac{S_{pic}}{A \cdot I_\gamma \cdot t_{comptage}}$$

Le spectre de l'or 198 présente 3 gammas d'énergie à 411,6, 676,2 et 1087,9 keV. Il est nécessaire de rechercher dans le spectre de l'europium 152 un pic gamma de même énergie. On se rend compte que les résultats du spectre en énergie obtenu avec l'europium 152 présentent également 3 pics gamma pratiquement de même énergie que l'or 198. Plusieurs possibilités de détermination du rendement existent.

Prenons comme référence l'énergie gamma à **411,6 keV** qui présente la plus faible incertitude (1,2 %).

***Données expérimentales :* Spic (nette) = 17 087 ; A = 12 150 Bq, I_γ = 2,246 % ; $t_{comptage}$ = 500 s**

$$R_{E_\gamma} = \frac{\text{Nombre détectés}}{\text{Nombre de rayonnements émis}} = \frac{S_{pic}}{A \cdot I_\gamma \cdot t_{comptage}} = \frac{17\,087}{12\,150 \cdot 0,02246 \cdot 500} = 0,125$$

Calculons l'activité de l'or 198 obtenu par spectrométrie gamma :

$$A = \frac{S_{pic}}{R_{E_\gamma} \cdot I_\gamma \cdot t_{comptage}}$$

***Données expérimentales :* Spic (nette) = 12 634 ; R = 0,125, I_γ = 95,6 % ; $t_{comptage}$ = 300 s**

$$A = \frac{S_{pic}}{R_{E_\gamma} \cdot I_\gamma \cdot t_{comptage}} = \frac{12\,634}{0,125 \cdot 0,956 \cdot 300} = 352 \text{ Bq}$$

D-3. Pour calculer le débit de fluence des neutrons, il est nécessaire au préalable de calculer l'activité de l'or 198 à la sortie de l'irradiateur.

Puisqu'il s'est écoulé 30 minutes, on obtient :

$$A_{irradiateur} = A \cdot e^{+\frac{Ln2}{T} \cdot t} = 352 \cdot e^{+\frac{Ln2}{(2,6952 \cdot 24 \cdot 60)\,min} \cdot 30\,min} = 354 \text{ Bq}$$

Calculons le débit de fluence des neutrons.

L'activité à la sortie de l'irradiateur de l'or198 obtenue par activation de l'or 197 avec les neutrons est :

$$A_{irradiateur} = N \cdot \sigma \cdot \phi \left(1 - e^{-\frac{Ln2}{T} \cdot t}\right)$$

Données expérimentales : $A_{irra} = 354$ Bq ; $\sigma = 98{,}65$ barns ; $T = 2{,}5962$ jours ; $t_{irradiation} = 20$ min

Pour déterminer Φ il est nécessaire de calculer le nombre de noyaux composants les 3 mg de la pastille d'or 197 de pureté 99,9 %.

$$N = \frac{m \cdot N_{avogadro}}{M} \cdot \text{pureté} = \frac{3 \cdot 10^{-3} \cdot 6{,}022 \cdot 10^{23}}{197} \cdot 0{,}999 = 9{,}17 \times 10^{18} \text{ atomes}$$

CONCLUSION :

$$\phi = \frac{A_{irradiateur}}{N \cdot \sigma \left(1 - e^{-\frac{Ln2}{T} \cdot t}\right)} = \frac{354}{9{,}17 \cdot 10^{18} \cdot 98{,}65 \cdot 10^{-24} \cdot \left(1 - e^{-\frac{Ln2}{2{,}6952 \cdot 24 \cdot 60} \cdot 20}\right)}$$

$$= 1{,}1 \times 10^8 \text{ n} \times cm^{-2} \times s^{-1}$$

Institut National de Sciences et de Techniques Nucléaires

Génie Atomique 2009-2010

Corrigé de l'examen de détection et d'instrumentation nucléaire

Détection des neutrons

Collectrons (Self Powered Detectors)

1) Verification que le Vanadium donne bien un radioisotope qui décroit β^- :

$$n + {}^{51}_{23}V \quad \rightarrow \quad {}^{52}_{23}V \tag{1}$$

$$ {}^{52}_{23}V \quad \rightarrow \quad {}^{52}_{24}Cr + e^- + \bar{\nu} \tag{2}$$

Calcul de la chaleur de réaction :

$$Q = \left(M\left({}^{52}_{23}V\right) - M\left({}^{52}_{24}Cr\right) \right) c^2 = 3{,}9756 \text{ MeV} \tag{3}$$

$Q > 0$ implique que la réaction de décroissance β^- se produit.

L'énergie maximale des β^- émis est égale à la chaleur de réaction :

$$T_{\beta^-} = 3{,}97 \text{ MeV} \tag{4}$$

2) L'évolution du vanadium 52 est décrite par l'équation donnée en annexe, re-écrite comme il suit :

$$N_{52V}(t) = \frac{N_0\left({}^{51}V\right)\sigma\phi_n}{\sigma\phi_n - \lambda}\left(e^{-\lambda t} - e^{\sigma\phi_n t}\right) \tag{5}$$

Où λ est la constante de décroissance du ${}^{52}_{23}V$. Puisque $\sigma\phi_n \ll \lambda$ l'équation (5) est finalement écrite comme :

$$N_{52V}(t) = \frac{N_0\left({}^{51}V\right)\sigma\phi_n}{\lambda}\left(1 - e^{-\lambda t}\right) \tag{6}$$

L'activité du ${}^{52}_{23}V$ est donc :

$$A_{52V}(t) = \lambda N_{52V}(t) = N_0\left({}^{51}V\right)\sigma\phi_n\left(1 - e^{-\lambda t}\right) \tag{7}$$

d'où l'intensité du courant :

$$I(t) = N_0\left({}^{51}V\right)\sigma\phi_n e\left(1 - e^{-\lambda t}\right) \tag{8}$$

avec e charge de l'électron. Pour $t \rightarrow \infty$, $e^{-\lambda t} \rightarrow 0$ et on obtient le courant de saturation :

$$I(t) = N_0\left({}^{51}V\right)\sigma\phi_n e \simeq 11 \ \mu A \tag{9}$$

avec $N_0\left({}^{51}V\right) = 4{,}64 \ 10^{23}$

3) L'intensité atteinte sur un long temps est celle de saturation $I = 11$ µA. L'intensité diminuée de 5 % est $I' = 10,45$ µA. Lorsque le flux neutronique est interrompu le vanadium 52 continu à décroire selon sa constante de décroissance $\lambda = \ln 2/T_{1/2} = 0,184$ min^{-1} :

$$I'(t) = I_{sat}e^{-\lambda t} \tag{10}$$

d'où :

$$t = \ln 0,95/(-0,184) = 0,279 \text{ min} \tag{11}$$

soit $t = 16,73$ s.

4) La sensibilité du dispositif est liée aux nombres de noyaux de l'émetteur, qui se consument avec les chocs avec les neutrons suivant une loi de décroissance qui dépend de la section efficace et du flux neutronique :

$$N\left(^{51}V\right)(t) = N_0\left(^{51}V\right)e^{\sigma\phi_n t} \tag{12}$$

d'où :

$$t = \frac{\ln\left(\frac{N(^{51}V)}{N_0(^{51}V)}\right)}{\sigma\phi_n} = 22,73 \text{ ans} \tag{13}$$

Scintillateurs ^{6}LiI

1) Voir cours.

2) La réaction est :

$$n + {}^6_3\text{Li} \rightarrow {}^4_2\text{He} + {}^3\text{H} \tag{14}$$

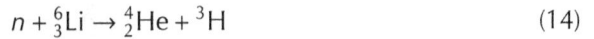

En appliquant les lois de conservation de l'énergie et de l'impulsion (l'énergie cinétique et l'impulsion du neutron thermique sont considérées comme nulles) on obtient :

$$Q = T_\alpha + T_t \tag{15}$$
$$p_\alpha = p_t \tag{16}$$

d'où : $T_\alpha = 2,06$ MeV et $T_t = 2,74$ MeV.

3) Pour évaluer le parcours du produit plus énergétique, le tritium, on détermine d'abord son parcours dans l'air et ensuite, avec la Bragg-Kleeman, son parcours dans le ^{6}LiI.

$$R_t(\text{air}) = 0,32(2,74)^{3/2} = 1,45 \text{ cm} \tag{17}$$

La masse molaire du scintillateur est :

$$A\left(^6\text{LiI}\right) = 0,96 \times 6 + 0,04 \times 7 + 127 = 133,04 \text{ g.mol}^{-1} \tag{18}$$

On peut donc appliquer la Bragg-Kleemann et l'on trouve : $R_t = 14$ µm. Détermination du libre parcours moyen des neutrons :

$$N\left(^6\text{LiI}\right) = \frac{4,06 \times 6,02\ 10^{23}}{133,04} = 1,84\ 10^{22} \text{ cm}^{-3} \tag{19}$$

La section efficace macroscopique est :

$$\Sigma = 1{,}84 \ 10^{22} * 940 \ 10^{-24} = 17{,}27 \ \text{cm}^{-1} \tag{20}$$

Le libre parcours moyen est donc :

$$\frac{1}{\Sigma} = 6 \ \mu m \tag{21}$$

L'épaisseur de cristal suffisant à arrêter 90 % de neutrons est :

$$x = \frac{\ln 10}{17{,}27} = 1{,}3 \ \text{mm} \tag{22}$$

4) Calcul du nombre de γ total en correspondance d'un seul événement :

$$N_\gamma(\alpha) = 2{,}266 \ 10^4 \tag{23}$$
$$N_\gamma(t) = 3{,}014 \ 10^4 \tag{24}$$

Le nombre total est donc : $N_\gamma = 5{,}28 \ 10^4$.

L'énergie moyenne d'un γ, d'après la valeur du pic est :

$$\langle E \rangle = \frac{hc}{\lambda} = 2{,}64 \ \text{eV} \tag{25}$$

L'énergie moyenne absorbée et convertie en lumière par le cristal est donc :

$$\langle E_{\text{abs}} \rangle = 2{,}64 \ N_\gamma = 0{,}14 \ \text{MeV} \tag{26}$$

L'efficacité quantique est par définition :

$$Q.E. = \frac{N_{e^-}}{N_\gamma} = 0{,}55 \tag{27}$$

d'où on déduit que le nombre de photoélectrons est : $N_{e^-} = 2{,}9 \ 10^4$, c'est-à-dire, pour créer un seul photoélectron il aura fallu :

$$\langle E(1ph) \rangle = \frac{0{,}14}{2{,}9 \ 10^4} = 4{,}82 \ \text{eV} \tag{28}$$

Détecteurs à remplissage gazeux

a) Voir cours.
b) Voir cours.
c) Voir cours.

Chambre à fission dans un réacteur expérimental

1. Voir cours.

2. Système de préamplificateur à collecte de charges (1) et système de préamplificateur à collecte de courant (2).

   Le (1) doit être le plus proche possible du détecteur. Résistance d'entrée grande $\Longrightarrow RC \gg tc$ (temps de collection). Allongement des impulsions $\Longrightarrow$ taux de comptage limité. Utilisation laboratoire (ex : spectrométrie). Le (2) peut être éloigné du détecteur (ex : 300 m). Résistance d'entrée petite (ex : 50 ohm) $\Longrightarrow RC \ll tc$ (temps de collection). Forme temporelle des impulsions conservée $\Longrightarrow$ taux de comptageé levé. Utilisation en milieu industriel (ex : réacteur, usine retraitement).

3. Sur le synoptique :

   1. Détecteur
   2. Câble à haute immunité aux parasites
   3. Haute Tension
   4. Préamplificateur de courant ou à collecte de courant (conversion courant tension)
   5. Discriminateur
   6. Mise en forme TTL ou numérique (ex : 0 ou 5 V)
   7. Élaboration du taux de comptage à l'opérateur (ictomètre)

4. 10^4 n/cm^{-2}.s^{-1}

5. Taux de comptage maximum mesurable en mode impulsion : $1/10 \times 50\ 10^{-9} = 2\ 10^6$ c/s

   Flux max = $2\ 10^5$ n/cm^{-2}.s^{-1}

   $P = 200$ W

6. Voir courbe en annexe.

D

Unités, constantes
et grandeurs
fondamentales
en physique

Unités de base dans le système international (S.I.)

Grandeur Physique	Dénomination	Symbole
Longueur	Mètre	m
Masse	Kilogramme	kg
Temps (durée)	Seconde	s
Courant électrique	Ampère	A
Température	Kelvin	K
Intensité lumineuse	Candela	cd
Quantité de matière	Mole	mol
Angle	Radian	rad
Angle solide	Stéradian	sr

Unités dérivées (S.I.)

Grandeur Physique	Dénomination	Symbole	Unités SI
Fréquence	Hertz	Hz	s^{-1}
Énergie	Joule	J	$kg.m^2.s^{-2} = N.m$
Force	Newton	N	$kg.m.s^{-2}$
Puissance	Watt	W	$kg.m^2.s^{-3} = J.s^{-1}$
Pression	Pascal	Pa	$kg.m^{-1}.s^{-2} = N.m^{-2}$
Charge électrique	Coulomb	C	$A.s$
Différence de potentiel	Volt	V	$kg.m^2.s^{-3}.A^{-1} = W. A^{-1}$
Résistance électrique	Ohm	Ω	$kg.m^2.s^{-3}.A^{-2} = V.A^{-1}$
Conductance électrique	Siemens	S	$A.V^{-1} = \Omega^{-1}$
Capacité électrique	Farad	F	$kg.m^{-2}.s^4.A^2 = C.V^{-1}$
Flux magnétique	Weber	W_b	$V.s$
Inductance	Henry	H	$W_b.A^{-1}$
Champ magnétique	Tesla	T	$W_b.m^{-2}$
Activité	Becquerel	Bq	s^{-1}
Dose absorbée	Gray	Gy	$J.kg^{-1}$

Constantes fondamentales et grandeurs utiles

Constantes universelles

Nom	Symbole	Valeur	Unités
Nombre d'Avogadro	N_A	$\approx 6,023 \times 10^{23}$	mol^{-1}
Charge élémentaire	e	$1,602\ 176 \times 10^{-19}$	$A.s$
Permittivité du vide	ε_0	$8,854\ 187 \times 10^{-12}$	$F.M^{-1}$
Perméabilité du vide	μ_0	$4.\pi.10^{-7}$	$H.m^{-1}$
Célérité de la lumière	c	$2.997\ 924\ .10^8$	$m.s^{-1}$
Constante gravitationnelle	G	$\approx 6,67 \times 10^{-11}$	$N.m^2.kg^{-2}$
Constante de Planck	h	$\approx 6,626 \times 069 \times 10^{-34}$	$kg.m^2 \cdot s^{-1}$
Constante des gaz parfaits	R	$\approx 8,3145$	$J.mol^{-1}.K^{-1}$
Constante de Boltzmann	k_B	$\approx 1,38066 \times 10^{-23}$	$J.K^{-1}$

Grandeurs utiles

Nom	Symbole	Valeur	Unités
Unité de masse atomique	*uma*	♦ $1,6605 \times 10^{-27}$	♦ kg
		♦ $931,5$	♦ $MeV.c^{-2}$
Masse du proton	m_p	♦ $1,672 \times 10^{-27}$	♦ kg
		♦ $938,28$	♦ $MeV.c^{-2}$
		♦ $1,0073$	♦ uma
Masse du neutron	m_n	♦ $1,674 \times 10^{-27}$	♦ kg
		♦ $939,57$	♦ $MeV.c^{-2}$
		♦ $1,0087$	♦ uma
Masse de l'électron	m_e ou m_0	♦ $9,10 \times 10^{-31}$	♦ kg
		♦ $0,511$	♦ $MeV.c^{-2}$

www.ingramcontent.com/pod-product-compliance
Lightning Source LLC
Chambersburg PA
CBHW061353210326
41598CB00035B/5971